21世纪高等院校通识课规划教材

Artificial Intelligence
General Knowledge

人工智能通识

韩永彩　卢庆华　主编

东北财经大学出版社　大连
Dongbei University of Finance & Economics Press

图书在版编目（CIP）数据

人工智能通识 / 韩永彩，卢庆华主编. —大连 ： 东北财经大学出版社，2025.7.—（21世纪高等院校通识课规划教材）. —ISBN 978-7-5654-5720-3

Ⅰ. TP18

中国国家版本馆 CIP 数据核字第 2025TW6904 号

人工智能通识

RENGONGZHINENG TONGSHI

东北财经大学出版社出版

（大连市黑石礁尖山街217号　邮政编码　116025）

网　　　址：http://www.dufep.cn

读者信箱：dufep@dufe.edu.cn

大连金华光彩色印刷有限公司印刷　　东北财经大学出版社发行

幅面尺寸：170mm×240mm　　　字数：301千字　　　印张：22

2025年7月第1版　　　　　　　2025年7月第1次印刷

责任编辑：石真珍　孙晓梅　　　　　责任校对：何　群

封面设计：原　皓　　　　　　　　　版式设计：原　皓

书号：ISBN 978-7-5654-5720-3　　　定价：56.00元

前言

当今世界，人工智能（AI）正以前所未有的速度重塑人类社会的生产和生活方式。从 AlphaGo 战胜围棋世界冠军，到 ChatGPT 掀起生成式 AI 浪潮；从自动驾驶汽车驶入现实，到 AI 医生辅助精准诊断——技术创新不断突破应用边界，推动人类社会迈向智能化的新纪元。党的二十大报告提出："推动战略性新兴产业融合集群发展，构建新一代信息技术、人工智能、生物技术、新能源、新材料、高端装备、绿色环保等一批新的增长引擎。"2025 的《政府工作报告》提出："持续推进'人工智能+'行动，将数字技术与制造优势、市场优势更好结合起来，支持大模型广泛应用，大力发展智能网联新能源汽车、人工智能手机和电脑、智能机器人等新一代智能终端以及智能制造装备。"在这样的背景下，掌握人工智能核心原理、具有人工智能应用能力已成为数字时代人才不可或缺的素养。

本书立足于人工智能通识教育，以"立德树人"为根本任务，以"价值塑造、理论奠基、技术贯通、应用引领"为编写理念，系统构建知识体系，深入剖析技术脉络，全景展现行业实践，自然融入思政元素。本书编写团队由高校学者与行业专家联合组成，既注重学科知识的严谨性，又强调实践应用的导向性，同时还强化从业者 AI 责任等价值引领，力求为读者提供一本兼具深度与广度的 AI 入门指南。

教材特色与结构

全书分为四篇，层层递进展开知识图谱：

•基础篇（第1~2章）：从人工智能的定义、分类与发展历程切入，解析其与传统计算技术的本质差异，探讨从业者的伦理责任与法律法规，搭建认知框架，塑造正确的价值观。

•技术篇（第3~6章）：深入机器学习和深度学习的核心算法，详解卷积神经网络、循环神经网络、变换器等前沿模型，并结合自然语言处理与计算机视觉案例，揭示AI感知与决策的底层逻辑。

•应用篇（第7章）：横跨金融、医疗、交通、制造等12大行业，剖析AI赋能产业转型的典型场景，如智能投顾、影像辅助诊断、工业质检等，展现技术落地生态。

•操作篇（第8~12章）：聚焦AI绘画、大模型应用等实践技能，提供职场写作、创意策划等场景化教程。

•发展篇（第13章）：展望多模态融合、具身智能等未来发展趋势。

编写亮点

•知行合一：每章设置"思考题"，同时结合实操案例，配套代码示例与数据集，强化动手能力。

•视觉化学习：200余幅原创图表贯穿全书，如神经网络结构图、算法流程图、行业应用场景图等，将抽象概念具象呈现。

•本土化视角：设专节探讨"岭南地区人工智能发展特色"，结合粤港澳大湾区产业案例，解析区域创新生态。

•前沿性覆盖：涵盖人工智能生成内容、扩散模型、大语言模型等最新技术进展，设立"GPT工具实战"章节，紧贴时代脉搏。

适用读者

本书面向高校计算机科学、数据科学、工程管理等相关专业学生，可以作为人工智能通识课程教材，亦可供企业技术培训、职场人士提升技能之用。初学者可遵循"基础→技术→应用"路径建立系统认知，从业者可通过行业案例与工具实战获取创新灵感。

致谢

　　本书在编写过程中，参考了大量国内外优秀的研究成果、学术论文、技术报告及行业案例，岭南地区多家科技企业提供了鲜活的案例，多所高校师生参与内容试读与反馈，在此向所有为人工智能领域做出贡献的研究者致以诚挚的谢意。同时，感谢东北财经大学出版社的支持，使本书得以顺利出版；特别感谢审稿专家对技术细节的严谨把关，以及编写团队在疫情期间的持续投入。

　　人工智能不仅是技术的革命，更是人类认知边界的拓展。期待本书能成为读者探索 AI 世界的罗盘，让我们在理论与实践的交融中共同开启智能时代的无限可能。

　　人工智能的发展日新月异，本书难免存在不足之处，部分内容伴随着技术的进步需要及时更新，欢迎读者反馈意见，以便后续修订完善。

　　编者邮箱：qinghua.lu@kingsunsoft.com

　　编辑邮箱：5705528@qq.com

编　者

2025 年 4 月

目录

基础篇

第 1 章　人工智能概述 / 3

第2章 从业者AI责任 / 14

技术篇

第3章 机器学习基础 / 25

第 4 章　深度学习技术 / 37

第 5 章　自然语言处理 / 67

操作篇

第 **8** 章　**AI绘画与视觉传达基础 / 127**

第**9**章　AI绘画与视觉传达进阶 / 151

第**10**章　GPT基础与入门实操 / 204

第**11**章　GPT工具实战——职场基础写作 / 232

第**12**章　GPT工具实战——职场高阶策划 / 273

发展篇

第 **13** 章　人工智能未来展望 / 311

基础篇

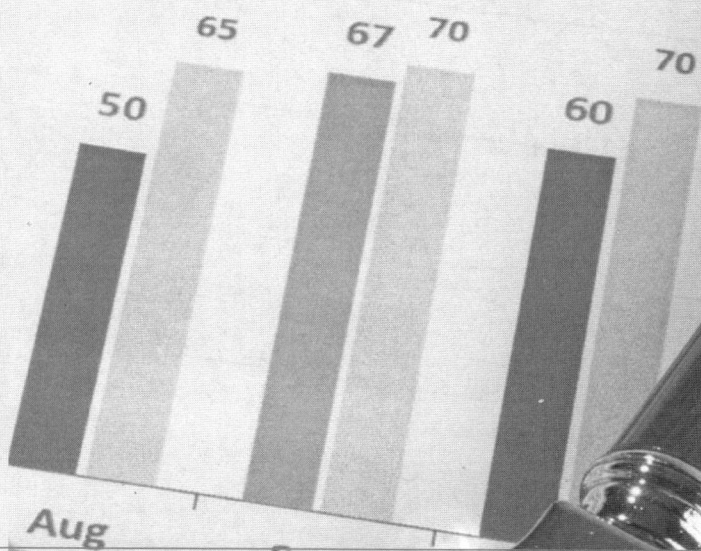

第1章

人工智能概述

导　读

　　本章作为基础篇的开端，全面介绍了人工智能的基本概念、分类，以及AI发展的挑战与机遇；特别强调了AI在中国的发展概况，包括行业现状和岭南地区的特色发展；还探讨了AI与传统计算技术的区别以及与大数据分析的关系，为读者提供了一个宏观理解框架。

知识点

　　知识点1：人工智能的基本概念

　　知识点2：人工智能的分类方法

　　知识点3：中国人工智能发展概况

　　知识点4：人工智能行业现状

　　知识点5：岭南地区人工智能发展特色

　　知识点6：人工智能与传统计算技术的差异

　　知识点7：人工智能与大数据分析的关系

重难点

　　重点1：理解人工智能的基本概念和分类

　　重点2：掌握人工智能与传统计算技术的区别

　　重点3：了解中国人工智能的发展概况和行业现状

　　难点1：人工智能发展的综合理解

　　难点2：岭南地区人工智能发展特色的深入分析

　　难点3：人工智能与大数据分析的具体阐述

1.1　人工智能的概念、分类与层次

1.1.1　人工智能的概念

想象一下，有一台非常聪明的机器或者一个电脑"大脑"，它就像一个小孩，能够通过观察、学习和实践来不断成长和进步。这个"大脑"能够理解人类的语言，识别图片，甚至做出决定和解决问题，就像人类一样。我们把这种让机器拥有类似人类智能的能力叫作人工智能。

目前，学界并没有在"人工智能"的定义上达成共识，然而，在理论上或在实践中，追求具体而明确的目标无疑更具有现实意义。在本书中，人工智能可以被定义为：通过计算机科学、数学、统计学、机器学习、深度学习等技术手段，使计算机系统或机器能够模拟、延伸和扩展人类的认知、感知、决策和执行等智能行为的技术。人工智能的目标是使机器能够自主地执行复杂任务，提高效率，创造新的应用和服务。

1.1.2　人工智能的分类

根据能力的不同等级，人工智能可以分为两类：弱人工智能（weak AI）和强人工智能（strong AI）。

弱人工智能，也称狭义人工智能（narrow AI）或专用人工智能（artificial narrow intelligence，ANI），简单来说，就是达到专用或特定技能的智能。我们目前能够成功实现和应用的人工智能都属于弱人工智能，哪怕是看起来很厉害的无人驾驶汽车和 AlphaGo，因为它们擅长的只是单一任务，无法在多领域发挥作用。

强人工智能，也称通用人工智能（artificial general intelligence，AGI），是指达到或超越人类水平的、能够自适应地应对外界挑战的、具有自我意识的人工智能。也有学者对此进行了细分，把达到人类水平的称作强人工智能，而将超越人类水平的称作超人工智能

（artificial super intelligence，ASI）。

无论是强人工智能还是超人工智能，目前还停留在幻想阶段，但是，根据大多数人工智能专家的看法，超越人类能力的人工智能一定会出现。比起人类相对固定的智能水平，机器的智能正随着算法的优化、处理能力的增强和内存的增加而快速增长，机器的智能超越人类只是时间问题。

1.1.3　人工智能的层次

①运算智能，即快速计算和记忆存储的能力，这也是计算机的核心能力。

②感知智能，即视觉、听觉、触觉、识别、分类的能力。人类和高等动物都是通过自身丰富的感觉器官获取环境信息、与外界进行交互的。目前，在机器人身上应用的各种传感器和语音、图像、视频识别与分类等技术就是感知智能的体现。就整体来说，运算智能和感知智能还停留在工具层面，并没有触及智能的核心。

③认知智能，即理解、判断、分析、推理的能力。现阶段的人工智能虽然在运用自然语言处理（natural language processing，NLP）、知识图谱（knowledge graph，KG）、深度学习（deep learning，DL）和神经网络（Neural Networks，NNs）后，在一定程度上做到了"能理解、会思考"，但是仍然非常有限。此外，人类情绪对认知的影响，以及作为认知主要部分的潜意识，目前还是机器的认知智能难以模仿的。

④自主智能，即主动感知、自主决策、自我执行、自主创意、自发情感的能力。自主智能不仅无须人类干预就可以自由移动并与人类和其他物体交互，目前的无人机、无人驾驶等技术已经实现了某种程度上的自主；更重要的是拥有自我意识、自我认知乃至自我价值观，这是目前只存在于科幻小说与电影中而现实的人工智能尚未触及的部分。

1.2 人工智能的发展概况

1.2.1 人工智能的发展阶段

从 1956 年开始，人工智能的发展大致经历了三大阶段：第一阶段，从 1956 年到 1979 年，这是人工智能的诞生时期；第二阶段，从 1980 年到 2010 年，人工智能开始步入产业化；第三阶段，从 2011 年至今，人工智能的研究和应用迎来爆发期。

2011 年以来，深度学习算法开始在人工智能的子领域中广泛应用。这一时期的重要事件有：2011 年，IBM 的 Watson 在智力问答节目中获胜。同年，苹果公司的智能语音助手 Siri 问世。2014 年，亚马逊正式发布智能音箱产品 Echo。Siri 和 Echo 的出现使得各厂商纷纷效仿，它们也推出了自己的同类产品抢占市场。2017 年，变换器（Transformer）架构和随后的视觉变换器（Vision Transformer，ViT）的提出，标志着人工智能对于输入信息的理解能力逐渐成熟。随着 Transformer 模型的成功应用，大语言模型成为研究的热点。

2018 年，OpenAI 发布了 GPT（Generative Pre-trained Transformer，生成式预训练变换器）系列模型，实现了对自然语言生成和理解的强大能力。

GPT 系列模型通过大量的语料库进行训练，学会了生成人类语言的强大能力。随后，其他机构也相继发布了类似的大语言模型，如 BERTP（Bidirectional Encoder Representations from Transformers，基于双向变换器的编码表示）和 RoBERTa（Robustly optimized BERT approach，鲁棒优化的 BERT 预训练方法）等。在这些大语言模型的基础上，研究人员开始探索如何将多模态数据和大语言模型进行融合。

2020 年，谷歌发布了 CLIP（Contrastive Language-Image Pre-training，基于对比文本–图像对的预训练方法）模型，实现了文本和图像的显式模态对齐。基于对齐的编码空间，研究人员发明了诸多生成模型（解码器）。在图像生成领域，值得关注的就是扩散模型，它在训练时逐步向图像添加噪声，然后要求模型逐步去噪，最终达到高质量、高分辨率的图像生成效果。通过模态对齐和交叉注意力机制，可以将文本作为输入条件，控制图像生成的内容。

2023 年，BLIP-2（Bootstrapping Language-Image Pre-training with Frozen Image Encoders and Large Language Models，多模态视觉-文本大语言模型）、LlaVA（Large Language and Vision Assistant，大型语言和视觉助手）通过轻量化的连接层，更有效地将图像特征输入大语言模型，从而利用大语言模型的强大能力进行图像理解和推理。

总之，多模态人工智能是当前人工智能领域的重要发展方向之一，通过将不同类型的数据和信息进行融合与处理，多模态人工智能可以进行更准确、更全面的理解和应用。随着技术的不断进步和应用场景的不断扩展，多模态人工智能将在更多领域得到应用和发展。

1.2.2　中国人工智能发展概况

相较于国际人工智能的发展历程，我国人工智能产业起步较晚，萌芽于 1978 年。随着互联网的快速发展和技术的迭代更新，人工智能产业在过去 20 年经过探索期和成长期，目前正处于快速发展阶段。国务院于 2016 年 8 月发布了《"十三五"国家科技创新规划》，明确提及将人工智能列为国家战略层面的重大科技项目。2020 年，"十四五"规划指出，人工智能作为"新基建"建设的重要一环，将是新一轮产业变革的核心驱动力，肩负着推动实体经济转型升级的重任。

近年来，我国陆续出台了多项政策，鼓励人工智能的快速发展和创新，加速人工智能与其他产业的融合发展。从 2017 年 7 月国务院印发《新一代人工智能发展规划》明确指出要 "加快人工智能深度应用"；到 2023 年工业和信息化部等八部门发布《关于推进 IPv6 技术演进和应用创新发展的实施意见》，中共中央、国务院印发《质量强国建设纲要》都提及加速人工智能等新技术在各类场景中的应用以及融合发展。这表明我国的政策重点已经从人工智能技术发展转向技术和产业深度融合。

1.2.3　人工智能的行业发展现状

（1）大数据和云计算为技术合作最热门的方向

从人工智能核心技术的合作密度来看，大数据和云计算的占比接近一半，达到46.47%；然后是物联网和5G技术，占比分别达到10.7%和8.1%；智能机器人、计算机视觉、自动驾驶占比分别为6.39%、4.08%、4.05%。

（2）人工智能市场规模突破5 000亿元，企业主要分布在第三产业

受益于国家政策的支持，以及资本和人才的驱动，我国人工智能产业蓬勃发展，已步入世界前列。根据中国信息通信研究院发布的数据，我国人工智能产业规模从2019年开始快速增长，2021年同比增长达到33.3%；2022年产业规模达到5 080亿元，同比增长18%；2023年产业规模达到5 784亿元，但增速放缓至13.9%。

（3）区域竞争：北京市和广东省人工智能产业优势明显

根据中国新一代人工智能发展战略研究院发布的《中国新一代人工智能科技产业发展报告2023》，2022年，在2 200家人工智能骨干企业的省份分布中，排名第一的是北京市，占比28.09%；排名第二的是广东省，占比26.45%；排名第三的是上海市，占比14.23%；排名第四和第五的分别是浙江省和江苏省，占比8.95%和6.86%。

（4）企业竞争：应用层参与企业多，竞争激烈

我国人工智能产业主要以应用层企业为主，与基础层和技术层相比，其竞争更为激烈。在2 200家人工智能骨干企业中，基础层企业仅有53家，占比为2.41%。这些企业在人工智能产业中提供基础硬件设备和数据服务。技术层企业有273家，占比为12.41%，主要从事包括核心算法、开发平台等在内的关键技术的研发。与之相比，应用层企业占比高达85.18%，有1 873家，主要从事人工智能技术的集成和场景应用。

（5）发展前景：人工智能行业将保持稳健增长

人工智能技术的不断创新推动了应用场景的深度发展，牵动着以人工智能生成内容（Artificial Intelligence Generated Content，AIGC）、

数字人、多模态、AI 大模型、智能决策为代表的技术浪潮。这些尖端技术为市场注入了广泛的可能性和巨大的潜力，同时，企业自身的数字化转型也催生了对人工智能技术多样性的需求，为中国人工智能行业市场规模的长期增长奠定了坚实的基础。我国"十四五"期间，政策支持行业发展，2024—2029 年，我国人工智能行业市场规模将进一步扩大，2029 年市场规模将突破万亿元大关，提前实现国务院于 2017 年 7 月 8 日印发的《新一代人工智能发展规划》中提出的 2030 年人工智能产业规模达到 10 000 亿元的目标。

1.3　岭南地区人工智能发展特色

1.3.1　广东省人工智能发展特色

（1）产业规模与企业数量

广东省作为中国经济最发达的地区之一，在人工智能领域的发展尤为突出。根据《2024 年广东省人工智能产业发展白皮书》，广东省人工智能核心产业规模在 2023 年接近 1 800 亿元，同比增长约 18%。到 2024 年 9 月，广东省的人工智能核心企业数量超过 1 500 家，其中包括 101 家被认定为人工智能国家专精特新"小巨人"的企业、26 家独角兽企业和 90 家上市企业。

（2）技术创新与专利授权

广东省在人工智能技术创新方面表现卓越。截至 2023 年年底，广东省累计授权人工智能发明专利超过 14 万件，位居全国第一。这一数据反映了广东省在人工智能技术研发方面的领先地位。此外，广东省在大模型领域也表现突出，累计发布的大模型数量为 63 个，位居全国第二。

（3）发展策略与政策

广东省政府对于人工智能产业的发展给予了高度重视，并制定了相应的发展策略。广东省政协调研组提出，将通用大模型、行业大模型、具身智能、智能无人系统作为发展重点，推动终端产品与服务的智能化升级。这一策略旨在通过场景创新推动技术升级和产业增长，形成具有广东特色的发展路径。

（4）产业链布局

广东省的人工智能产业链布局完整，涵盖了从基础研究、技术研发到产业应用的全链条。广东省众多的高科技企业和研究机构在人工智能芯片、传感器、算法开发、系统集成等方面均取得了显著成就。

1.3.2　广西壮族自治区人工智能发展特色

（1）产业集聚效应

广西壮族自治区（以下简称广西）在人工智能领域虽然起步较晚，但发展迅速。根据广西壮族自治区信息中心发布的《广西人工智能产业发展白皮书（2024年）》，广西拥有2 447家人工智能相关企业，较2023年增长了19.77%。南宁、柳州、桂林等城市的企业数量位居全区前列，显示出明显的产业集聚效应。

（2）技术创新与生态构建

广西积极探索"人工智能+"创新应用，着力打造新质生产力重要新引擎。在产业发展方面，如前文所述，2024年广西有人工智能相关企业2 447家，较2023年增长了19.77%，南宁、柳州、桂林、钦州、北海、玉林等市相关企业数量位居全区前6名，显示出较强的产业集聚效应。在技术创新方面，广西积极构建完善的政产学研用协同发展体系，促进人工智能产业链、创新链、人才链、资金链有机融合。广西设立了新一代人工智能重大科技专项，一批核心技术加快突破，达到国际领先水平，填补了国内的空白。2023年，广西人工智能相关专利申请量累计1 739件，同比增长22.81%，人工智能创新能力持续提升。

（3）行业应用

广西连续举办中国（广西）-东盟人工智能大会等系列人工智能品牌宣传活动，架起人工智能共同发展桥梁，有效促进交流与合作。在行业应用方面，智能制造、智慧农业、智慧医疗、智慧交通、智慧海洋、智能汽车等领域取得了新成效；在大模型训练平台、垂直领域大模型、智算中心建设等方面，加速突破，赋能新质生产力，加快发展速度。

1.4　人工智能与传统计算技术、大数据分析

1.4.1　人工智能与传统计算技术的差异

人工智能与传统计算技术的差异对比见表1-1。

表1-1　　　　　　人工智能与传统计算技术的差异对比

技术类型	人工智能	传统计算技术
工作原理	基于机器学习，从数据中学习并自我优化	基于预设的程序和算法运行
灵活性和适应性	高灵活性，能够通过学习适应新任务和环境	灵活性有限，只能执行编程任务
复杂性和决策能力	处理复杂、非结构化问题，模式识别和自我学习	处理简单、结构化问题
人机交互	自然语言处理，语音识别，更自然地进行双向交互	基于命令行或图形界面，单向交互
数据处理	处理大规模非结构化数据，发现新模式和关联	处理结构化数据
开发和维护	开发周期较长，需要收集大量数据，进行模型训练，持续优化	开发周期相对较短，要进行详细规划和设计
问题解决	能够处理不确定性和模糊性问题	通常处理确定性问题

总的来说，人工智能与传统计算技术的核心差异在于人工智能的学习能力、适应性和处理复杂问题的能力。人工智能系统能够通过学习从经验中获取知识，而传统计算技术则依赖预设的程序和算法。随

着技术的发展，人工智能正逐渐成为解决复杂问题、提高效率和创造新服务的重要工具。

1.4.2　人工智能与大数据分析的关系

人工智能与大数据分析是相互依存、互惠互利的关系。一方面，人工智能（尤其是深度学习）需要使用数据来建立其智能，但它分析数据并从中习得智能的能力受限于输入数据的数量和质量。例如计算机视觉领域中的猫狗图像分类问题，提供给图像分类程序的猫狗图片越多，其分类的结果就越准确。在过去，人工智能算法不能取得理想结果的原因之一就是输入的数据量太小。如今，利用大数据提供的海量数据资源，人工智能有了效果和性能更好的模型，从而能够做出更明智的决策，为用户提供更好的建议。此外，大数据的分布式储存与分布式计算能力也为人工智能提供了强大的储存、计算支持，大大推动了人工智能的发展。另一方面，大数据也需要人工智能技术来帮助其提高质量。大数据的价值与其质量息息相关，如果数据的质量太差，分析得到的信息将毫无价值。在使用机器学习的算法之前，清理脏数据在大数据分析的各项数据处理环节中花费了多达80%的时间。使压机器学习的算法之后，检测缺失值、重复值、异常值这些数据规范化操作都可以交给人工智能，从而实现了整体性解决。

虽然人工智能与大数据分析都涉及数据，但二者输出的结果并不相同。人工智能是利用数据来建立智能，让机器进行合理的思考与行动。大数据分析侧重于数据本身，包括数据的收集、整理、传输、存储、安全、分析、呈现和应用等，它只是寻找结果、呈现结果，而不会根据结果采取进一步的行动。这也是它们的本质区别。

基于此，二者要实现的目标和采取的手段也不同。大数据分析是为了获得洞察力和决策力，如视频网站可以根据人们日常观看的内容，分析他们的观看习惯和喜好，并向他们推荐甚至生产新的可能受到他们喜爱的内容。而人工智能则是为了让机器完成一些人类才能完成的复杂工作，如物流行业的智能仓储和分拣、医疗诊断中的影像识别、汽车的自动驾驶等，人工智能在理论上可以比人类更快、更好地完成任务。

思考题 ✔ - ●

（1）请解释人工智能的基本概念，并讨论它与传统计算机科学的区别。

（2）列举并简要描述人工智能的主要分类，包括它们的应用场景。

（3）分析人工智能在现代社会中的作用及主要特征。

（4）讨论人工智能发展所面临的主要挑战和机遇。

（5）概述中国人工智能发展的现状，包括政策支持和主要成就。

（6）分析人工智能在当前行业的应用现状和未来趋势。

（7）探讨岭南地区人工智能发展的特色和优势。

（8）比较人工智能与传统计算技术的差异，并讨论这些差异如何影响技术发展和应用。

（9）分析人工智能与大数据分析之间的相互关系和协同作用。

第2章

从业者AI责任

导 读

　　本章聚焦人工智能从业者责任，包括国际和国内的相关法律法规，以及伦理与道德责任；同时，探讨了组织内部的责任机制和外部沟通的透明性要求。这些内容旨在引导读者理解在AI领域工作的专业人员所需遵守的法律法规和道德规范，以及如何在组织内外开展负责任和透明的实践。

知识点

　　知识点1：国际相关法律法规

　　知识点2：国内相关法律法规

　　知识点3：伦理与道德责任

　　知识点4：组织内部责任

重难点

重点1：理解和遵守AI领域的国际与国内法律法规

重点2：掌握AI从业者应遵守的伦理和道德原则

重点3：建立和维护组织内部的隐私保护责任机制

难点1：国际和国内法律法规的比较分析

难点2：AI伦理和道德原则的实践应用

2.1 法律责任

2.1.1 国际相关法律法规

与 AI 相关的国际法律法规目前仍处于不断发展和完善阶段，各国和国际组织已经在 AI 技术的监管、数据隐私、安全性和伦理等方面采取了一系列举措。

2021 年 4 月，欧盟发布了《人工智能法案》（AI Act），这是全球第一个全面监管 AI 的法律框架。该法案将 AI 系统按风险级别划分为不可接受风险、高风险、有限风险和低风险四类，分别规定了不同的监管要求。高风险 AI 系统（如招聘、教育、金融和执法中的 AI 应用）需满足严格的合规要求，确保安全性和透明性；禁止使用的 AI 应用，如面部识别等，除极特殊情况外禁止使用；数据治理、算法透明性、可解释性和安全性都设立了高标准。该法案将大大影响在欧洲市场运营的 AI 企业，推动全球 AI 监管的发展。

2021 年，联合国教科文组织发布了《人工智能伦理建议》，这是全球首个针对人工智能伦理制定的规范框架，希望推动各国在 AI 领域的伦理规范，确保数据收集和使用符合伦理要求，保护用户隐私；确保 AI 应用不会带来歧视，尤其要对弱势群体进行保护；关注 AI 应用对环境的影响，提倡绿色 AI；为全球 AI 伦理规范提供了参考，使 AI 的开发和应用过程更加注重人权、平等和环境可持续性。

经济合作与发展组织（OECD）发布的《人工智能推荐原则》旨在为 AI 的发展提供指导，确保 AI 应用符合伦理和人权标准。AI 系统应确保公正和不歧视；确保 AI 的可解释性和透明性，使用户可以了解其决策过程；开发和部署 AI 系统时，需考虑其潜在风险并尽量降低。该原则已被 40 多个国家所采纳，成为 AI 伦理和人权标准的重要参考，为政府和企业提供了指导框架。

英国是市场化推进人工智能治理的典型代表，其发布了《建立有效人工智能认证生态系统的路线图》，旨在培育一个世界领先的人工智能认证行业，通过中立第三方的人工智能认证服务（包括影响评估、偏见审计和合规审计、认证、合规性评估、性能测试等）来评估和交流人工智能系统的可信性和合规性。英国计划在5年内培育出一个世界领先、规模达数十亿英镑的人工智能认证行业。

美国在人工智能领域制定了多项法律法规。《2019年国防授权法案》设立了国家人工智能安全委员会和联合人工智能中心。《自动程序披露和问责法》要求数字平台公开披露使用自动化软件的情况。《算法问责法案》旨在防止算法自动化决策造成对消费者的歧视，要求企业对其算法和AI系统进行评估，以确保其安全性、公平性和透明性；要求企业定期审查高风险算法，评估其对用户隐私、偏见、歧视等方面的影响；针对算法对用户的潜在影响提供透明性报告。《算法问责法案》使企业在开发和应用AI时更加注重算法的公平性和透明性，减少了算法偏见对用户的负面影响。

以上法律法规和原则在保护用户隐私、确保AI的透明性与公平性、规范数据使用等方面发挥了重要作用。虽然这些法律法规不尽相同，但是全球AI立法趋势日益趋同，普遍关注透明性、隐私保护、公平性与反歧视、问责机制等。随着技术的快速发展，AI相关法律法规还会不断演进，未来可能出现更加细化的法律法规，推动AI技术安全、负责任地应用。

2.1.2　国内相关法律法规

在我国，近年来与AI相关的法律法规和政策不断出台，主要涉及数据隐私、算法安全、伦理规范、智能治理等方面，以确保AI技术在合规、伦理和安全的基础上健康发展。以下是一些重要的法律法规和政策框架：

（1）综合基础类法律

①《中华人民共和国数据安全法》。该法对数据的收集、存储、使用、加工、传输、提供、公开等活动进行规范和监管。AI技术的应用往往涉及大量数据，该法为AI相关的数据处理活动提供了法律依据和安全保障。

②《中华人民共和国个人信息保护法》。该法明确了个人信息处理的规则和要求，AI 系统在处理个人信息时，必须遵守该法的规定，保护用户的肖像权、名誉权、荣誉权、隐私权和个人信息权益等。

（2）针对人工智能特定领域的管理规定

①《生成式人工智能服务管理暂行办法》。该办法自 2023 年 8 月 15 日起施行，适用于利用生成式人工智能技术向中华人民共和国境内公众提供生成文本、图片、音频、视频等内容的服务。该办法规定了 AI 生成内容的合法性要求、服务提供者的责任和义务、对用户的保护等，比如要求生成式人工智能服务提供者使用具有合法来源的数据和基础模型，不得生成违法违规内容等。

②《互联网信息服务算法推荐管理规定》。该规定规范了互联网信息服务算法推荐活动，其中涉及一些与 AI 算法相关的管理要求，对于利用 AI 算法进行信息推荐的服务进行了规范，保障用户的合法权益和社会公共利益。

③《互联网信息服务深度合成管理规定》。该规定由中国国家互联网信息办公室会同工业和信息化部、公安部于 2022 年 11 月 25 日发布，自 2023 年 1 月 10 日起施行。该规定厘清了深度合成技术的定义与应用范围，明确了深度合成服务提供者、技术支持者和使用者及应用程序分发平台的责任，要求深度合成服务提供者对使用者进行真实身份信息认证，同时要求对深度合成内容进行合理标识，避免公众混淆。

（3）相关伦理规范和标准文件

①《新一代人工智能伦理规范》。2021 年 9 月 25 日，国家新一代人工智能治理专业委员会发布了《新一代人工智能伦理规范》，旨在将伦理道德融入人工智能全生命周期，为从事人工智能相关活动的自然人、法人和其他相关机构等提供伦理指引。该规范提出了人工智能伦理的基本原则，引导人工智能健康发展，确保 AI 技术的应用符合伦理道德要求。

②一些行业协会或标准化组织制定了相关标准和规范文件，对

AI 技术在特定行业的应用提出了具体的技术标准和操作规范，如在智能医疗、智能交通等领域的相关标准。

此外，其他法律法规中也可能涉及与 AI 相关的条款或规定。随着 AI 技术的不断发展和应用，相关的法律法规也在不断制定和完善中。

2.2　伦理与道德责任

人工智能必须以造福人类为宗旨，无论人工智能的意识通过自我学习进化到何种程度，都无法改变其由人类创造的基本事实，我们必须厘清人工智能的自主意识与人类自由意志之间的联系和区别，构建并遵守人工智能伦理与道德原则。

2.2.1　人类根本利益原则

人类根本利益原则是指人工智能应以实现人类根本利益为终极目标。

人类根本利益原则的要求如下：

①在对社会的影响方面，人工智能的研发与应用以促进人类向善为目的，这也包括和平利用人工智能及相关技术，避免致命性人工智能武器的军备竞赛。

②在人工智能算法方面，人工智能的研发与应用应维护人的尊严，保障人的基本权利与自由；确保算法决策的透明性，确保算法设定避免歧视；推动人工智能的效益在世界范围内公平分配，缩小数字鸿沟。

③在数据使用方面，人工智能的研发与应用要关注隐私保护，加强对个人数据的控制，防止数据滥用。

人类根本利益原则体现了对人权的尊重、对人类和自然环境利益最大化的追求。

2.2.2 责任原则

责任原则是指在人工智能技术开发和应用两方面都建立明确的责任体系。在责任原则下，在人工智能技术开发方面，应遵循透明性原则；在人工智能技术应用方面，应当遵循权责一致原则。

（1）透明性原则

透明性原则要求在人工智能设计中保证人类了解自主决策系统的工作原理，从而预测其输出结果，即了解人工智能如何以及为何做出特定决策。坚持透明性原则，就要坚持人工智能算法的可解释性（explicability）、可验证性（verifability）和可预测性（predictability）。例如，为什么神经网络模型会输出特定的结果？数据来源透明性也十分重要，即便是在处理表面上看没有问题的数据集时，也有可能面临数据中所隐含的某种倾向或者偏见问题。另外，技术开发时，应注意多个人工智能系统之间的相互协作可能产生的危害。

（2）权责一致原则

权责一致原则是指在人工智能设计和应用中应当能够进行问责，具体包括：在人工智能的设计和使用中留存相关的算法、数据和决策的准确记录，以便在产生损害时进行审查并查明责任归属；即使无法解释算法产生的结果，使用了人工智能算法进行决策的机构也应对此负责。权责一致原则的意义在于，当人工智能应用结果导致人类伦理或法律冲突问题时，人们能够从技术层面对人工智能技术开发人员或设计部门问责，并在人工智能应用层面建立合理的责任和赔偿体系，保障人工智能应用的公平性与合理性。

在实践中，人们尚不熟悉权责一致原则，主要是由于在人工智能产品和服务的开发与生产过程中，工程师和设计团队往往忽视伦理问题。此外，人工智能行业尚未建立综合考量各个利益相关者需求的工作流程，当前相关企业对商业秘密的过度保护也与权责一致原则相符。

坚持权责一致原则，要求利用人工智能算法进行决策的组织和机构对算法决策使用的程序和具体决策结果做出解释，同时应当保留训练人工智能算法所使用的数据，并说明数据的收集方式（人工收集或算法自动采集）可能存在的偏见和歧视。人工智能算法的公共审查制度能够提高政府机构、科研院所和商业机构采用的人工智能算法被纠错的可能性。

2.3　组织内部责任——隐私保护

隐私保护是保障人工智能系统功能安全性、伦理符合性的支柱。从数据与模型隐私的角度出发，针对各种类型的隐私风险，可以总结出相应的隐私保护思路。

（1）避免数据采集过度

人工智能系统为了实现特定的功能，其数据采集终端往往存在过度采集周边数据或过度收集用户行为偏好的现象，如自动驾驶使用摄像头收集车辆周边信息，应避免数据的过度采集并发展基于小样本学习的深度学习技术，如元学习等。

（2）增强数据匿名化处理

人工智能算法通常需要使用多种用户的特征，往往通过用户特征推断出用户的身份，应增强对多维信息的匿名化处理，如匿名化处理后的医院病历信息不可以通过匹配年龄、地区、性别等因素推断出病历所属的个人。

（3）数据标注过程保护

由于数据标注要花费大量的人力成本，大部分企业会委托第三方数据标注公司进行标注，如 Facebook 将部分数据标注工作外包给印度公司。在此过程中，数据标注人员可以直接接触标注数据，存在数据被盗取、信息泄露等风险。加强隐私保护，就要增强对标注过程的监管，并发展无须数据标注的无监督学习。

（4）数据浏览记录保护

人工智能系统应定期清除用户的操作、浏览记录，如用户在浏览人工智能系统后生成的用户画像等，在清除部分历史记录后，也应删除当前的用户画像。

（5）模型训练过程的隐私保护

在模型训练过程中，应防止梯度变化、输出向量等暴露用户信息的风险。例如，在分布式人工智能训练中，应避免通过其他用户的梯度更新情况，获取他人训练数据信息；避免防御模型逆向攻击，通过模型输出的置信度逆向反推输入样本，以及输入数据的部分或全部特征值。

（6）模型推理过程的隐私保护

在模型推理过程中，输入数据常常包含隐私信息或可以推理出与隐私相关的信息。例如，用户与他人约定在某时见面，且不希望被他人知道，但是在模型训练时，如果输入数据中包含此信息，则应避免在模型推理时以结果的形式泄露此信息。

（7）模型部署过程的隐私保护

在模型部署过程中，应预防模型被不正当获取，进而防止不法者查询模型细节而获取个人偏好信息，避免个人隐私被泄露。

（8）模型自身的隐私保护

模型自身的隐私保护主要是抵御模型窃取攻击（攻击者通过对模型进行查询，或观察模型计算过程中的中间产物，获取目标模型的部分甚至完整模型参数），如将模型训练与文件调用相分离，设计加密算法等。

思考题

（1）概述 AI 领域国际相关法律法规，并讨论这些法律法规如何影响 AI 的发展和应用。

（2）分析我国 AI 领域的法律法规，包括它们的主要内容和对 AI 行业的影响。

（3）讨论人工智能从业者面临的伦理和道德责任，以及如何在实际工作中履行这些责任。

（4）探讨组织内部对人工智能从业者的责任要求，包括管理制度和内部培训。

技术篇

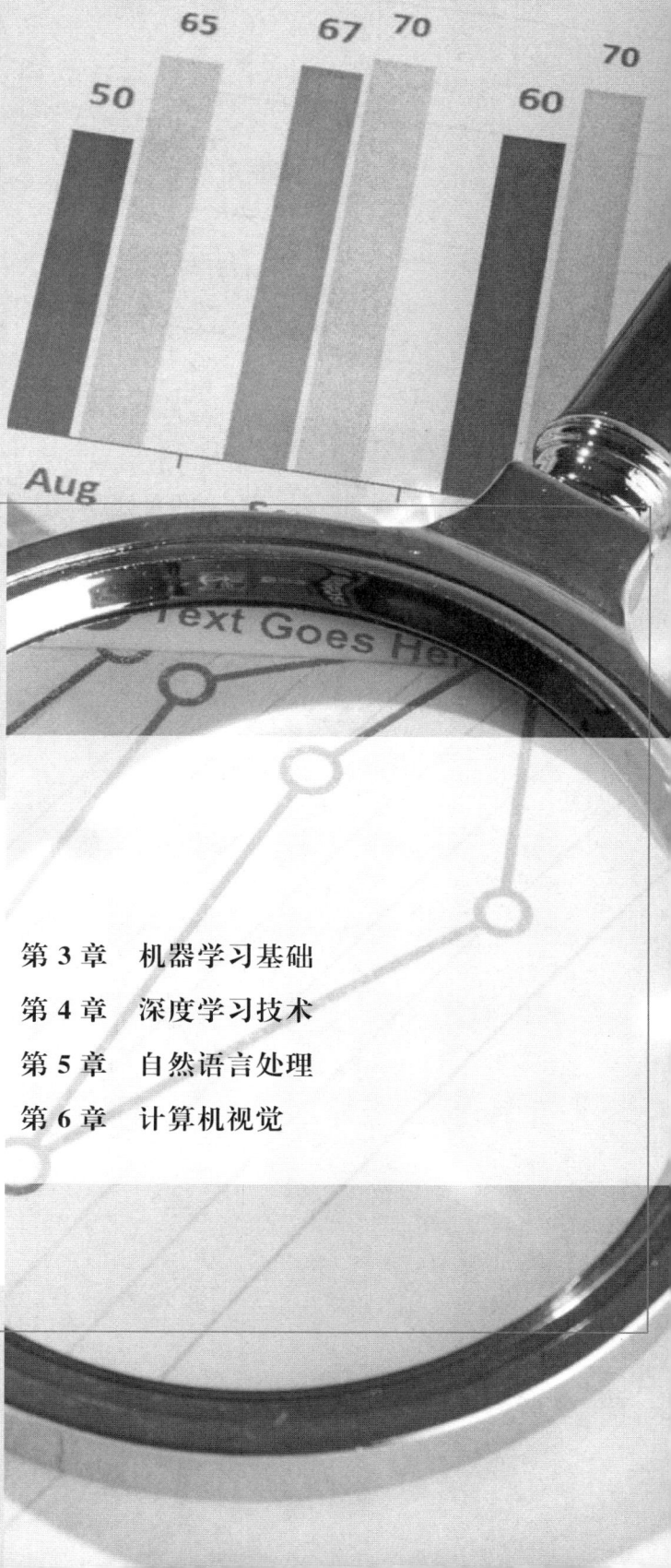

第3章
机器学习基础

导 读

本章深入浅出地介绍了机器学习的基础知识，包括机器学习的定义、分类，以及监督学习、无监督学习和强化学习等主要学习范式；同时，通过具体的机器学习算法实例，帮助读者理解这些概念在实际中的应用。本章内容是理解更复杂AI概念和技术的基石。

知识点

知识点1：机器学习的定义与分类

知识点2：监督学习

知识点3：无监督学习

知识点4：强化学习

知识点5：机器学习算法实例

重难点

重点1：掌握机器学习的基本定义和分类

重点2：理解监督学习、无监督学习和强化学习的基本原理

重点3：通过实例掌握机器学习算法的应用

难点1：不同机器学习范式的深入理解及应用场景

难点2：机器学习算法的选择和优化

难点3：理论与实践相结合，将算法应用于实际问题

3.1 机器学习的定义与分类

机器学习作为人工智能的一个重要分支，主要研究如何通过计算机算法和统计模型，使计算机系统利用数据进行自我学习和改进。具体来说，机器学习可以定义为：计算机利用数据集，通过算法和模型进行自我训练，从而实现对未知数据的预测或决策的过程。机器学习的核心目标是让计算机具有自我学习和不断优化能力，以应对不断变化的环境和任务。

根据学习方式和任务目标的不同，机器学习可以分为以下几种类型：

（1）监督学习（supervised learning）

监督学习是指通过已标记的训练数据，让计算机学习到一个模型，从而对未知数据进行预测或分类。监督学习的主要任务包括分类和回归。在监督学习中，输入数据和输出数据之间存在明确的对应关系。

（2）无监督学习（unsupervised learning）

无监督学习是指在没有标记的训练数据下，让计算机自动发现数据中的规律和结构。无监督学习的主要任务包括聚类、降维和关联规则挖掘等。与监督学习不同，无监督学习不需要输入数据和输出数据之间的对应关系。

（3）半监督学习（semi-supervised learning）

半监督学习介于监督学习和无监督学习之间，训练数据中包含部分标记数据和大量未标记数据。半监督学习的目标是利用未标记数据提高学习效果，降低标注成本。

（4）强化学习（reinforcement learning）

强化学习是一种通过与环境交互来学习策略的过程。在强化学习中，智能体根据当前的环境状态采取行动，从而获得奖励或惩罚。强化学习的目标是使智能体在长期交互过程中，学会最优策略以最大化累积奖励。

（5）迁移学习（transfer learning）

迁移学习是指将已在一个领域学习到的知识应用于另一个相关领域。迁移学习的目标是利用已有知识提高在新领域中的学习效率，降低训练数据需求。

（6）深度学习（deep learning）

深度学习是一种基于神经网络的学习方法，通过多层非线性变换提取数据的高级特征。深度学习在图像识别、语音识别、自然语言处理等领域取得了显著成果。

3.2 监督学习、无监督学习与强化学习

3.2.1 监督学习

在监督学习中，有一个数据集，它由输入特征（通常表示为向量）和相应的标签（或目标）组成。这个数据集被称为训练集，因为它用来训练模型。监督学习的目标是构建一个模型，该模型能够从输入特征中准确地预测出标签。

（1）线性回归（linear regression）

线性回归是用于预测连续值输出的最简单的回归算法。它假设输入特征 x 和输出目标 y 之间存在线性关系。线性回归的模型可以表示为：

$$y = w[0] \cdot x[0] + w[1] \cdot x[1] + \cdots + w[n] \cdot x[n] + b$$

其中：y 是预测值，$x[0]$，$x[1]$，$\cdots$，$x[n]$ 是特征，$w[0]$，$w[1]$，$\cdots$，$w[n]$ 是权重，b 是偏置项。

线性回归的目标是找到一组权重 w 和偏置项 b，使模型预测的值与实际值之间的差异（损失）最小。常用的损失函数是均方误差（mean squared error，MSE）。

想象你是一位厨师，想根据食材的重量来预测一道菜的成本。你注意到成本和食材重量之间似乎有一定的关系——食材越重，成本越高。你可以通过记录不同重量的食材对应的成本来找出一个简单的计

算公式，这样，每当有新的食材重量时，你就能预测出大致的成本。这个公式就像是一条直线，帮助你估算成本。

（2）逻辑回归（logistic regression）

尽管名字中包含"回归"二字，但逻辑回归实际上是一种解决分类问题的算法。它用于预测二元结果（是/否、阳性/阴性等）。逻辑回归的模型输出是一个介于0和1之间的概率值，表示样本属于正类的概率。

逻辑回归通过最大化对数似然函数来训练，通常使用梯度下降法来优化权重和偏置项。

假设你参加一场比赛，需要预测比赛结果是赢还是输。你根据过去的比赛数据（比如队伍的表现、天气情况等）来进行预测。逻辑回归就像一个聪明的裁判，它会根据这些数据给出一个概率，告诉你赢的概率是70%、输的概率是30%。这个"裁判"的判断是基于一条曲线，而不是直线。

（3）决策树（decision tree）

决策树是一种非参数监督学习算法，可以解决回归和分类问题。它的工作原理是通过一系列问题来对数据进行分割，每个问题都与数据的一个特征相关，并且每个答案都导致进一步分割，直到符合某个终止条件（例如，达到最大深度或节点纯度）。

在分类问题中，决策树会根据特征将数据划分到不同的类别中。在回归问题中，它预测一个连续值。

想象你在玩一个猜谜游戏，每次你都要根据一系列是或否的问题来猜出一个物品。决策树就像一个游戏指南，它会根据你的回答逐步引导你到正确的答案。比如，它会先问"这个物品是活的吗？"根据你的回答，它会继续问其他问题，直到最终猜出正确的答案。

（4）支持向量机（support vector machine，SVM）

支持向量机是一种强大的分类算法，它的目标是找到一个最优的超平面，将不同类别的数据点分开，并且使得分类边界的间隔最大。SVM可以使用不同的核函数来处理非线性问题，如多项式核和径向基函数（radial basis function，RBF）核。

想象你的花园里有两种不同的花，你想用一条小径将它们分开。支持向量机就像一个园丁，它会找到一条最佳的小径，使得两种花被尽可能清楚地区分开；同时，小径会尽可能宽，这样，即使要种新的花，也不会轻易混淆种类。

（5）随机森林（random forest）

随机森林是一种集成学习方法，它由多个决策树组成，每个决策树都是在随机子集上进行训练的。随机森林通过投票（分类问题）或平均（回归问题）的方式来聚合所有决策树的预测结果。

随机森林能够处理大量特征，并且对过拟合有一定的抵抗力，因为它通过随机性降低模型之间的相关性。

想象你是村庄的首领，要做出重要的决定，但是你不确定哪个方案最好，你咨询了村里的多位长者，每位长者都有自己的经验和观点。随机森林就像一个由多位长者组成的委员会，每位长者都会给出自己的意见，最后你根据大多数长者的意见来做出决定。

（6）神经网络（NNs）

神经网络是一种模仿人脑工作原理的算法，它由大量的节点（或神经元）组成（如图3-1所示），这些节点通过层次化的方式组织起来。每个节点接收输入，对它们进行加权求和，然后通过激活函数产生输出。

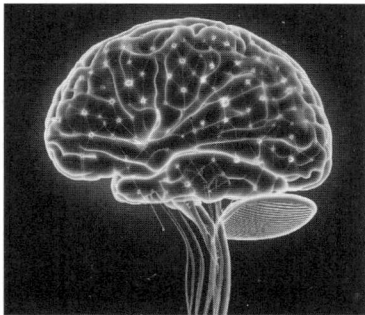

图3-1　神经网络

神经网络特别适合处理复杂的非线性问题，它们在图像识别、语音识别和自然语言处理等领域表现出色。训练神经网络通常涉及反向传播算法和梯度下降优化。

人脑是一个极其复杂的决策系统，它可以通过感官接收信息，然后处理这些信息，并做出反应。神经网络就像一个模仿人脑的机器，它由许多简单的计算单元（神经元）组成，这些单元通过相互连接和传递信息来处理复杂的问题，比如识别图片中的物体或理解一段文字。

3.2.2　无监督学习

无监督学习是机器学习的一个分支，它不使用标注过的数据来训练模型；相反，无监督学习算法试图从数据中发现模式、关联或结构。以下是几种常见的无监督学习算法的详细解释：

（1）聚类（clustering）

聚类算法的目标是将数据集中的点分组，使得同一组内的点相似度较高，而不同组之间的点相似度较低。以下是一些流行的聚类算法：

①K-均值聚类（K-means clustering）。

工作原理：首先随机选择K个点作为初始聚类中心，然后通过迭代方式，将每个点分配到最近的聚类中心，并更新聚类中心。

优点：操作简单、易于实现。

缺点：需要预先指定K值，对噪声和异常值敏感。

②层次聚类（hierarchical clustering）。

工作原理：通过逐步合并或分裂已有的簇来创建一个嵌套的簇层次结构。

优点：不需要预先指定K值，可以产生层次化的聚类结构。

缺点：计算成本较高，不适合大规模数据集。

③基于密度的抗噪聚类（density-based spatial clustering of applications with noise，DBSCAN）。

工作原理：基于密度的聚类算法可以在有噪声的空间数据库中发现任意形状的簇。

优点：不需要预先指定K值，能够识别任意形状的簇。

缺点：对密度参数敏感，可能不适合密度变化很大的数据集。

想象你是一名图书管理员，有一堆新书需要上架，但是你不知道它们应该放在哪里。你根据书的主题、大小和颜色将它们分成几小堆，这样，相似的书籍就放在了一起。这个过程就像聚类算法一样，它帮助你在不知道具体分类依据的情况下，将书籍（数据点）分成有意义的组（簇）。

（2）主成分分析（principal component analysis，PCA）

PCA 是一种统计方法，它通过正交变换将一组可能相关的变量转换为一组线性不相关的变量，这些变量被称为主成分。主成分按其重要性排序，通常只保留前几个主成分，以达到降维的目的。

工作原理：计算数据集的协方差矩阵，然后找出协方差矩阵的特征值和特征向量，选择最大的几个特征值对应的特征向量作为主成分。

优点：可以有效降低数据维度，去除噪声。

缺点：假设数据是线性的，可能不适用于非线性数据。

想象你是一位画家，你想在一幅大画布上画画，但是画布的面积有限，于是，你决定只画最重要的部分，捕捉主要特征。PCA 就像你简化画画的过程，只保留最重要的元素（主成分），以便在有限的画布上完成画作。

（3）自编码器（autoencoders）

自编码器是一种数据压缩算法，它通过学习一个映射，将输入数据编码成一个低维表示，然后再解码回原始数据。

工作原理：它由两部分组成：一个编码器和一个解码器。编码器将输入数据压缩成编码表示，解码器则将这个表示解码回原始数据。

优点：可以用于特征提取和数据去噪。

缺点：可能需要大量的数据来训练，对于复杂的数据可能效果不佳。

想象你有一个非常复杂的拼图，你想把它存放在一个小盒子里，以便日后重新拼装。你设计了一个机器，这个机器可以精确地将拼图拆开并压缩成一个小块，然后再完美地还原。自编码器就像这个机器一样，它把数据（拼图）压缩成一个更小的表示（小块），然后可以无损地还原。

（4）生成对抗网络（generative adversarial networks，GANs）

GANs 由两部分组成：生成器（generator）和判别器（discriminator）。生成器的目标是生成看起来像真实数据的新数据，而判别器的目标是区分真实数据和生成器生成的假数据。

工作原理：生成器和判别器通过对抗过程相互竞争，生成器试图欺骗判别器，而判别器试图不被欺骗。

优点：能够生成高质量、多样化的数据。

缺点：训练过程可能不稳定，且难以评估生成器的性能。

想象一个伪造艺术品的高手（生成器）和一个艺术鉴赏家（判别器）之间的游戏。伪造艺术品的高手试图制作看起来像真品的假艺术品，而艺术鉴赏家则努力区分真品和假货。随着时间的推移，伪造艺术品的高手技艺越来越高超，鉴赏家有时也难以区分真假。GANs通过这种对抗过程生成越来越真实的数据。

3.2.3 强化学习

强化学习是一种机器学习的方法，它主要涉及智能体（agent）在某种环境中通过探索（exploration）和利用（exploitation）来学习如何做出最优决策，以实现特定目标。其定义可以概括如下：

强化学习是一种学习过程，其中智能体通过与环境的交互来学习如何执行任务。在这个过程中，智能体在每一个时间步根据当前状态选择一个动作，环境根据这个动作给出一个奖励信号（reward signal）和一个新的状态。智能体的目标是找到一个策略（policy），使得长期累积奖励最大化。这个过程通常包含以下关键元素：

• 智能体：执行动作并学习优化策略的实体。

• 环境（environment）：智能体所处的情境，它提供状态和奖励。

• 状态（state）：智能体在环境中的具体位置或情况。

• 动作（action）：智能体在某种状态下可以采取的行为。

• 奖励（reward）：智能体做出某个动作后，环境给出的正面或负面反馈。

强化学习不同于监督学习和无监督学习，它侧重于基于序列决策问题，其中智能体的目标是最大化长期奖励，而不是简单地预测标签或发现数据中的模式。

3.3 机器学习算法实例

（1）线性回归

线性回归是最基础的机器学习算法之一，用于预测连续值。我们以房价估测为例，假设有表3-1中的数据集。

表3-1 　　　　　　　　　　数据集

房屋面积 （平方米）	房屋年龄 （年）	房间数量 （套）	是否有游泳池 （0=否，1=是）	地区人均收入 （万元）	房价 （万元）
150	5	4	0	50	300
120	10	3	1	80	350
200	3	5	1	70	450
90	15	2	0	40	200
…	…	…	…	…	…

在这个例子中，线性回归模型将包含多个权重，每个特征对应一个权重，以及一个偏置项。模型的方程如下：

房价 $= w1 \times$ 房屋面积 $+ w2 \times$ 房屋年龄 $+ w3 \times$ 房间数量 $+ w4 \times$ 是否有游泳池 $+ w5 \times$ 地区人均收入 $+ b$

如图3-2所示，在这个代码示例中，使用scikit-learn库来处理特征标准化和线性回归模型的训练，使用Pipeline来组合特征标准化和线性回归模型，这样就可以在训练模型之前自动进行特征标准化。StandardScaler用来将特征缩放到具有0均值和单位方差的状态，这对于许多机器学习算法来说是一个好的实践。

```
1   import numpy as np
2   from sklearn.linear_model import LinearRegression
3   from sklearn.preprocessing import StandardScaler
4   from sklearn.pipeline import Pipeline
5
6   # 假设数据集
7   X = np.array([
8       [150, 5, 4, 0, 50],   # 房屋面积, 房屋年龄, 房间数量, 是否有游泳池, 地区平均收入
9       [120, 10, 3, 1, 80],
10      [200, 3, 5, 1, 70],
11      [90, 15, 2, 0, 40],
12      # ... 更多数据
13  ])
14  y = np.array([300, 350, 450, 200, ...])   # 对应的房价
15
16  # 创建一个线性回归模型，并包含特征标准化的步骤
17  pipeline = Pipeline([
18      ('scaler', StandardScaler()),   # 特征标准化
19      ('regressor', LinearRegression())   # 线性回归模型
20  ])
21
22  # 训练模型
23  pipeline.fit(X, y)
24
25  # 预测新数据点的房价
26  new_house = np.array([[160, 4, 4, 1, 75]])   # 新数据点
27  predicted_price = pipeline.predict(new_house)
28  print(f"Predicted House Price: {predicted_price[0]}")
```

图 3-2　代码示例

（2）K-均值聚类

K-均值聚类是一种无监督学习算法，用于将数据分成 K 个组（聚类）。算法流程如下：

第一步：初始化，即随机选择 K 个数据点作为初始簇中心。

第二步：分配数据点，即将每个数据点分配到距离最近的簇中心。

第三步：更新簇中心，即根据每个簇内的数据点，重新计算簇中心的位置。

第四步：迭代。重复第二步和第三步，直到簇中心不再变化或变化小于设定的阈值。

下面使用经典的 Iris（鸢尾花）数据集来演示如何用 Python 实现 K-均值聚类算法。该数据集包含三种鸢尾花（Setosa、Versicolor 和

Virginica）的四个特征：萼片长度、萼片宽度、花瓣长度和花瓣宽度。Iris 数据集是 Python 中 scikit-learn 库的内置数据集之一。

在 Python 中，可以通过如图 3-3 所示的方式加载 Iris 数据集，获取数据的特征和类别。

```python
from sklearn import datasets
import matplotlib.pyplot as plt
import numpy as np
from sklearn.cluster import KMeans
from sklearn.preprocessing import StandardScaler

# 加载Iris数据集
iris = datasets.load_iris()
X = iris.data
y = iris.target
feature_names = iris.feature_names
target_names = iris.target_names

print(f"数据集形状: {X.shape}")
print(f"特征名称: {feature_names}")
print(f"类别名称: {target_names}")
```

图 3-3　数据准备

第一步，通过命令 iris=datasets.load_iriss（）加载数据，数据集赋值给 X，即 X=iris.data。

第二步，确定最佳 K 值数据，即最佳聚类的簇数。我们可以使用肘部法则进行最佳 K 值的确定。肘部法则（Elbow Method）通过计算不同 K 值下的簇内误差平方和（Within-Cluster Sum of Squares，WCSS）并观察其变化趋势来找到最佳 K 值。

我们将鸢尾花数据进行标准化处理后（X_scaled）计算最佳 K 值。代码演示如图 3-4 所示。

```python
wcss = []
for i in range(1, 11):
    kmeans = KMeans(n_clusters=i, init='k-means++', random_state=42)
    kmeans.fit(X_scaled)
    wcss.append(kmeans.inertia_)
```

图 3-4　肘部法则确定最佳 K 值代码演示

如图3-5所示，确定最佳K值为3，应用K-均值聚类算法对鸢尾花数据进行聚类。

```python
kmeans = KMeans(n_clusters=3, init='k-means++', random_state=42)
y_kmeans = kmeans.fit_predict(X_scaled)
```

图3-5　应用K-均值聚类算法的代码演示

思考题 ✔

（1）请定义机器学习，并概述其主要分类及应用场景。

（2）详细解释监督学习的工作原理，并给出至少一个具体的监督学习算法示例。

（3）讨论无监督学习的主要特点和应用，举例说明无监督学习在现实中的应用。

（4）分析强化学习的基本概念和原理，以及它在人工智能领域的应用。

（5）选择一个机器学习算法，详细描述其原理、应用场景和优缺点。

第4章
深度学习技术

导 读

本章详细介绍了深度学习技术，包括深度学习的概念、发展历程、神经网络基础，以及卷积神经网络（CNN）、循环神经网络（RNN）、变分自动编码器与生成对抗网络的原理和应用。本章通过深入讲解神经网络的组成，如神经元模型、激活函数、网络结构、前向传播和反向传播、损失函数等，为读者提供了深度学习领域的基础知识和关键技术。

知识点

知识点1：深度学习的概念和发展历程

知识点2：神经网络基础，包括神经元模型、激活函数、网络结构等

知识点3：卷积神经网络的原理和应用

重难点

重点1：理解深度学习的概念及发展历程

重点2：掌握神经网络的基础知识，包括结构、训练过程等

重点3：了解卷积神经网络的结构、训练和应用

难点1：对神经网络的前向传播和反向传播机制的深入理解

难点2：对卷积神经网络的结构和训练过程细节的掌握

难点3：深度学习技术在具体应用中的实现和优化

4.1 深度学习简介

4.1.1 深度学习的概念

深度学习是机器学习的一个分支，它模仿人类大脑中神经网络的工作方式，通过构建多层神经网络模型来学习和提取数据的特征。深度学习模型能够自动从大量数据中提取特征，数据量越大，模型的性能通常越好。深度学习模型在图像识别、语音识别、自然语言处理等领域获得了极大的成功。

4.1.2 深度学习的发展历程

深度学习作为人工智能的核心技术之一，其起源可追溯至20世纪40年代，经历了多次起伏后，最终在21世纪初迎来爆发式增长。这一历程大致可以分为五个关键阶段：启蒙时期、感知器时期、连接主义与反向传播算法时期、深度学习复兴时期，以及当前的大模型时期。

（1）启蒙时期与早期模型

深度学习的理论根基源于对人脑神经元工作方式的模拟。1943年，神经科学家沃伦·麦卡洛克（Warren McCulloch）和数学家沃尔特·皮茨（Walter Pitts）提出了M-P模型。该模型首次用数学方法模拟神经元的工作机制，奠定了人工神经网络的基础。1949年，心理学家唐纳德·赫布（Donald Hebb）提出Hebb学习规则，指出神经元之间的连接强度会因同步激活而增强，这一思想成为后续神经网络训练算法的重要理论依据。

（2）感知器时期

1958年，弗兰克·罗森布拉特（Frank Rosenblatt）提出了感知器（Perceptron），这是首个可学习的神经网络模型，能够处理简单的二分类问题。然而，1969年，马文·明斯基（Marvin Minsky）和西摩·佩珀特（Seymour Papert）在《感知器》一书中证明，单层感知器无法解决非线性可分问题（如 XOR 逻辑运算），这导致神经网络研究陷入了近 20 年的低谷。

（3）连接主义与反向传播算法时期

尽管感知器的局限性使神经网络研究遇冷，但是连接主义思想仍然在发展，它强调神经元之间的交互作用对智能行为的影响。1986 年，杰弗里·辛顿（Geoffrey Hinton）和大卫·鲁姆哈特（David Rumelhart）等人提出反向传播（Backpropagation）算法，使得多层神经网络（如多层感知机（Multilayer Perceptron，MLP））能够有效训练，解决了非线性学习问题，这标志着神经网络研究的复兴。然而，由于计算资源有限和数据规模不足，深度学习仍未成为研究的主流。

（4）深度学习复兴时期

2006 年，Hinton 等人提出深度置信网络（Deep Belief Network，DDBN），采用无监督预训练+有监督微调的策略，解决了深层网络的梯度消失问题，重新点燃了学术界对深度学习的兴趣。2012 年，Hinton 等人凭借 AlexNet（基于卷积神经网络（Convolutional Neural Network，CNN））在 ImageNet 竞赛中以远超传统方法的准确率夺冠，彻底改变了计算机视觉领域的研究范式。同时，图形处理器（Graphics Processing Unit，GPU）的广泛应用和大规模数据集（如 ImageNet）的涌现，为深度学习提供了必要的算力和数据支持。

（5）大模型时期

2017 年，Transformer 架构的提出彻底改变了自然语言处理（Natural Language Processing，NLP）的发展方向，自注意力（Self-Attention）机制使模型能够并行处理长序列数据，催生了 BERT、GPT 等大语言模型。2020 年以后，扩散模型（Diffusion Model）在生成式 AI 领域崭露头角，推动了文本到图像（如 Stable Diffusion）、视频生成（如 Sora）等技术的发展。如今，深度学习已广泛应用于计算机视觉、语音识别、自动驾驶、医疗诊断等领域，并持续向更高效、更通用的方向演进。

深度学习的发展历程体现了理论与技术的螺旋式上升，从最初的神经元模拟到如今的万亿参数大模型，其核心始终是让机器具备更强的表征与推理能力。未来，随着计算架构的优化和新算法的涌现，深度学习有望在更广泛的领域实现突破。

4.2 神经网络基础

4.2.1 神经元模型

神经网络的基本单元是神经元，也称感知器。人工神经元模型模拟了生物神经元的结构和功能，用于接收、处理和传递信息。它接收一纴输入，通过数学运算处理接收的信息，然后进行输出。

1943年沃伦·麦卡洛克和沃尔特·皮茨提出的M-P模型将神经元抽象为一个二值阈值单元：它接收多个输入信号，对它们进行加权求和，再通过一个激活函数（如阶跃函数）决定是否输出信号。M-P模型虽然简单，但是它证明了神经网络在理论上可以执行逻辑运算，为后续神经网络的发展奠定了基础。

在M-P模型的基础上，1958年，弗兰克·罗森布拉特提出了感知器。感知器的核心思想是通过调整输入权重，使模型能够对线性可分的数据进行分类。其计算过程包括三个步骤：①输入信号加权求和；②通过激活函数（如符号函数）输出结果；③根据误差调整权重（如感知器学习规则）。

现代神经元模型通常采用非线性激活函数（如Sigmoid、ReLU），以增强网络的表达能力。一个典型的神经元可表示为：

$$y = f(\sum_{i=1}^{n} w_i x_i + b)$$

其中，x_i为输入，w_i为权重，b为偏置项，f为激活函数。这种结构使神经网络能够拟合复杂的非线性关系，而多层神经元的组合则构成了深度神经网络的核心架构。

神经元模型的发展，从最初的M-P模型到今天的自适应计算单元，始终是神经网络实现智能计算的基石。

4.2.2　激活函数

激活函数是神经网络的核心组件之一，它决定了神经元是否应该被激活以及激活的强度，为神经网络引入了非线性因素，使其能够拟合复杂的现实问题。如果没有激活函数，无论神经网络有多少层，最终的输出都只是输入的线性组合，无法解决非线性可分的问题。常见的激活函数可以分为饱和型和非饱和型两大类，每种激活函数都有其特定的数学特性和适用场景。

早期的神经网络主要使用 Sigmoid 函数（也称为 Logistic 函数），其数学表达式为：

$$\delta(x) = \frac{1}{1 + e^{-x}}$$

其中：x 表示神经元的输入。

Sigmoid 函数的输出值范围为（0，1），函数平滑可微，适合表示概率输出。然而，Sigmoid 函数容易导致梯度消失问题：当输入值过大或过小时，其导数趋近 0，使得深度神经网络训练过程中参数更新缓慢，甚至完全不更新。类似的 Tanh 函数（双曲正切函数）则将输出范围扩展到（-1，1），虽然在一定程度上缓解了梯度消失问题，但是仍未彻底解决。2010 年以后，ReLU 函数（Rectified Linear Unit，$f(x) = \max(0, x)$）因其简单高效成为最常用的激活函数：它在正区间保持线性特性，避免了梯度消失，计算速度快，且能产生稀疏激活。不过，ReLU 函数也存在"神经元死亡"问题（某些神经元可能永远不被激活），为此研究者提出了 Leaky ReLU、ELU 等改进版本。

在深度神经网络中，激活函数的选择直接影响模型的训练效果。对于输出层，不同任务需要不同的激活函数：二分类问题通常使用 Sigmoid 函数，多分类问题使用 Softmax 函数，回归问题可能使用线性函数。近年来，$Swish(x \cdot \delta(x))$ 和 GELU（高斯误差线性单元）等新型激活函数在特定场景中表现出色。激活函数的发展历程反映了神经网络设计的核心思想：在保持非线性表达能力的同时，优化梯度传播特性，使深层神经网络能够得到有效训练。随着神经网络架构的不断创新，激活函数的研究仍在持续演进，为深度学习模型提供更强的表达能力。

4.2.3　神经网络结构

神经网络结构决定了其信息处理的方式和能力，不同的网络结构可以解决不同类型的问题。从最基本的单层感知器到复杂的深度神经网络，结构上的创新极大地推动了深度学习的发展。典型的神经网络结构主要包括前馈神经网络、卷积神经网络和循环神经网络三大类，每一类结构都有其独特的设计思想和适用场景。

前馈神经网络（Feedforward Neural Network，FNN）是最基础的网络结构，也称为多层感知器。它由输入层、隐藏层和输出层组成，数据单向流动，没有反馈连接。这种结构的优势在于结构简单、易于实现，适合处理结构化数据。然而，随着网络层数的增加，普通的前馈神经网络会面临梯度消失或爆炸的问题，而且难以捕捉数据中的空间或时序关系。为了解决这些问题，研究者提出了包含残差连接（ResNet）在内的改进结构，使信息能够跨层传播，以有效训练更深层的网络。

卷积神经网络是处理网格状数据（如图像）的专用结构。其核心思想是通过局部连接、权值共享和层次化特征来获取复杂的特征表示。典型的CNN由交替的卷积层和池化层组成，最后通过全连接层进行分类。卷积层使用可学习的卷积核扫描输入数据，计算局部特征；池化层则降低特征图维度，增强平移不变性。从早期的LeNet-5到现代的ResNet、EfficientNet，CNN结构不断演进，在计算机视觉领域取得了革命性突破。CNN的成功在于其能够自动学习层次化特征：浅层网络提取边缘、纹理等低级特征，深层网络则识别物体部件和语义概念。

循环神经网络（Recurrent Neural Network，RNN）专为处理序列数据而设计，通过引入循环连接使网络具有记忆能力。与传统的前馈神经网络不同，RNN的隐藏层不仅接收当前输入数据，还接收上一时刻的隐藏状态，从而捕捉输入序列的时序依赖关系。然而，标准

RNN 处理长序列时，容易产生梯度消失或者爆炸问题，难以学习远距离的时序关系。为此，研究者提出长短期记忆网络（LSTM）和门控循环单元（GRU），通过引入门控机制，选择性记忆和遗忘信息，显著提升了处理长序列的能力。2017 年谷歌研究团队提出的 Transformer 架构采用自注意力机制，完全摒弃了循环连接，通过并行计算捕获全局依赖关系，成为当前自然语言处理的主流架构。

除了这些经典结构外，众多专用网络结构也不断涌现。图神经网络（GNN）处理非欧几里得数据，生成对抗网络（GAN）实现数据生成，胶囊网络（CapsNet）尝试改进传统 CNN 的视角不变性理解。神经网络结构的发展呈现以下明显趋势：第一，深度不断增加；第二，计算更加高效；第三，专业化程度提高；第四，不同结构融合创新。这些结构上的突破使神经网络能够解决越来越复杂的现实问题，推动人工智能技术持续向前发展。

4.2.4　前向传播和反向传播

前向传播（Forward Propagation）和反向传播（Backward Propagation）是神经网络训练过程中两个最核心的算法流程，二者共同构成了深度学习模型的学习机制。前向传播负责将输入数据通过网络层层传递，最终得到预测结果；反向传播则根据预测误差，逆向调整网络参数，使模型逐步接近真实世界。这两个过程交替进行，构成了神经网络训练的基本范式。

前向传播是神经网络进行预测计算的基础过程。其计算路径是从输入层开始，依次经过各隐藏层，最终到达输出层。在每一层中，神经元接收上一层的输出作为输入，通过加权求和与激活函数变换，产生本层的输出。具体而言，对于第 l 层的第 j 个神经元，其输入为：

$$z_j^{(l)} = \sum_{i=1}^{n} w_{ij}^{(l)} a_i^{(l-1)} + b_j^{(l)}$$

输出为：

$$a_j^{(l)} = f(z_j^{(l)})$$

其中：$w_{ij}^{(l)}$ 表示第 l 层第 j 个神经元与上一层第 i 个神经元之间的

连接权重；$a_i^{(l-1)}$是上一层神经元的输出；$b_j^{(l)}$为偏置项；$f()$是激活函数。

前向传播的最终输出与真实标签之间的差异，通过损失函数（如交叉熵、均方误差等）进行量化，为后续的反向传播提供优化目标。前向传播过程不仅决定了网络的预测能力，其计算效率也直接影响模型的推理速度。

反向传播算法是神经网络能够自动学习的关键，它基于链式法则高效计算损失函数对各层参数的梯度。该过程首先计算输出层的误差，然后逆向逐层传播，调整各层的权重和偏置项。对于输出层，误差项为：

$$\delta^{(l)} = \frac{\partial C}{\partial a^l} \cdot f'(z^l)$$

其中：C是损失函数；a^l是输出层神经元的输出；f是激活函数。

对于隐藏层，误差项为：

$$\delta^{(l)} = (w^{(l+1)})^T \delta^{(l+1)} \odot f'(Z^l)$$

其中：$(w^{(l+1)})^T$是权重的转置。

获得各层误差项后，参数梯度为：

$$\frac{\partial C}{\partial w^l} = \delta^l (a^{(l-1)})^T$$

$$\frac{\partial C}{\partial b^l} = \delta^l$$

反向传播之所以高效，是因为它重复利用了前向传播中计算的中间结果，避免了直接计算高维参数空间中的数值梯度。现代深度学习框架（如 TensorFlow、PyTorch）都实现了自动微分机制，使研究者能够专注于模型设计而不必手动推导梯度。

前向传播和反向传播协同工作，体现了深度学习"端到端"学习的核心思想。前向传播构建了从数据到预测的映射管道，反向传播则通过梯度下降等优化算法，使这个管道不断自我完善。在实践中，这两个过程通常以小批量（mini-batch）方式交替进行：前向传播计算一个批量（batch）的预测和损失，反向传播立即更新参数，如此循环，直至模型收敛。值得注意的是，随着网络深度增加，梯度消失或爆炸问题可能影响反向传播效果，这促成了残差连接、批量归一化等技术的发明。理解这两个基本过程的内在机制，是掌握深度学习核心原理的重要基础，也为进一步研究更复杂的网络结构和优化算法提供了必要的理论框架。

4.2.5　损失函数

损失函数（Loss Function）是神经网络训练过程的核心组成部分，它量化了模型预测结果与真实值之间的差异，为参数优化提供了明确的目标和方向。作为连接模型预测与实际应用的桥梁，损失函数的选择直接影响模型的学习行为和最终性能。在深度学习中，不同类型的任务需要设计不同的损失函数，这些函数在数学特性上有所不同，能够引导网络朝着特定的优化方向前进。

回归任务中最常用的损失函数是均方误差（Mean Squared Error，MSE），它是预测值与真实值之间差值的平方平均。MSE 具有良好的数学性质，其平滑的凸函数特性便于梯度下降优化，但是，对异常值较为敏感。平均绝对误差（Mean Absolute Error，MAE）则使用绝对值替代平方项，对异常值更具鲁棒性，但是，在零点不可导。Huber 损失（Huber Loss）结合了 MSE 和 MAE 的优点，在误差较小时采用平方项，在误差较大时转为线性项，平衡了敏感性和鲁棒性。对于需要预测取值区间的任务，分位数损失可以通过调整分位参数来学习条件分布的不同位置。

分类任务的损失函数设计更为多样化。交叉熵损失（Cross-Entropy）是分类问题的基础损失函数，它衡量预测概率分布与真实分布之间的差异。二分类问题通常使用二元交叉熵，多分类问题则采用多元交叉熵。针对类别不平衡问题，加权交叉熵和焦点损失（Focal Loss）通过调整不同类别的权重，缓解模型对多数类的偏向。合页损失（Hinge Loss）是支持向量机中的经典损失，也被用于神经网络的分类任务，特别适合需要最大化分类间隔的场景。KL 散度则用于衡量两个概率分布的相对熵，在生成模型中应用广泛。

特殊任务需要专门设计损失函数。在目标检测中，IoU（Intersection over Union）损失直接优化预测框与真实框的交并比；在语义分割中，Dice损失处理前景背景不平衡问题；在生成对抗网络中，判别器和生成器分别使用不同的对抗损失。对比学习中的InfoNCE（Information Noise Contrastive Estimation，信息噪声对比估计）损失、度量学习中的三元组损失等，都体现了损失函数设计在特定领域的创新。值得注意的是，现代深度学习框架允许自定义损失函数，研究者可以结合各领域知识，设计符合特定需求的优化目标。

损失函数的选择和设计需要综合考虑多个因素：任务类型、数据分布、模型结构等。一个好的损失函数应该具备以下特性：能够准确反映任务目标，便于优化计算，对噪声和异常值具有鲁棒性。在实践中，损失函数常常需要与特定的输出层激活函数配合使用，如Softmax与交叉熵、Sigmoid与二元交叉熵等。随着深度学习的不断发展，新型损失函数的设计仍然是研究热点之一，它们持续推动着模型性能的提升和应用边界的拓展。理解不同损失函数的数学特性和适用场景，对于构建高效的深度学习系统是至关重要的。

4.2.6 权重初始化

权重初始化是神经网络训练过程中一个至关重要却常被忽视的环节，它决定了模型训练的起点，直接影响着网络能否成功收敛以及收敛的速度。恰当的初始化方法能够帮助神经网络避免梯度消失或爆炸问题，为后续的优化过程奠定良好的基础。在深度学习中，权重初始化不是简单的随机赋值，而是需要遵循特定分布和规则的精细操作。

随机初始化是最基础的权重初始化策略，其核心思想是打破对称性，防止所有神经元学习相同的特征。最简单的实现方式是采用均匀分布或正态分布进行小范围随机赋值，例如 U（-0.1，0.1）或 N（0，0.01）。然而，这种朴素的方法存在明显缺陷：随着网络层数的增加，输出值的方差会急剧扩大或缩小，导致梯度不稳定。2010年出现的 Xavier 初始化（又称 Glorot 初始化）解决了这一问题，它根据每层的输入输出维度自动调整初始化范围，使各层激活值的方差保持一致。具体而言，对于使用

tanh 激活函数的网络，Xavier 建议权重初始化范围服从均匀分布
$W \sim U(-\frac{\sqrt{6}}{\sqrt{n_{in} + n_{out}}}, \frac{\sqrt{6}}{\sqrt{n_{in} + n_{out}}})$ 或正态分布 $W \sim N(0, \sqrt{\frac{2}{n_{in} + n_{out}}})$。

针对 ReLU 的改进初始化成为深度学习中另一个重要突破。ReLU 激活函数具有将负值置零的特性，使用 Xavier 初始化会导致信号逐渐衰减。He 初始化通过调整方差计算方式，专门适配 ReLU 系列激活函数，它建议从 $N(0, \sqrt{\frac{2}{n_{in}}})$ 分布采样权重。后续研究还提出了考虑 ReLU 负半轴的 Leaky ReLU 变体初始化方法。这些针对特定激活函数的初始化策略，显著改善了深层网络的训练稳定性，使得数十层甚至上百层的深度神经网络能够得到有效训练。

特殊场景的初始化技术也在不断发展。对于循环神经网络，正交初始化可以防止梯度在时间步间快速衰减或爆炸；对于残差网络，有研究建议将最后一层的权重初始化为零，确保在初始化阶段残差路径不起作用。在迁移学习场景中，使用预训练模型的权重进行初始化是常见做法。此外，一些自适应初始化方法（如 Layer-sequential unit-variance initialization）试图在初始化阶段就模拟若干次训练迭代后的参数分布。

权重初始化研究仍在持续深入，最新的进展包括数据依赖的初始化方法（如 Fixup）、基于超网络的初始化策略等。良好的初始化不仅能够加速收敛，有时甚至能决定模型能否学到有效特征。在实践中，深度学习框架通常提供多种默认初始化选项，研究者应根据网络结构、激活函数类型等因素选择合适的方法。理解不同初始化技术的数学原理和适用场景，对于构建稳健的深度学习系统具有重要意义，也是模型调优过程中不可忽视的关键环节。

4.2.7 神经网络的训练

神经网络的训练是一个通过不断调整模型参数，最小化损失函数的优化过程。这个过程将原始数据转化为有用的知识表示，使网络能

够对新数据做出准确预测。完整的训练流程包含多个关键环节，每个环节都需要精心设计和调优，才能确保模型最终具有理想的性能。

训练的基本流程始于数据的准备阶段。数据集通常被划分为训练集、验证集和测试集三部分。训练集用于参数学习，验证集用于监控训练过程和调整超参数，测试集则用于最终评估模型性能。在训练过程中，网络首先通过前向传播算法计算预测值，然后利用反向传播算法计算梯度，最后使用优化算法更新参数。这个过程以 mini-batch 为单位反复进行，每个完整遍历所有训练数据的过程称为一个 epoch。随着 epoch 的增加，训练误差和验证误差的变化曲线可以直观反映模型的学习状态，帮助研究者判断是否出现欠拟合或过拟合。

优化算法的选择对训练效果有决定性影响。随机梯度下降（SGD）是最基础的优化算法，但是容易陷入局部最优。带动量的 SGD 通过引入历史梯度信息，加速收敛并减少振荡。自适应学习率算法，如 AdaGrad、RMSProp 和 Adam 等，能够自动调整各参数的学习率，在实践中表现优异。其中，Adam 结合了动量和自适应学习率的优点，成为当前最常用的优化器。对于特殊任务，如需要精调预训练模型时，使用较小的学习率或采用分层学习率策略往往能获得更好的效果。近年来，一些新型优化器，如 RAdam、Lookahead 等，通过改进优化路径，进一步提升了训练的稳定性和泛化能力。

正则化技术是防止过拟合的重要手段。L1/L2 权重衰减通过向损失函数添加惩罚项，限制参数大小；Dropout 在训练时随机屏蔽部分神经元，迫使网络学习鲁棒性更强的特征；早停（Early Stopping）则在验证误差不再下降时终止训练；批量归一化（BatchNorm）通过规范化中间层激活值分布，既加速训练又起到正则化作用。数据增强通过人工扩展训练样本，如图像的旋转、裁剪等操作，是最有效的正则化方法之一。这些技术常常组合使用，共同确保模型在训练集和测试集上都能表现良好。

训练中的挑战与解决方案构成了深度学习实践的重要知识。梯度消失或爆炸问题可以通过残差连接、梯度裁剪或适当的初始化来缓解；训练不稳定情况可能需要调整 batch 的大小或学习率；损失函数不下降时，应该检查数据预处理、模型架构或学习率策略。现代深度学习框架，如PyTorch和TensorFlow，提供了丰富的工具来监控训练过程，包括可视化工具（如TensorBoard）、自动微分系统和分布式训练支持。理解这些训练细节和调试技巧，是成为合格深度学习工程师的必经之路。随着自动机器学习（AutoML）技术的发展，部分训练过程已经自动化了，但是，掌握训练原理仍然是解决复杂问题的关键。

4.3　卷积神经网络

4.3.1　卷积神经网络概述

卷积神经网络是一种特殊的神经网络结构，它在图像识别、图像分类、物体检测等视觉任务中表现出色。CNN的核心思想是使用卷积层自动和层次化地提取图像中的特征。

卷积神经网络是深度学习中专门用于处理网格状数据的经典架构，在计算机视觉领域取得了革命性成功。CNN的核心思想是：通过局部连接、权值共享和层次化特征提取，有效捕捉图像等数据中的空间局部相关性，显著降低传统全连接网络的参数量。这种仿生设计灵感来源于人类视觉皮层的感受野机制，它使得CNN能够自动学习从低级到高级的视觉特征表示，为图像分类、目标检测、语义分割等任务提供了解决方案。

CNN的基本结构通常由交替堆叠的卷积层、池化层和全连接层构成。卷积层通过滑动窗口的方式，使用可学习的卷积核对输入进行局部特征提取，每个卷积核负责检测特定类型的视觉模式（如边缘、纹理等）。池化层（如最大池化）则对特征图进行下采样，在降低计算复杂度的同时，增强特征的平移不变性。网络的深层结构天然形成了层次化的特征表示体系：浅层网络捕捉边缘、颜色等低级特征，中层网络识别纹理和部件，深层网络则组合这些信息形成高级语义概念。这种层次化特征学习方式使CNN能够自动发现数据中的本质特征，无须依赖人工设计的特征提取器。

CNN的成功得益于多项关键技术创新。2012年，AlexNet首次在ImageNet竞赛中展现出CNN的惊人潜力，其采用ReLU激活函数、Dropout正则化和GPU并行计算等策略，大幅提升了模型性能。随后的VGGNet证明了网络深度的重要性，GoogleNet提出的Inception模块实现了多尺度特征融合，ResNet则通过残差连接解决了深层网络梯度消失问题。在结构设计方面，深度可分离卷积显著提升了计算效率，注意力机制的引入使网络能够聚焦关键区域。这些创新共同推动CNN从最初的简单架构发展成为如今能够处理各种复杂视觉任务的强大模型。

CNN的应用已远远超出传统计算机视觉范畴。在医学影像分析中，CNN可以自动检测病变区域；在自动驾驶领域，CNN可以实时解析道路场景；在遥感图像处理中，CNN助力地表分类和目标识别。此外，CNN的架构思想也被成功地迁移到其他领域，如处理时序数据的1D-CNN、分析分子结构的图卷积网络（GCN）等。随着Transformer等新型架构的兴起，CNN也在不断进化，如ConvNeXt等将Transformer的优点融入CNN设计。作为深度学习最重要的基础架构之一，CNN持续扩展了人工智能技术在各个领域的应用边界。理解CNN的核心原理和设计思想，是掌握现代深度学习技术的重要基石。

4.3.2　卷积层

卷积层是CNN的核心组件，它通过一系列卷积操作来提取图像中的局部特征。每个卷积操作使用一组可学习的过滤器（或称为卷积核），这些过滤器在输入图像上滑动，生成特征图（feature map）。

卷积层的本质是一种特殊的局部连接层，通过独特的"局部感受野"和"权值共享"机制，实现对图像等网格化数据的高效特征提取。与全连接层不同，卷积层中的每个神经元只与输入数据的局部区域相连，这种稀疏交互的模式不仅大幅减少了参数量，更契合视觉数据的空间局部性特点，使网络能够自动捕捉从边缘、纹理到物体部件等层次化的视觉特征。

从数学角度看，卷积运算实质上是滤波器（又称卷积核）在输入数据上的滑动点积操作。假设输入为一个H×W×C的多通道特征图，单个K×K×C的卷积核会产生一个二维激活图，其中每个元素的计算公式为：

$$y_{i,j} = \sum_{m=0}^{K-1}\sum_{n=0}^{K-1}\sum_{c=0}^{C-1} w_{m,n,c} \cdot x_{i+m,j+n,c} + b$$

其中：w表示可学习的滤波器权重，b为偏置项。

现代CNN通常使用多组滤波器并行计算，输出深度等于滤波器数量。这种设计有三个关键特性：局部连接使网络专注于邻近像素的关系，权值共享大幅降低参数量（一个滤波器在整个图像上共享参数），平移等变性保证特征检测与位置无关。

卷积层的超参数配置直接影响特征提取的效果。滤波器尺寸（如3×3、5×5）决定了感受野的大小，步长（stride）控制滑动间隔，填充（padding）则用于控制输出特征图空间尺寸。扩张卷积（Dilated Convolution）通过间隔采样扩大感受野而不增加参数量，可变形卷积（Deformable Convolution）让采样位置成为可学习参数，都增强了几何形变建模能力。深度可分离卷积（Depthwise Separable Convolution）将标准卷积分解为逐通道卷积和1×1卷积两步，在保证性能的同时显著提升了计算效率。

在深层CNN中，卷积层通过堆叠形成层次化的特征提取管道。浅层卷积通常捕捉通用视觉特征（如边缘、颜色渐变），这些特征在不同任务间具有可迁移性；深层卷积则组合低级特征，形成任务相关的语义表示（如物体部件、整体形状）。现代架构设计趋势显示，小尺寸滤波器（3×3）的堆叠比大滤波器更高效，残差连接使超深层卷积网络（如ResNet）成为可能，注意力机制与卷积的结合（如CBAM模块）则让网络能够动态聚焦重要特征。卷积层的这些演进持续推动着计算机视觉技术的发展，使其成为处理空间结构化数据不可或缺的基石组件。

4.3.3　激活函数

在卷积层之后，通常应用一个非线性激活函数，如 ReLU

（Rectified Linear Unit）。激活函数有助于引入非线性因素，使得网络能够学习和模拟更复杂的函数。

激活函数是神经网络引入非线性变换的关键组件，它决定了神经元是否被激活以及激活的强度，使神经网络能够接近任意复杂的非线性函数。如果没有激活函数，无论神经网络有多少层，最终都只能表示线性变换，无法解决现实中的非线性问题。激活函数的设计直接影响神经网络的表达能力、训练效率和收敛性能。

在卷积神经网络中，激活函数通常在卷积层或全连接层使用，为网络引入非线性特征。早期的神经网络主要使用 Sigmoid 函数和双曲正切函数（tanh），它们将输入压缩到固定范围内（Sigmoid 到（0，1），tanh 到（-1，1）），但是，都存在梯度消失问题——当输入值过大或过小时，梯度会趋近零，导致深层网络难以训练。2012 年以后，修正线性单元（ReLU）因其简单高效成为 CNN 中最常用的激活函数，它定义为 $f(x)=\max(0, x)$。在负区间梯度保持为 0，权重不更新；在正区间保持线性特性，避免梯度消失，计算速度快且能产生稀疏激活。但是，ReLU 也存在"神经元死亡"问题，即某些神经元可能永远不被激活。为此，研究者提出了多个改进版本：Leaky ReLU 在负区间引入小的斜率（如 0.01x）；参数化 ReLU（PReLU）将负区间斜率作为可学习参数；指数线性单元（ELU）则通过指数函数处理负输入，使均值更接近零。

近年来，新型激活函数不断涌现，进一步提升了 CNN 的性能。Swish 函数 $[x \cdot \sigma(x)]$ 和 Mish 函数 $\{x \cdot \tanh[\ln(1+e^x)]\}$ 等自门控激活函数通过平滑的非单调特性在深层网络中表现优异；高斯误差线性单元（GELU）则结合了随机正则化的思想，被广泛应用于 Transformer 等先进架构。在 CNN 的特殊层中，有时也会使用特定激活函数，如分类任务输出层使用 Softmax 函数产生概率分布，回归任务可能使用线性函数，生成对抗网络的判别器输出层常使用 Sigmoid 函数等。

激活函数的选择需要综合考虑多个因素：非线性强度、梯度特性、计算效率等。在实践中，ReLU 及其变体仍然是 CNN 隐藏层的首选，因为其在大多数场景中都能达到良好平衡。随着神经网络架构的发展，激活函数的研究仍然在持续深入，其目标始终是在保持非线性表达能力的同时，优化梯度传播特性，使深层网络能够得到高效训练。理解不同激活函数的数学特性和适用场景，对于设计和优化CNN架构至关重要。

4.3.4 池化层

池化层（Pooling Layer）用于降低特征图的维度，同时保留重要信息。最常用的池化方法是最大池化（Max Pooling），它选择池化窗口中的最大值作为该区域的代表。

池化层是卷积神经网络中用来精简数据的重要组件，它的主要作用就像一个智能"信息压缩器"。想象你正在看一张高清照片，如果把它缩小到手机屏幕大小，虽然细节变少了，但是，照片里的主要内容依然清晰可见——这就是池化层的工作原理。它通过降低特征图的分辨率，帮助网络更高效地处理信息，同时保留最关键的特征。

最常见的池化操作是最大池化，它会将特征图划分成若干个小方块（通常是2×2大小），然后从每个方块中选取数值最大的那个特征作为代表。这就好比在一个班级中，从每个小组里选出一个最优秀的同学作为代表，虽然人数变少了，但是，整体水平仍然很高。另一个常用的池化操作是平均池化（Average Pooling），它会计算每个小方块内数值的平均值，这种方式得到的特征更加平滑而稳定。在实际应用中，最大池化通常效果更好，因为它能更好地保留纹理、边缘等显著特征。

池化层为神经网络带来了三个重要好处：首先，它降低了特征图的分辨率，使计算速度更快、内存占用更少；其次，它让网络对微小的位置变化不再敏感，即使图像中的物体稍微移动或旋转，网络仍然能够正确识别；最后，它还能帮助防止过拟合，避免网络死记硬背训练数据中的细节。随着深度学习的发展，现在有些网络开始使用带步长的卷积层来代替池化层，但是，池化层仍然是理解CNN工作原理的重要概念，在很多经典网络中继续发挥着关键作用。

4.3.5　全连接层

在网络的最后几个层次中，通常会有全连接层（Fully Connected Layer），它将前一层的所有神经元与当前层的所有神经元进行连接。全连接层可以用于分类任务，将提取的特征映射到具体的类别上。

全连接层是卷积神经网络中负责最终决策的关键部分，它的作用就像一位经验丰富的"决策官"，将前面提取的所有特征整合起来，做出最终的判断。想象一下，卷积层和池化层已经像侦探一样收集了大量线索（比如边缘、纹理、形状等），全连接层的工作就是把这些线索拼凑起来，得出结论——比如图片里是一只猫还是一只狗。

在结构上，全连接层的每个神经元都与前一层的所有神经元相连，这也是它名字的由来。它通常出现在CNN的末尾，接收经过多次卷积和池化后得到的"高级特征"，然后通过加权计算，输出最终的预测结果。比如在图像分类任务中，最后一个全连接层的输出节点数通常等于类别数量（如10类对应10个节点），每个节点的数值代表属于该类别的概率。

虽然全连接层非常强大，但是，它也有两个明显的缺点：一是参数量巨大（因为每个神经元都要连接前一层的所有输出），容易导致计算量暴增；二是容易过拟合（即过度学习训练数据的样本特征，包括数据中的噪声和细节，而忽略了数据的全局统计特征和潜在规律，从而导致无法适应新数据）。为了解决这些问题，现代CNN常常采用一些优化策略，比如用全局平均池化（GAP）替代部分全连接层，或者加入Dropout随机断开部分连接来增强泛化能力。尽管如此，全连接层仍然是许多经典CNN架构（如AlexNet、VGG）的重要组成部分，在深度学习中扮演着不可替代的角色。

4.3.6　CNN的结构

一个典型的CNN结构包括以下几层：

① 输入层：接收原始图像数据。

② 卷积层：使用多个卷积核提取图像特征。

③ 激活层：应用激活函数来增加非线性。

④ 池化层：降低特征图的维度。

⑤ 全连接层：进行分类或回归任务。

⑥ 输出层：输出最终的分类结果或回归值。

卷积神经网络的结构就像一条精心设计的"特征加工流水线"，专门用来处理图像等具有网格结构的数据。它的核心设计思想是模仿人类视觉系统的工作方式——先识别局部特征（比如边缘、纹理），再逐步组合成更复杂的图案（比如物体部件、整体形状）。一个典型的 CNN 由三种主要层组成：卷积层、池化层和全连接层，它们各司其职，共同完成从原始像素到高级语义的转换。

CNN 的第一阶段通常是多个"卷积层+池化层"的交替堆叠。卷积层就像一群拿着放大镜的"特征探测器"，用可学习的滤波器扫描图像，找出其中的局部模式（比如垂直线条、颜色变化）。每个卷积层都会输出一组特征图，记录不同特征在图像中的分布。接下来的池化层则像一位"信息浓缩师"，把特征图缩小尺寸，在保留最显著的特征的同时，降低计算量。这种组合会重复多次，使网络逐步构建从简单到复杂的特征层次——浅层网络捕捉边缘和斑点，中层网络识别纹理和部件，深层网络则理解整个物体。

在特征提取的最后阶段，网络会通过全连接层做出最终决策。这一层就像一位"综合裁判"，把前面所有提取出来的特征整合起来，输出具体的分类结果（比如"这是猫的概率是90%"）。现代 CNN 还常常加入一些特殊结构来提升性能，比如用 ReLU 激活函数加速训练，用 Dropout 防止过拟合，用残差连接解决深层网络的梯度消失问题。随着技术的发展，CNN 的结构也在不断创新，出现了 Inception 模块（多尺度特征融合）、注意力机制（聚焦重要区域）等更高效的设计，但是，"局部感知→层次提取→全局判断"的核心思想始终未变。理解 CNN 的这种层次化结构，是掌握计算机视觉领域深度学习应用的重要基础。

4.3.7　CNN的训练

CNN的训练过程与常规神经网络类似，包括以下步骤：

① 初始化网络参数（权重和偏置项）。

② 前向传播：输入图像，使其通过网络，生成预测结果。

③ 计算损失：比较预测结果和真实标签，计算损失函数值。

④ 反向传播：计算损失函数关于网络参数的梯度。

⑤ 参数更新：根据梯度下降或其他优化算法更新网络参数。

CNN的训练过程就像教一个小朋友认识不同的物体，需要反复展示图片并纠正错误，直到小朋友能够准确辨认。这个学习过程主要包含三个关键步骤：前向传播计算预测结果，反向传播调整错误，参数更新优化识别能力。

在前向传播阶段，输入的图像会依次通过CNN的各个层级。这就像小朋友先观察物体的轮廓（卷积层提取边缘特征），再注意显著部分（池化层保留重要特征），最后综合判断（全连接层分类）。每经过一层，网络就会生成一组数字（特征图），记录当前对图像的理解程度；最终输出层会给出一个预测结果，比如"这张图有80%的概率是猫"。

当预测结果和真实答案不符时，网络就会启动反向传播过程。这就像老师指出小朋友的错误："你把狗认成猫了，要注意狗的耳朵更尖。"网络会从输出层开始，逐层计算每个参数对错误的"责任大小"（梯度），并记录下来。常用的损失函数（如交叉熵）会量化预测结果与真实标签的差距，就像考试评分一样给出明确的错误程度。

参数更新阶段相当于小朋友根据错误调整自己的认知。优化器（如Adam）会像一位经验丰富的老师一样，根据错误的严重程度（梯度大小）和以往的经验（动量），决定如何调整卷积核的权重和全连接层的参数。这个过程会反复进行数万甚至数百万次，每次使用一小批图像进行训练，直到网络在验证集上表现稳定。为了防止网络死记硬背（过拟合），还要采用数据增强（图片旋转、裁剪）、Dropout（随机屏蔽神经元）等技巧，就像让小朋友从不同角度观察物体一样，提高泛化能力。随着 GPU 等硬件技术加速发展，现代 CNN 可以在几天内完成对百万级图像的学习，达到甚至超越人类的识别准确率。

4.3.8 CNN的应用

CNN 在以下领域有广泛的应用：

① 图像分类：如 ImageNet 竞赛中的图像分类任务。

② 物体检测：在图像中定位和识别多个物体。

③ 图像分割：将图像划分为多个区域，每个区域代表不同的物体或部分。

④ 视频分析：在视频序列中识别和跟踪对象。

卷积神经网络就像一位"全能视觉专家"，在需要理解图像和视频的各个领域大显身手。它的应用已经渗透到我们生活的方方面面，从早上刷脸解锁手机，到医生查看 CT 片，再到自动驾驶汽车识别路况，背后都有 CNN 在发挥作用。

在医疗领域，CNN 正在成为医生的得力助手。它可以快速分析 X 光片，帮助医生发现肺部结节；它能识别视网膜扫描图，提前预警糖尿病眼病；它还可以在 CT 和 MRI 影像中标注肿瘤位置，就像给医生装了一双"火眼金睛"。在新冠疫情期间，CNN 甚至能通过肺部 CT 帮助判断疾病的严重程度。这些应用不仅提高了诊断效率，还能发现人眼容易忽略的细微病变。

安防和手机应用是 CNN 最贴近日常的舞台。手机相册能自动按人物、地点分类照片，全靠 CNN 识别人脸和场景；刷脸支付时，它能从千百个特征点确认你的身份；停车场自动识别车牌、超市防盗系统发现可疑行为，都是 CNN 的拿手好戏。就连你拍照时的自动美颜、背景虚化，也是 CNN 在实时处理图像效果。

在交通领域，CNN 是自动驾驶汽车的"大脑视觉皮层"。它能同时识别车道线、交通灯、行人和其他车辆，计算出是否会撞到突然跑出来的小孩。无人机用它来避开电线杆，货运公司用它检查集装箱编号；就连农业拖拉机也用 CNN 来分辨杂草和庄稼，实现精准喷洒农药。

工业生产中的 CNN 就像永不疲倦的质检员，它可以检测手机屏幕的划痕，发现芯片焊接的缺陷，甚至能通过火花形状判断钢铁冶炼是否达标。在流水线上，CNN 的检测速度是人工的 10 倍以上，准确率超过 99%，大大降低了生产成本。

娱乐和艺术创作也因 CNN 变得更有趣，电影特效用它来换脸，它能修复老照片，游戏用它生成逼真的场景。AI 绘画工具能根据你的文字描述生成图像，短视频平台能自动给视频加特效，这都是 CNN 在理解视觉内容后进行的再创作。

随着技术的进步，CNN 的应用还在不断拓展新领域：卫星图像分析气候变化，显微镜图像追踪细胞活动，考古学家甚至用它来辨认古代文字。就像人类视觉是我们认识世界的主要方式一样，CNN 也正在成为 AI 系统感知和理解视觉信息的基础能力。从日常生活到前沿科技，这套模仿人脑视觉原理的算法正在改变我们与世界互动的方式。

4.4　循环神经网络

4.4.1　循环神经网络概述

循环神经网络是一种特殊的神经网络，它能够处理序列数据，如时间序列数据、文本、语音等。与传统的前馈神经网络不同，RNN 具有"记忆"能力，可以记住之前的信息，并在后续的操作中使用这些信息。

想象你在读一本小说，要理解当前页的内容，需要记住前面几页的情节——RNN 正是模仿这种思维方式设计出来的。与普通神经网络不同，RNN 的隐藏层神经元会保存之前计算过的信息，形成一种"记忆"能力，这使得它特别适合处理语言、语音、时间序列等前后关联的数据。

RNN 的核心设计在于它的循环连接结构。每个时间步（可以理解为序列中的一个字、一个词或一个时间点的数据）在处理时，网络不仅接收当前的输入，还会接收上一个时间步隐藏层的输出。这种机制就像人在对话时会记住之前的谈话内容，从而给出连贯的回应。具体计算时，RNN会对当前输入和前一时刻的隐藏状态进行加权组合，通过激活函数生成新的隐藏状态，再输出预测结果。这种结构让RNN能够灵活处理可变长度的序列，比如翻译不同长度的句子或预测不规律的时间序列数据。

不过，基础RNN存在明显的局限性。当序列较长时，它容易出现"记不住"早期信息（梯度消失）或"过度放大"某些信息（梯度爆炸）的问题。这就像人回忆很久以前的对话细节时会觉得模糊不清一样。为此，研究者提出了改进版本：长短期记忆网络通过精巧设计的"记忆门控"机制，像开关一样控制信息的保留和遗忘；门控循环单元则用更简洁的结构实现了类似的功能。这些变体大幅提升了RNN处理长序列的能力，使其在机器翻译、语音识别等领域取得了突破。

RNN的典型应用几乎涵盖了所有序列数据处理场景。在自然语言处理中，它使机器能生成连贯的文本（如邮件自动补全）、准确翻译语言；在语音识别中，它把声波信号转化为文字；在金融市场上，它分析股价走势，预测未来趋势；在视频分析、作曲等创意领域，RNN也有一席之地。虽然后来出现的Transformer等新架构在某些任务上表现更优，但是，RNN及其变体仍然是理解序列建模的基础，也是掌握时序数据处理的关键切入点。理解RNN的工作原理，就掌握了人工智能处理"带有时间维度信息"的重要钥匙。

4.4.2　RNN的基本结构

RNN的核心是一个循环单元，这个单元能够在不同的时间步长上传递信息。这个循环单元通常包含以下几个部分：

① 隐藏状态：存储了网络在处理序列数据时的中间信息。

② 输入：在每个时间步，网络接收新的输入数据。

③ 输出：网络根据当前时间步的输入和隐藏状态产生输出。

循环神经网络的基本结构就像一条"记忆流水线"，专门用来处理具有时间顺序的信息。它的核心特点是拥有一个循环连接的隐藏层，这个隐藏层不仅接收当前的输入，还会接收上一时刻隐藏层的输出，形成一个持续更新的记忆系统。想象你在和朋友聊天，每次说话时，你既会考虑对方刚才说的话（当前输入），也会记得之前的对话内容（隐藏状态）——RNN正是模拟这样的人脑工作方式。

从具体结构来看，RNN在每个时间步（t）都执行相同的计算过程。它接收两个输入：当前时刻的输入向量 x_t 和上一时刻的隐藏状态 h_{t-1}。通过两组权重矩阵 W_{xh} 和 W_{hh} 进行线性变换后相加，再经过 tanh 激活函数生成新的隐藏状态 h_t。这个隐藏状态既作为当前时刻的输出依据，又传递给下一个时间步使用。如果用公式表示就是：$h_t = \tanh(W_{xh} \cdot x_t + W_{hh} \cdot h_{t-1}) + b_h$。输出层则根据 h_t 计算最终结果：$y_t = soft\max(W_{hy} \cdot h_t + b_y)$。这种结构就像一条传送带，信息在每个时间步被加工后，重要的部分被保留下来并传递下去。

RNN的参数共享机制是其另一个关键特性。所有时间步都共用相同的权重矩阵（W_xh，W_hh，W_hy），这就像用同一套思考规则处理序列的每个部分。这种设计不仅大幅减少了参数量，还使网络能够处理任意长度的序列。不过，基础RNN结构也存在明显的缺陷：当序列较长时，反向传播的梯度会指数级变小（梯度消失）或变大（梯度爆炸），导致网络难以学习远距离依赖关系。这就像人很难记住几十句话前的具体用词一样。正是这些局限性催生了LSTM、GRU等更先进的循环网络结构。

4.4.3　RNN的前向传播

在前向传播过程中，RNN的隐藏状态会根据当前时间步的输入和前一时间步的隐藏状态更新。这个过程可以理解为网络"记住"了之前的信息，并将其用于当前的计算。

这种记忆功能使得RNN非常适合处理时间序列数据，比如语音、文本或视频等。在RNN中，前向传播是信息从输入到输出的流动过程，它通过时间步的循环结构实现了对序列数据的逐步处理。

在 RNN 的前向传播中，每个时间步都会接收两个输入：一个是当前时间步的输入数据，另一个是前一个时间步的隐藏状态。隐藏状态就像网络的"记忆单元"，记录了之前所有时间步的信息，并将其传递到下一个时间步。这种循环结构使得 RNN 能够动态地处理不同长度的序列数据。

举个简单的例子，假设我们要用 RNN 来预测下一个单词。在第一个时间步，网络接收第一个单词作为输入，并生成一个隐藏状态。这个隐藏状态不仅包含了第一个单词的信息，还会传递给第二个时间步。在第二个时间步，网络接收第二个单词作为输入，同时结合第一个时间步的隐藏状态，生成新的隐藏状态。这个过程会一直持续到序列的最后一个时间步，最终输出预测结果。通过这种方式，RNN 能够在每个时间步都利用之前的信息来做出更准确的预测。

为了更直观地理解，我们可以把 RNN 的前向传播想象成一场接力赛。每个时间步就是一个"接力棒"的传递过程，当前时间步不仅关注自己手中的"接力棒"（输入数据），还会参考前一个选手传递过来的"接力棒"（隐藏状态）。通过这种逐步传递的方式，RNN 能够将整个序列的信息整合起来，从而完成对序列数据的处理。

总的来说，RNN 的前向传播通过时间步的循环结构，实现了对序列数据的动态处理。它不仅能够记住之前的信息，还能将这些信息用于当前的计算，使得 RNN 在处理时间序列数据时具有独特的优势。这种机制为 RNN 在自然语言处理、语音识别和时间序列预测等领域的广泛应用奠定了基础。

4.4.4　RNN的反向传播

RNN 的反向传播也称为通过时间的反向传播（BPTT），是一种训练 RNN 的算法。它计算了损失函数相对于网络参数的梯度，并用于更新网络的权重。

它就像一位老师沿着时间轴逆向检查学生的作业错误，并逐层指导修正方法。这个特殊的反向传播算法需要沿着时间维度展开，处理时序数据中的长期依赖关系。具体来说，BPTT 包含三个关键步骤：

误差计算、梯度反向传播和参数更新。

网络会计算每个时间步的预测误差。以语言模型为例,当输入序列为［"我","爱","深度","学习"］时,网络会在 $t=4$ 这一时刻（"学习"这个词）计算预测输出与真实值之间的交叉熵损失 L_4,同理得到 L_3、L_2、L_1。总损失 L 是所有时间步损失的和:$L=L_1 + L_2 + L_3 + L_4$。这就像老师给每个单词的预测都打了分,然后计算总分。

梯度反向传播采用了链式法则,从最后时刻（$t=4$）开始逆向计算。以更新权重矩阵 W_{hh} 为例,需要考虑它对所有时间步隐藏状态的影响。具体来说,$\frac{\partial L}{\partial W_{hh}} = \sum (\frac{\partial L_t}{\partial h_t} \cdot \frac{\partial h_t}{\partial W_{hh}})$,其中每个 $\frac{\partial h_t}{\partial W_{hh}}$ 又依赖 h_{t-1} 和之前的梯度。这种时间维度上的链式求导会产生连乘项 $\prod \frac{\partial h_t}{\partial h_{t-1}}$,当序列较长时,可能导致梯度指数级变小（消失）或变大（爆炸）。

为了解决梯度问题,在实际应用中常采用两种策略:一是使用截断 BPTT（TBPTT）,只反向传播固定长度的时间步;二是采用 LSTM 或 GRU 等改进结构,通过门控机制控制梯度流动。

在参数更新阶段,所有时间步共享的 W_{xh}、W_{hh} 等参数会累积所有时间步的梯度进行统一更新。这种时序反向传播机制使 RNN 能够学习到数据中的时间依赖模式,但是,这也是 RNN 的训练难度大于普通神经网络的原因。理解 BPTT 的运作原理,是掌握 RNN 及其变种模型的关键所在。

4.4.5 RNN的局限性

尽管 RNN 擅长处理序列数据,但是,它也存在明显的缺陷,而这些缺陷在实际应用中常常成为瓶颈。第一个也是最突出的缺陷是梯度消失和梯度爆炸,这是由反向传播算法在时间维度上的连乘效应导致的。当网络处理较长序列时,梯度会随着时间步呈指数级衰减或增长,就像声音在长管道中传播时会逐渐消失或产生回声震荡一样。这使得基础 RNN 难以学习远距离的依赖关系,例如在文本中,RNN 可能无法正确关联相隔20个单词的代词和它所指代的名词。

第二个重要缺陷是记忆容量受限。基础 RNN 的隐藏状态就像一个固定大小的记事本，当需要记忆的信息超过容量时，新信息就会覆盖旧信息。这种"记忆覆盖"现象导致网络难以长期保留重要信息，就像人无法记住几个小时前对话的所有细节。虽然理论上 RNN 可以记住任意长度的历史信息，但是实际上，其记忆效果会随着时间快速衰减。此外，RNN 还存在并行计算困难的问题，它具有时序依赖特性，因此必须按顺序逐个计算时间步，而无法像 CNN 那样充分利用 GPU 的并行计算能力，导致训练速度较慢。

最后一个重要缺陷是基础 RNN 的结构简单性限制了其表达能力。单一的 tanh 激活函数和简单的状态更新机制，使其难以捕捉序列中复杂的依赖模式。这就催生了 LSTM、GRU 等更先进的循环网络结构，它们通过门控机制等创新设计，显著提升了处理长序列的能力。

理解这些缺陷不仅解释了为什么基础 RNN 在实际应用中表现欠佳，也为理解后来出现的更强大的序列模型（如 Transformer）提供了重要背景。

4.4.6　改进的 RNN 结构

为了克服基础 RNN 的局限性，研究者提出了多种创新性的改进结构，显著提升了模型处理序列数据的能力。这些改进主要集中在三个方面：增强记忆能力、优化梯度流动以及提升计算效率。

长短期记忆网络是最成功的 RNN 变体之一，它通过精巧设计的门控机制解决了长期依赖问题。LSTM 引入了三个关键的门结构：遗忘门决定哪些信息应该被丢弃，输入门控制新信息的加入，输出门调节隐藏状态的输出。这些门就像智能开关，由 sigmoid 函数控制开合程度（0 到 1 之间），使网络能够选择性地保留和传递信息。更重要的是，LSTM 新增了细胞状态（cell state）作为"传送带"，专门用于长距离信息传递，几乎不受梯度消失的影响。这种设计让 LSTM 可以记住数百个时间步以前的关键信息，在机器翻译、语音识别等任务中表现突出。

门控循环单元是 LSTM 的简化版本，它将遗忘门和输入门合并为单个更新门，并去除了细胞状态，用隐藏状态直接传递信息。GRU虽然参数更少，但是，在多数任务中具有与LSTM相同的性能，其训练速度更快。还有一个重要变体，就是双向RNN，它同时包含前向和后向两个RNN，分别处理正向和逆向的序列信息，在需要统筹上下文的任务（如文本分类）中特别有效。这些改进结构通过不同的方式增强了RNN的记忆和处理能力，使其能够适应更复杂的序列建模需求。

近年来，注意力机制与RNN的结合进一步提升了模型的性能。传统RNN需要将历史信息压缩到固定长度的隐藏状态中，而注意力机制允许网络直接访问所有历史信息，并动态决定关注哪些相关信息。这种架构在序列到序列（seq2seq）任务中表现优异，为后来Transformer的诞生奠定了基础。虽然Transformer等非循环架构在某些领域已经取代了RNN，但是，改进的RNN结构仍然在对时序要求严格、数据量有限或需要在线学习的场景中保持着独特的优势。这些创新不仅解决了基础RNN的关键缺陷，也大大丰富了序列建模的方法体系。

4.4.7　RNN的应用

RNN及其变体在多个领域都有广泛应用，包括：
- 语音识别：将语音转换为文本。
- 文本生成：生成诗歌、文章等。
- 机器翻译：将一种语言翻译成另一种语言。
- 时间序列预测：预测股票价格、天气变化等。

4.5　变分自动编码器与生成对抗网络

4.5.1　变分自动编码器简介

变分自动编码器（Variational Autoencoder，VAE）是一种深度学习模型，它不仅能够压缩数据，还能生成与原始数据相似的新数据。

VAE的核心在于将数据的压缩表示视为概率分布，并通过神经网络来近似这些分布。

4.5.2　VAE的构成部分

VAE由两部分组成：编码器（Encoder）和解码器（Decoder）。

编码器：编码器的任务是接收输入数据并将其转换为一个潜在空间的表示。这个表示通常是一个描述潜在变量分布的参数集合，比如均值和方差。

解码器：解码器的作用是将潜在空间的表示转换回原始数据空间，即生成看起来与真实数据相似的数据。

4.5.3　潜在空间的理解

潜在空间是VAE的一个关键概念，它是一个低维空间，其中包含了输入数据的压缩表示。在这个空间中，相似的数据点彼此接近，使得VAE能够生成多样化的新数据样本。

4.5.4　VAE的应用场景

VAE在以下领域有着广泛的应用：

•数据生成：生成新的图像、音频等数据。

•数据降维：将高维数据映射到低维空间，用于数据可视化或进一步分析。

•机器学习任务：作为特征提取器，用于分类、回归等任务。

4.5.5　VAE与生成对抗网络的比较

（1）相似之处

生成模型：VAE和GAN都能生成新的数据样本。

潜在空间：VAE和GAN都涉及潜在空间的表示。

无监督学习：VAE和GAN都是重要的无监督/自监督深度生成模型。

（2）不同之处

目标函数：VAE的目标函数包括重构损失和KL散度，而GAN的目标函数是极小化极大游戏。

训练过程：VAE的训练过程相对稳定，而GAN的训练过程可能出现模式崩溃（mode collapse）等问题。

潜在分布：VAE假设潜在分布是高斯分布；而GAN没有这样的假设，潜在分布是由生成器任意学习的。

4.5.6　VAE与GAN的结合

由于VAE和GAN各有优势，研究者尝试将它们结合起来，以便得到更好的生成模型。以下是一些结合VAE和GAN的方法：

VAE-GAN：将VAE的潜在空间与GAN的生成器和解码器结合，使生成器能够学习到VAE的潜在分布。

BiGAN：将GAN的结构扩展为包括编码器，使其能够在潜在空间进行操作。

Adversarial Autoencoders（AAE）：将VAE与GAN的判别器结合，使潜在分布更加接近先验分布。

思考题 ✔ --- ○

（1）简要介绍深度学习的概念，并描述其发展历程中的重要里程碑。

（2）详细解释神经网络的基本组成部分，包括神经元模型、激活函数、神经网络结构、前向传播和反向传播、损失函数、权重初始化以及神经网络的训练过程。

（3）分析卷积神经网络的主要特点，包括结构、训练过程以及在图像识别等领域的应用。

（4）探讨循环神经网络的基本结构、前向传播和反向传播过程、局限性以及改进的结构，并举例说明RNN在自然语言处理等领域的应用。

（5）详细介绍变分自动编码器和生成对抗网络的原理、构成部分、潜在空间的理解、应用场景，并比较VAE与GAN的差异和结合使用情况。

第5章
自然语言处理

导 读

本章全面介绍了自然语言处理的基本概念、发展历程、主要任务和应用领域；深入探讨了词嵌入、语义分析、序列模型与注意力机制，以及变换器（Transformer）架构。本章还介绍了对话系统和情感分析，以及它们与NLP技术的结合应用。这些内容为读者提供了自然语言处理领域的全面视角和关键技术。

知识点

知识点1：自然语言处理的基本概念和发展历程

知识点2：词嵌入与语义分析

知识点3：序列模型与注意力机制

知识点4：Transformer架构

知识点5：对话系统与情感分析

重难点

重点1：理解自然语言处理的基本概念、任务和应用领域

重点2：掌握词嵌入、语义分析、序列模型与注意力机制的核心技术

重点3：了解Transformer架构及其在NLP中的应用

难点1：词嵌入方法和语义分析的深入理解

难点2：序列模型与注意力机制的结合应用

难点3：Transformer架构的细节掌握和实际应用

5.1　NLP概述

5.1.1　基本概念

自然语言处理是计算机科学、人工智能和语言学的交叉领域，是人工智能的重要研究方向，旨在研究如何让计算机理解、解释和生成人类自然语言。随着互联网和大数据技术的飞速发展，自然语言处理在众多领域发挥着越来越重要的作用，如搜索引擎、机器翻译、情感分析、智能客服等。

5.1.2　NLP的发展历程

早期阶段（20世纪50年代至70年代）：主要采用基于规则的方法，通过对语言规则的手工编写来实现计算机对自然语言的理解和处理。

中期阶段（20世纪80年代至90年代）：统计学习方法逐渐成为主流，利用大量语料库进行训练，使计算机自动学习语言规律。

现代阶段（2000年至今）：深度学习技术在自然语言处理领域取得了显著成果，如词嵌入、神经网络模型等，推动了NLP的快速发展。

5.1.3　NLP的主要任务

自然语言处理涉及许多子任务，以下列举了一些常见的NLP任务：

•分词（Tokenization）：将文本划分为词语、句子等基本单元。

•词性标注（Part-of-Speech Tagging）：为文本中的每个词语标注其词性，如名词、动词、形容词等。

•命名实体识别（Named Entity Recognition，NER）：识别文本中的专有名词，如人名、地名、组织名等。

•依存句法分析（Dependency Parsing）：分析词语之间的依赖关

系，揭示句子的结构。

•指代消解（Coreference Resolution）：确定文本中的代词或名词短语所指的具体对象。

•情感分析（Sentiment Analysis）：判断文本中所表达的情感倾向，如正面、负面或中性。

•机器翻译（Machine Translation）：将一种自然语言翻译成另一种自然语言。

•文本摘要（Text Summarization）：从长文本中提取关键信息，生成简洁的摘要。

•对话系统（Dialogue System）：使计算机能够与人类进行自然语言交流。

5.1.4　NLP的应用领域

自然语言处理技术在以下领域具有广泛的应用：

•搜索引擎：通过NLP技术提高搜索结果的准确性和相关性。

•智能客服：利用NLP技术实现自动问答、咨询等功能。

•机器翻译：帮助人们跨越语言障碍，促进国际交流。

•情感分析：为企业提供市场调研、舆情分析等服务。

•教育辅助：辅助语言学习、作文批改等。

•医疗健康：辅助病历分析、药物研发等。

5.2　词嵌入与语义分析

5.2.1　词嵌入的基本概念

在自然语言处理中，词嵌入（Word Embedding）是一种将词汇映射到高维连续向量空间的技术，这种技术能够捕捉词汇的语义信息。词嵌入是将词汇映射为固定大小的向量，这些向量通常在一个高维空间中，每个维度代表某种潜在的语义或语法特征。词嵌入的主要优点包括：

①维度降低：将词汇从高维独热编码（One-Hot Encoding）转换为低维向量表示。

②语义信息：向量之间的距离可以表示词汇之间的语义相似性。

③计算效率：低维向量计算更为高效。

5.2.2　常见词嵌入方法

（1）词袋模型（Bag of Words，BOW）

词袋模型是一种简单的词嵌入方法，它将文本表示为词汇的集合，而不考虑词汇的顺序。每个词汇对应一个维度，文本表示为一个向量，其中每个维度代表对应词汇的出现次数。想象一下，我们把一篇文章拆分成一个个单词，然后数一数每个单词出现了几次。在这个过程中，我们不关心单词在文章中的顺序，就像把这些单词装进一个袋子里，只看它们有没有出现，以及出现了多少次。这种方法就像做了一个简单的"单词计数器"。

（2）Word2Vec

Word2Vec是一种高效的词嵌入方法，它包括两种模型：连续词袋（CBOW）和Skip-Gram。CBOW模型通过上下文词汇预测目标词汇；而Skip-Gram模型则相反，通过目标词汇预测上下文词汇。在连续词袋模式下，我们看到一个单词周围的几个单词，然后猜测这个单词是什么；而在Skip-Gram模式下，我们给出一个单词，然后猜测它周围可能出现的单词是什么。通过这个游戏，我们找到了每个单词的最佳"代表"，也就是它的向量。

（3）GloVe（Global Vectors for Word Representation）

GloVe是一种基于共现矩阵的词嵌入方法，它结合了词袋模型的全局统计信息和Word2Vec的局部上下文信息。GloVe方法有点像在做"词汇社交分析"。我们观察每个单词和其他单词一起出现的频率，比如"苹果"和"手机"经常一起出现，而"苹果"和"橘子"则不经常一起出现。通过这些信息，我们就能给每个单词分配一个位置，让经常一起出现的单词在空间中的位置更近。

这些方法都是为了把单词转换成计算机能理解和处理的形式，就像我们给每个单词拍了一张"照片"，这样，计算机就能根据这些"照片"来认出单词，并理解它们之间的关系。

5.2.3 语义分析

语义分析是指理解词汇、短语、句子和文档的含义。词嵌入在语义分析中扮演着重要角色，以下是一些应用实例：

·语义相似度：通过计算词嵌入向量之间的距离（如余弦相似度），可以评估两个词汇在语义上的相似性。

·词义消歧：对于具有多个含义的词汇，词嵌入可以帮助确定在特定上下文中词汇的具体含义。

·文本分类：在文本分类任务中，使用词嵌入可以将文本转换为向量表示，从而更好地捕捉文本的语义信息，提高分类准确率。

·信息检索：词嵌入可以改进搜索引擎的查询理解和文档匹配，通过语义相似度来提高检索的相关性。

5.3 序列模型与注意力机制

5.3.1 序列模型简介

序列模型是一种用于处理序列数据的机器学习模型，它能够捕捉数据中的时间顺序信息。常见的序列数据包括自然语言文本、股票价格时间序列、音频信号等。序列模型的核心特点是它能够记住之前的信息，并根据这些信息进行预测。

5.3.2 注意力机制

注意力机制是一种资源分配策略，它能够让模型在处理序列数据时更加关注重要信息。以下是用通俗语言描述的注意力机制：

想象一下，你在看一部电影，剧情很复杂，有很多角色和情节。为了更好地理解这部电影，你会不自觉地关注那些关键角色和重要情节，而忽略一些不那么重要的细节。注意力机制就像给模型装上了一双"慧眼"，让它能够在处理序列数据时自动聚焦关键部分。

注意力机制发挥作用的主要步骤如下：

① 权重计算：模型会为序列中的每个元素计算一个权重，表示该元素的重要性。

② 加权求和：根据计算出的权重，对序列中的元素进行加权求和，使模型更加关注重要信息。

③ 输出：将加权求和的结果作为输出，用于后续任务，如文本分类、机器翻译等。

5.3.3　序列模型与注意力机制的结合

将注意力机制与序列模型相结合，可以显著提高模型在处理复杂序列数据时的性能。以下是一些结合实例：

（1）Transformer

Transformer模型完全基于注意力机制，摒弃了传统的循环网络结构。它通过自注意力机制捕捉序列中的长距离依赖关系，同时引入多头注意力（Multi-head Attention）来增强模型的表达能力。

（2）Seq2Seq with Attention

在传统的序列到序列模型中，引入注意力机制可以使模型在解码时更加关注输入序列的重要部分，从而提高翻译质量。

5.4　变换器（Transformer）架构

变换器架构是一种基于自注意力机制的深度学习模型，最初由Vaswani等人在其2017年的论文《注意力是你需要的全部》（*Attention is All You Need*）中提出。它彻底改变了自然语言处理和其他序列建模任务的范式，因其强大的性能而广受欢迎。

5.4.1　Transformer的基本组成

变换器模型主要由以下几个核心组件构成：

（1）自注意力机制

自注意力是变换器的核心概念，它允许模型在处理序列数据时，自动地给予不同部分不同的重要性。自注意力机制根据序列中的每个元素与其他所有元素的关系进行加权，从而捕捉序列内部的复杂依赖关系。

自注意力的计算步骤如下：

① 查询（Query，Q）、键（Key，K）和值（Value，V）的计算：对于输入序列的每个元素，通过矩阵变换得到其对应的查询、键和值向量。

② 注意力权重计算：计算查询向量与所有键向量的相似度，并通过softmax函数得到注意力权重。

③ 加权求和：将注意力权重与对应的值向量相乘并求和，得到加权后的序列表示。

（2）多头注意力

多头注意力机制是将自注意力拆分为多个"头"，每个"头"都有自己的参数集。这些"头"并行地执行自注意力操作，然后将结果拼接起来，并通过一个线性层进行变换。

多头注意力的优势在于：它允许模型在不同的表示子空间中对信息进行学习，增加了模型的表达能力。它可以同时关注输入序列的不同部分。

（3）位置编码（Positional Encoding）

由于变换器模型本身不具有处理序列顺序的能力，因此，需要引入位置编码来提供序列中元素的位置信息。位置编码通常使用正弦和余弦函数来生成，与输入序列的嵌入向量相加，使得模型能够理解序列的顺序。

（4）编码器和解码器

变换器模型由编码器和解码器两个主要部分组成。

编码器：由多个编码器层堆叠而成，每个编码器层包含一个多头自注意力机制和一个前馈神经网络。编码器负责处理输入序列并生成一个富含语义的表示。

解码器：由多个解码器层组成，每个解码器层包含一个多头自注意力机制、一个解码器注意力机制和一个前馈神经网络。解码器在生成输出序列时，会利用编码器的输出和之前生成的序列元素。

5.4.2　Transformer 架构流程

变换器模型的架构流程如下：

（1）输入嵌入

将输入序列的每个元素转换为嵌入向量。

（2）位置编码

将位置编码添加到嵌入向量中。

（3）编码器处理

在每个编码器层中，进行多头自注意力操作，将自注意力输出传递到前馈神经网络中，对每个编码器层的输出进行残差连接和层归一化。

（4）解码器处理

在每个解码器层中，进行多头自注意力操作，但是，只关注当前位置之前的输出；进行编码器–解码器注意力操作，将编码器的输出作为键和值，将解码器的输出作为查询；将注意力机制的输出传递到前馈神经网络中，对每个解码器层的输出进行残差连接和层归一化。

（5）输出

解码器的最后一层输出经过线性层和 softmax 函数，生成概率分布，用于预测下一个输出元素。

变换器模型因其高效的并行计算能力、长距离依赖处理能力以及在多种 NLP 任务中的卓越表现，已经成为现代深度学习模型的一个重要组成部分。

5.4.3　Transformer 的通俗解释

让我们用通俗的语言来解释变换器架构：想象一下，你正在看一部悬疑小说，小说里的每条线索都很重要，但是，有些线索对解开谜团更加关键。变换器就像一个超级聪明的读者，它能够同时关注小说中的所有线索，并且知道哪些线索更需要关注。

变换器由几个关键部分组成，就像一套高级的阅读工具：

① 自注意力机制就像变换器的一副超级放大镜。当你阅读小说时，这副超级放大镜能够帮助你同时关注所有词汇，并且告诉你哪些词在这个句子或者段落中更重要。它通过比较每个词和其他词之间的关系，来决定每个词的重要性。

② 多头注意力就像多副不同功能的放大镜。每副放大镜都从不同的角度来观察小说里的故事，比如一副放大镜关注人物关系，另一副放大镜关注情节发展。最后，将通过这些放大镜得到的信息汇总起来，就能全面理解小说里的故事。

③ 位置编码就像给小说里的每个事件贴上一个标签，上面写着"这个事件发生在第几章第几页"。这样，即使变换器在阅读时打乱了小说的顺序，它也能知道每个事件原来的位置。

④ 编码器和解码器就像变换器的左右大脑。编码器负责阅读和理解整篇小说，而解码器则负责根据编码器提供的信息来预测接下来会发生什么。

在认识了变换器的几个关键部分后，我们需要把这些组件串联起来——就像拼图一样，看看它们如何组合成一个能处理复杂任务的智能系统，完成从输入到输出的完整逻辑链。

① 输入嵌入。变换器将小说中的每个词转换成一种特殊的代码（嵌入向量），这样计算机就能理解它们。

② 位置编码。变换器给这些代码加上位置信息，确保计算机知道每个词在小说中的位置。

③ 编码器处理。编码器开始阅读小说，使用自注意力机制来关注小说中的关键部分，并且通过一系列步骤来深入理解小说中故事的含义。

④ 解码器处理。解码器根据编码器提供的对小说中故事的理解来尝试预测故事的结局。它在预测每个词时都会回头看看编码器的笔记，确保预测是准确的。

⑤ 输出。解码器输出一个对故事结局的预测，告诉我们它认为

接下来会发生什么。

变换器模型之所以强大，是因为它能够同时关注小说里故事的多个方面，并且能够记住和理解复杂的故事情节。这使得它在处理自然语言时非常高效，就像一个能够快速阅读和理解任何故事的超级读者。

5.5　对话系统与情感分析

5.5.1　对话系统简介

对话系统就像你的虚拟助手或者聊天伙伴，它能够与你进行交流，回答你的问题，甚至陪你聊天。这种系统可以在各种场景使用，比如客服机器人、智能助手或者聊天机器人。

对话系统主要有两种类型：

问答系统：这种系统主要针对用户的具体问题提供直接答案。它就像你的知识库，能够快速给出问题的答案。

聊天机器人：这种系统更侧重于模拟人类对话，可以用于社交、娱乐或者简单的闲聊。

5.5.2　情感分析

情感分析就像给对话系统加上一层情感滤镜，它能够帮助对话系统理解用户的情绪和感受。

（1）情感分析的作用

情感分析在对话系统中有以下几个重要作用：

① 理解用户的情绪：通过分析用户的语言，情感分析能够判断用户是高兴、生气还是伤心，从而更好地回应。

② 改善用户体验：对话系统能够根据用户的情绪，调整回答的语气和内容，让交流更加贴心。

③ 提高问题解决效率：如果用户情绪激动，对话系统可以优先处理，或者提供更周到的解决方案。

（2）情感分析的实现

情感分析通常通过以下步骤实现：

① 文本预处理：将用户的对话文本进行清洗，去除无关的符号和停用词，确保分析的数据是干净的。

② 情感识别：使用机器学习模型或者深度学习模型来分析文本中的情感倾向。这就像给每个词汇贴上情感标签，比如"开心""生气"等。

③ 情感分类：根据词汇的情感标签，对话系统会给出整个句子的情感分类，比如"正面""负面"或者"中性"。

5.5.3 对话系统与情感分析的结合

将情感分析与对话系统相结合，就像给机器人装上了情感的雷达。以下是它们结合的几个方面：

① 情感驱动的回应：对话系统在回答问题时，会考虑用户的情感状态，给出更合适的回应。

② 情感上下文管理：在对话过程中，对话系统能够记住用户的情感变化，从而在后续的交流中保持一致性。

③ 情感反馈循环：对话系统会根据用户的情感反馈来调整自己的行为，以提供更具个性化的服务。

通过这样的结合，对话系统不仅能够理解用户的问题，还能够感知用户的情绪，从而提供更加人性化和高效的交流体验。

思考题

（1）简要介绍自然语言处理的基本概念、发展历程、主要任务和应用领域。

（2）详细解释词嵌入的基本概念，列举并描述常见的词嵌入方法，并讨论语义分析在 NLP 中的作用。

（3）分析序列模型和注意力机制的基本原理，探讨它们在 NLP 中的应用，以及如何将序列模型与注意力机制结合使用。

（4）详细介绍变换器架构的基本组成和流程，并尝试用通俗的语言解释 Transformer 的工作原理。

（5）探讨对话系统和情感分析的基本概念，分析它们在自然语言处理中的应用，以及如何将对话系统与情感分析结合使用。

第6章
计算机视觉

导 读

　　本章详细介绍了计算机视觉的基础知识，包括核心任务、技术挑战，以及图像识别与分类、物体检测与分割、视频分析、三维重建与点云处理等关键技术。通过具体的应用实例，帮助读者理解这些技术在现实世界中的应用。本章内容覆盖了计算机视觉领域的多个方面，为读者提供了一个全面了解计算机视觉的视角。

知识点

　　知识点1：计算机视觉的核心任务和技术挑战

　　知识点2：图像识别与分类的基本概念和常用方法

　　知识点3：物体检测与分割的主要方法和应用实例

　　知识点4：视频分析的关键技术和应用实例

　　知识点5：三维重建与点云处理的基本概念、技术方法和应用场景

重难点

　　重点1：理解计算机视觉的核心任务和技术挑战

　　重点2：掌握图像识别与分类、物体检测与分割的基本方法和应用

　　重点3：了解视频分析、三维重建与点云处理的关键技术和应用场景

　　难点1：图像识别与分类技术的深入理解和应用

　　难点2：物体检测与分割方法的细节掌握和实际应用

　　难点3：视频分析、三维重建与点云处理技术的综合应用和挑战

6.1   计算机视觉基础

6.1.1   基本概念

计算机视觉是人工智能的一个重要分支，它赋予计算机类似人类视觉系统的能力，使得计算机能够"看"和"理解"图像及视频中的内容。以下是一些计算机视觉的基本概念：

① 图像：由像素组成的二维数据，每个像素包含颜色信息。

② 视频序列：由一系列连续的图像组成，通常以每秒固定的帧数播放。

③ 像素值：图像中每个点的亮度或颜色，通常用整数表示。

④ 分辨率：图像或视频的像素尺寸，通常表示为宽度和高度的像素数。

6.1.2   核心任务

计算机视觉的核心任务包括：

① 图像识别与分类：识别图像中的对象类别，如猫、狗、车等。

② 物体检测：在图像中定位并识别出特定的物体，通常以边界框的形式表示。

③ 场景分割：将图像分割成多个区域，每个区域代表不同的对象或场景部分。

④ 视频分析：从视频中提取信息，包括动作识别、行为分析等。

⑤ 三维重建：从二维图像中恢复三维结构信息。

6.1.3   技术挑战

计算机视觉面临的技术挑战包括：

① 视角变化：同一物体从不同角度观察，可能呈现不同的图像特征。

② 光照变化：光照条件的变化会影响物体的外观。

③ 遮挡问题：物体可能被其他物体部分或完全遮挡。

④ 类内差异：同一类别的物体可能存在很大的外观差异。

⑤ 数据标注：高质量的标注数据对于训练视觉模型至关重要，但是，获取成本也较高。

6.2 图像识别与分类

6.2.1 基本概念

图像识别与分类是计算机视觉领域的基本任务，它涉及将图像中的内容进行识别并归类到预定义的类别中。在深入学习图像识别与分类之前，我们需要理解以下基本概念：

① 图像识别：是指识别图像中的单个对象或场景，以确定其类别。

② 图像分类：是指将图像整体划分到一个或多个预定义的类别中。

③ 类别（category）：是图像分类任务中的一个标签，表示图像的属性或内容。

④ 样本（sample）：在机器学习中，一个图像及其对应的类别标签构成一个样本。

6.2.2 常用方法

图像识别与分类的方法经历了从传统机器学习到深度学习的发展，以下是常用的方法：

（1）传统机器学习方法

① 特征提取：通过边缘检测、纹理分析、颜色直方图等方法提取图像特征。

② 特征选择：从提取的特征中选择对分类最有用的特征。

③ 分类器：使用支持向量机（SVM）、决策树、K最近邻（K-NN）等算法进行分类。

（2）深度学习方法

① 卷积神经网络：是一种特殊的神经网络结构，特别适合处理图像数据。

② 深度残差网络：通过引入残差学习，解决深层网络训练困难的问题。

③ 迁移学习：利用在大型数据集上预训练的模型进行特征提取，然后在特定任务上进行微调。

6.2.3 技术流程

图像识别与分类技术流程通常包括以下几个步骤：

（1）数据预处理

数据收集：收集大量的图像数据，确保数据的多样性。

数据清洗：去除质量低、标签错误的图像。

数据增强：通过旋转、缩放、裁剪等操作增强数据的多样性。

（2）特征提取

传统机器学习方法：使用人工设计的特征提取算法。

深度学习方法：使用CNN等网络自动学习方法。

（3）模型训练

选择合适的分类器或神经网络结构。

使用训练数据对模型进行训练，优化模型参数。

（4）模型评估

使用验证集评估模型的性能，选择最佳模型。

评估指标包括准确率、召回率、F1分数等。

（5）模型部署

将训练好的模型部署到实际应用中，如移动设备、服务器等。

6.2.4 应用实例

图像识别与分类技术在以下场景中得到了广泛应用：

① 社交媒体：自动识别和分类用户上传的图片内容。

② 医学影像：辅助医生分析X光片、CT扫描片等，进行疾病

诊断。

③ 零售业：监控货架商品，自动识别缺货情况。

④ 自动驾驶：识别道路上的行人、车辆和其他障碍物。

6.3　物体检测与分割

6.3.1　基本概念

物体检测与分割是计算机视觉领域中的高级任务，它不仅要求识别图像中的物体，还要定位物体的具体位置，确定物体的轮廓。与图像分类不同，物体检测涉及在图像中找出多个物体并识别它们，物体分割进一步要求精确描绘物体的边界。

我们需要理解以下基本概念：

① 物体检测（Object Detection）：是指在图像中识别并定位一个或多个物体，同时为每个物体提供边界框（bounding box）和类别标签。

② 物体分割（Object Segmentation）：是指将图像中的每个物体与背景分离，并精确描绘出物体的轮廓。

③ 边界框：是一个矩形框，用于表示物体的位置和大小。

④ 分割掩码（Segmentation Mask）：是一个二值图像，用于表示物体的精确边界。

6.3.2　主要方法

物体检测与分割的方法主要包括以下几种：

（1）传统方法

① 基于滑动窗口的方法：在图像上滑动不同尺寸的窗口，并对每个窗口进行分类。

② 基于特征的方法：使用 HOG（Histogram of Oriented Gradients）、SIFT（Scale-Invariant Feature Transform）等特征进行物体检测。

（2）深度学习方法

① R-CNN（Regions with CNN features）：通过选择性搜索提取候选区域，然后用CNN提取特征，最后用SVM分类。

② Fast R-CNN、Faster R-CNN：通过引入区域提议网络（RPN），提高检测速度和准确率。

③ SSD（Single Shot MultiBox Detector）：通过在不同尺度的特征图上进行检测，实现快速、准确的物体检测。

④ YOLO（You Only Look Once）：将物体检测作为回归问题处理，实现端到端的实时检测。

（3）分割方法

① FCN（Fully Convolutional Network）：将传统CNN转换为全卷积网络，输出分割掩码。

② Mask R-CNN：在Faster R-CNN的基础上增加分支，以输出分割掩码。

③ U-Net：是专为医学图像分割设计的网络结构，具有很好的泛用性。

6.3.3　技术流程

物体检测与分割技术流程通常包括以下几个步骤：

（1）数据预处理

数据收集：收集带有标注的图像数据，包括边界框和分割掩码。

数据增强：通过旋转、缩放、裁剪等操作增强数据的多样性。

（2）特征提取

使用深度学习模型，自动提取图像特征。

（3）模型训练

选择合适的物体检测或分割模型。

使用训练数据对模型进行训练，优化模型参数。

（4）模型评估

使用验证集评估模型的性能，选择最佳模型。

评估指标包括精确度（Precision）、召回率（Recall）、平均精度

（mAP）等。

（5）模型部署

将训练好的模型部署到实际应用中，如监控系统、自动驾驶车辆等。

6.3.4 应用实例

物体检测与分割技术在以下场景中得到了广泛应用：

① 自动驾驶：用于精确定位车辆、行人、障碍物等。

② 医学影像分析：用于精确识别病变的位置和轮廓，辅助医生进行手术规划。

③ 工业自动化：在制造过程中检测和分割组件，进行质量检查或机器人操作。

④ 无人机监控：用于跟踪和定位个体。

6.4 视频分析

视频分析是计算机视觉领域的一个重要分支，它利用图像处理、模式识别和机器学习等技术，对视频内容进行理解和解释。

6.4.1 关键技术

（1）运动检测

识别视频中的运动对象，区分前景和背景。

（2）目标跟踪

对视频中的特定目标进行连续跟踪，以获取其运动轨迹。

（3）行为识别

分析视频中的人类或动物行为，以识别特定动作或事件。

（4）场景理解

对视频中的场景进行分类，理解场景中物体的关系和上下文信息。

（5）视频内容检索

根据特定需求，从大量视频中检索相关内容。

6.4.2 应用实例

（1）安全监控

实时监控：对公共场所进行实时监控，检测异常行为、人流密集区域等。

事件预警：通过分析视频内容，对潜在的安全隐患，如火灾、打架斗殴等进行预警。

（2）交通监控

车辆检测与识别：识别道路上的车辆，包括车牌、车型等信息。

违章行为抓拍：检测违章行为，如闯红灯、逆行、超速等。

（3）医疗领域

手术过程分析：对手术视频进行分析，评估手术质量和医生的技能。

康复训练监控：监控患者的康复训练过程，确保训练动作正确、到位。

（4）体育赛事

运动员表现分析：分析运动员的动作，提供训练建议和比赛策略。

比赛结果判定：辅助裁判判断比赛结果，如足球越位、篮球犯规等。

（5）智能教育

课堂行为分析：分析学生的课堂表现，为教师提供教学反馈信息。

远程教学监控：确保在线课堂的纪律和教学质量。

6.4.3 挑战与展望

（1）复杂场景中的目标识别

在复杂多变的环境中，进行准确的目标检测和识别仍具有挑战性。

（2）实时性能优化

提高视频分析算法的运行速度，以满足实时应用的需求。

（3）跨摄像头跟踪

研究跨摄像头的目标跟踪技术，实现大范围监控。

（4）隐私保护

在视频分析过程中，确保个人隐私不被泄露。

6.5　三维重建与点云处理

6.5.1　基本概念

三维重建：是指通过一定的技术手段，从二维图像或视频中恢复物体三维结构的过程。

点云：是由大量空间中的点组成的数据集，这些点在三维空间中精确表示物体的形状。

三维重建与点云处理是计算机视觉和图形学领域的重要技术，它们在虚拟现实、增强现实、工业设计、文化遗产保护等多个领域都有广泛的应用。

6.5.2　技术方法

（1）基于图像的三维重建

立体匹配：通过比较两个或多个视角的图像，找到匹配的点对，从而计算深度信息。

结构光扫描：使用结构光图案投射到物体上，通过分析图案的变形来获取物体的三维信息。

飞行时间（TOF）：通过测量光脉冲发射到反射回来的时间差，确定物体的深度信息。

（2）点云处理

点云滤波：去除点云数据中的噪声和异常值，提高数据的质量。

点云配准：将不同视角或不同时间获取的点云数据进行空间变换，合并成一个统一的点云模型。

点云分割：将点云数据分割成不同的区域或对象，以便进一步分析和处理。

表面重建：从点云数据中构建物体的三维表面模型。

6.5.3　应用场景

（1）文化遗产保护

通过对文物进行三维扫描和重建，保存其数字副本，用于研究和展示。

（2）工业设计

在产品设计和制造过程中，使用三维重建技术进行形状分析和优化。

（3）建筑与城市规划

通过三维重建技术，创建建筑模型和城市景观，用于规划和设计。

（4）医学成像

在医学领域，三维重建技术可以从医学影像数据中提取器官和组织的数据，构建三维模型，用于诊断和治疗。

（5）自动驾驶

三维重建和点云处理技术用于自动驾驶车辆的环境感知和地图构建。

6.5.4　挑战与展望

（1）数据量大

点云数据量通常情况下非常大，处理和存储这些数据需要高效的算法和硬件。

（2）精度与效率

在保证重建精度的同时，提高处理速度和效率是当前的研究热点。

（3）多源数据融合

如何有效地融合来自不同传感器和视角的数据，以提高重建质量，也是当前的研究热点。

（4）自动化与智能化

研究更加智能化的算法，减少人工干预，以实现自动化的三维重建和点云处理。

思考题 ✔️ --•

（1）概述计算机视觉的核心任务和技术挑战。

（2）详细解释图像识别与分类的基本概念、常用方法、技术流程，并给出一个应用实例。

（3）讨论物体检测与分割的基本概念、主要方法、技术流程，并举例说明其应用。

（4）介绍视频分析的关键技术、应用实例，以及面临的挑战和未来展望。

（5）介绍三维重建与点云处理的基本概念、技术方法、应用场景，以及面临的挑战和未来展望。

应用篇

第 7 章　人工智能在各行业的应用

第7章
人工智能在各行业的应用

导　读

本章全面展示了人工智能在不同行业中的应用，包括金融、安防、医疗、交通、智能家居、教育、工业生产、商业零售、农业、娱乐与媒体、能源电网和航空航天等领域。通过具体的实例，阐述了人工智能在各行业中的实际应用和它所带来的变革。本章内容丰富，覆盖了人工智能在当代社会中的广泛应用，突显了人工智能的重要性和影响力。

知识点

知识点1：AI在金融领域的应用，如智能投顾、风险管理等

知识点2：AI在安防领域的应用，如智能监控、人脸识别等

知识点3：AI在医疗领域的应用，如辅助诊断、药物研发等

知识点4：AI在交通领域的应用，如无人驾驶汽车、智能交通管理等

知识点5：AI在智能家居领域的应用，如智能家电、家庭安全监测等

知识点6：AI在教育领域的应用，如个性化学习推荐、智能辅导等

知识点7：AI在工业生产领域的应用，如智能制造、供应链管理等

知识点8：AI在商业零售领域的应用，如无人货架、智能试衣间等

知识点9：AI在农业生产领域的应用，如精准农业、智能采摘等

知识点10：AI在娱乐与媒体领域的应用，如内容创作、虚拟主持人等

知识点11：AI在能源电网中的应用，如智能调度、故障诊断等

知识点12：AI与航空航天技术的结合，如飞行器设计、自主导航等

重难点

重点1：理解AI在不同行业中的应用场景和实际效益

重点2：掌握AI在各行业中的具体应用案例

重点3：了解AI如何推动各行业的创新和发展

难点1：跨行业AI应用的综合理解及技术细节

难点2：AI在特定行业中的定制化应用和挑战

难点3：评估AI在各行业中的应用效果和未来发展趋势

7.1 人工智能在金融领域的应用

7.1.1 智能投顾与风险管理

智能投顾通过大数据和机器学习技术，能够分析投资者的投资偏好、风险承受能力和投资目标，为投资者提供个性化的投资建议。这种服务模式极大地降低了投资者的投资门槛，使得更多的投资者能够享受到专业的投资顾问服务。同时，智能投顾还能够实时关注市场动态，及时调整投资策略，以提高投资效益。然而，值得注意的是，尽管智能投顾具有诸多优势，但是，由于市场环境的复杂性和投资者的多样性，其投资建议往往难以完全满足所有投资者的需求。因此，将人工顾问和智能投顾两种模式融合在一起，可能是当前的最优选择。

在风险管理方面，人工智能同样发挥着重要作用。人工智能可以分析历史数据，预测未来的风险，帮助金融机构制定有效的风险应对策略，降低风险损失。例如，某银行在零售信贷场景中引入了腾讯云金融风控大模型，通过知识管理、模型库赋能、训练加速以及服务部署四个维度提供了强大的助力，为该银行的零售信贷业务提供了精准和高效的解决方案。金融机构的数智化转型不仅提高了自身的风险管理效率，还降低了风险损失，为金融机构的稳健运营奠定了坚实的基础。

7.1.2 身份识别与支付安全

在身份识别方面，人工智能技术发挥着至关重要的作用。图像识别和模式识别技术的不断进步，使得金融机构能够准确识别用户提供的各种身份凭证。无论是传统的身份证、驾驶证，还是更先进的生物特征信息，如指纹、面容等，人工智能都能够进行高效、准确的比对和识别。这种技术的应用不仅提高了身份识别的效率和准确性，还有效防止了不法分子利用伪造身份信息进行欺诈的行为。例如，在开户过程中，金融机构可以通过人工智能技术对用户的身份信息进行多重验证，确保用户身份的真实性和合法性。同时，人工智能还可以对用户的行为进行实时监控和分析，及时发现用户的异常行为并进行预警，进一步提高了身份识别的安全性。

在支付安全方面，人工智能技术同样发挥着关键作用。智能分析和实时监控技术的应用，使得金融机构能够及时发现和拦截异常支付行为。例如，当系统检测到某用户突然进行大额转账或异地登录时，人工智能可以立即进行风险评估和预警，及时阻止可能的欺诈行为。人工智能还能够对支付系统进行持续优化和升级，提高支付系统的安全性和稳定性。通过智能算法和数据分析，金融机构可以及时发现并修复系统中的漏洞和隐患，防止不法分子利用这些漏洞和隐患进行攻击。同时，人工智能还可以根据用户的支付习惯和需求，提供个性化的支付安全服务，进一步提升用户的使用体验和满意度。

身份识别与支付安全是金融领域不可或缺的重要环节，而人工智能技术的应用则为这两个环节提供了强大的技术支持。未来，随着技术的不断进步和应用范围的不断扩大，身份识别与支付安全将得到更加全面的保障。

7.1.3 金融客服与智能合约

在金融领域，人工智能不仅改变了传统业务模式，也在客户服务与合约管理两个方面带来了显著变革。

在金融客服方面，人工智能通过自然语言处理和语音识别技术，实现了与客户的智能交互。客服机器人能够实时响应用户的咨询、查询和投诉，极大地提高了服务效率。与传统的人工客服相比，智能助手可以24小时不间断地提供服务，大大降低了因人工客服不足而导致的服务中断风险。更重要的是，人工智能可以通过大数据分析，深入挖掘用户的需求，为不同客户提供个性化服务。例如，基于用户的交易历史和行为模式，智能客服可以主动推送合适的投资建议或理财产品，从而提高用户的满意度和忠诚度。智能客服还能收集用户的反馈意见，为金融机构提供优化产品和服务的建议，推动金融产品的持续创新。

在智能合约方面，人工智能的应用进一步提升了金融合约的执行效率和准确性。智能合约是一种自动执行、自我管理的数字化合约，其条款（条件）以代码的形式存储在区块链上。一旦满足了预设条件，智能合约就能自动执行，无须人工干预。这种特性极大地降低了合约的执行成本，减少了人为干预带来的风险和误差。例如，在证券交易、贷款审批等场景中，智能合约可以自动完成交易确认、资金划转等流程，从而加快了交易速度，降低了交易成本。智能合约的透明性和不可篡改性也增强了合约的公信力和法律效力，有助于构建更加公平、透明的金融市场环境。随着区块链技术的不断发展，智能合约在金融领域的应用前景将更加广阔。

7.2　人工智能在安防领域的应用

7.2.1　智能监控与预警系统

在智能监控方面，通过深度学习、计算机视觉等技术的运用，系统能够自动识别异常事件，如有人入侵、发生火灾等，并实时发送警报。这种实时监控不仅提高了安全预警效率，也减少了人工监控的误报和漏报。

在预警方面，通过对历史数据的分析和学习，系统可以建立模型并预测未来的趋势和模式。这样，当系统检测到潜在的安全风险时，就可以提前发出警报，帮助安防人员做出准确的决策。这种基于数据的预警方式不仅提高了预警的准确性，也降低了因误报和漏报而造成的损失。

7.2.2　人脸识别与行为分析

在行为分析方面，中国电信利用人工智能技术，通过识别和分析监控视频中的行走姿势、动作序列等，来判断是否存在异常行为。这种技术有助于识别潜在的安全威胁，如可疑人员、盗窃行为等，提高了安防效率。行为分析技术还可以与人脸识别技术相结合，实现对可疑人员的跟踪和识别，进一步提高安防的精准度和可靠性。通过这些技术的运用，中国电信在安防领域取得了丰硕成果，为公共安全和社会稳定做出了重要贡献。

7.2.3　公安刑侦与反恐应用

在公安刑侦领域，人工智能技术以高效、准确的特点，为公安机关提供了强有力的支持。通过大规模数据分析和算法模型，人工智能技术能够迅速锁定嫌疑人，提高了破案效率。具体来说，人工智能技术在公安刑侦领域的应用主要体现在以下几个方面：

一是嫌疑人脸部识别。通过人工智能技术，公安机关可以建立庞大的人脸数据库，对嫌疑人进行高效、准确的识别。这种技术不仅可以在案发现场快速锁定嫌疑人，还可以在案件侦破过程中，通过比对嫌疑人的脸部特征，找到其藏匿的地点或作案的线索。

二是案件数据分析。公安机关在案件侦破过程中，需要处理大量的数据，包括嫌疑人的信息、案件证据、证人证言等。使用人工智能技术，可以对这些数据进行快速的分析和筛选，找出有价值的线索和证据，为案件的侦破提供有力的支持。

三是犯罪模式识别。人工智能技术可以通过对大量犯罪案例的学习和分析，识别出犯罪的模式和规律。这种技术可以帮助公安机关预测犯罪的发生，提前采取措施进行防范，从而保护人民群众的生命财产安全。

在反恐应用中，人工智能技术同样发挥着重要的作用。恐怖主义是威胁公共安全的重要因素，而人工智能技术可以通过分析社交媒体上的言论、识别可疑人员和行为等，帮助公安机关及时发现和处置潜在的安全威胁。

人工智能技术可以对社交媒体上的言论进行实时监测和分析，及时发现潜在的恐怖主义言论和活动。这种技术可以帮助公安机关及时掌握恐怖分子的意图，采取措施进行防范和打击。

人工智能技术还可以对可疑人员和行为进行识别和追踪。通过人脸识别、行为分析等技术，可以及时发现和锁定可疑人员，并对其进行密切的监控和跟踪，防止其进行恐怖活动。

人工智能技术还可以帮助公安机关制定有效的应对策略。通过对恐怖主义的研究和分析，人工智能技术可以预测恐怖分子的攻击方式和目标，为公安机关提供有针对性的应对策略和建议，提高反恐效率，确保公共安全。

7.3　人工智能在医疗领域的应用

7.3.1　辅助诊断与智能影像

在辅助诊断方面，人工智能展现出惊人的潜力。辅助诊断系统能够利用深度学习等先进技术，对患者的医疗记录、症状描述和检查结果进行全面的分析。以英国帝国理工学院开发的糖尿病 AI-心电图风险评估（AIRE-DM）辅助工具为例，该工具能够在 2 型糖尿病发病前 10 年准确预测某个人的患病风险。它通过分析医院电子疾病档案中的心电图数据，检测早期血糖升高前的心电图细微变化，从而评估患者未来患糖尿病的潜在风险。这种预测能力不仅为患者提供了早期干预的机会，也大大减轻了医生的工作负担。

在智能影像方面，人工智能同样展现出非凡的能力。在医学影像领域，AI 技术的应用包括智能识别、分析和解读。通过深度学习技术，系统能够自动识别影像中的异常病变，提供精确的测量和定位。例如，在深圳市龙岗区第三人民医院举办的"人工智能赋能医疗影像创新应用发布会"上，就展示了 AI 影像诊断、筛查和质控系统在人体八大系统中的应用。这些系统能够帮助医生更快、更准确地发现病变，从而提高诊断的准确性和效率。智能影像技术还大大简化了影像数据的管理和检索，使得医生能够更加便捷地获取所需信息，进一步提高了医疗服务的水平。

辅助诊断与智能影像为医生提供了强大的技术支持，不仅提高了医疗质量和效率，也为患者提供了更好的医疗体验。随着技术的不断进步和应用的不断扩展，我们相信，这些技术将在未来发挥更加重要的作用。

7.3.2 药物研发与个性化治疗

在药物研发领域，人工智能使得目标分子筛选、化合物合成和优化等关键步骤更为高效。通过虚拟筛选技术，系统能够迅速筛选出具有潜在药效的分子，不仅显著提高了药物研发的成功率，还大幅缩短了研发周期。更重要的是，人工智能还能助力药物作用机制的预测，为新药研发提供强有力的支持。例如，AI技术可以模拟药物与生物体之间的相互作用，预测药物的毒性和效果，从而减少了实验动物的使用，提高了研究的效率和实验的伦理标准。

在个性化治疗方面，人工智能同样展现出巨大的潜力。它可以根据患者的基因组、表型以及临床数据等信息，为患者量身定制个性化的治疗方案。通过精准医疗，系统能够确保药物剂量、治疗时间和方式等完全符合患者的实际需求，从而显著提高治疗效果，降低不良反应风险。这种个性化的治疗方案对于癌症等复杂疾病尤为重要，因为每个患者的病情和身体状况都是不一样的，传统的"一刀切"治疗方式往往难以达到最佳效果。随着越来越多的AI辅助精准医疗工具的出现，如Onconaut等，个性化治疗将成为未来医疗的主流趋势。

7.3.3 健康管理与远程医疗

在健康管理方面，人工智能技术的应用尤为广泛。通过智能算法和模型，人工智能系统能够分析用户的健康数据，提供个性化的健康建议。例如，有享AI健康大模型就是一个集"AI健康检测、AI健康管家、AI健康档案"等多模块于一体的健康大模型，为消费者提供智能健康监测和评估，以及"专业化销售、个性化服务、一对一问诊"的数智服务赋能。这种智能化的健康管理方式不仅提高了健康管理的效率，还极大地提升了用户的健康意识。同时，人工智能还可用于健康宣传和教育，通过智能推送健康知识和健康资讯，帮助人们更好地了解健康知识，选择健康的生活方式。

在远程医疗方面，人工智能也发挥了重要作用。通过视频通话、即时消息等方式，患者可以与医生在线交流，获得远程诊断和治疗服务。这种在线问诊方式不仅避免了患者长途奔波而导致的不便和痛苦，还大大提高了医疗资源的利用效率。同时，人工智能还可用于患者的远程监测和数据分析，通过实时监测患者的健康状况和病情变化，确保患者在家中的治疗效果，使患者的健康状况得到及时关注和调整。例如，一些医疗机构已经使用AI技术对患者的心电图、血压等生理指标进行远程监测和分析，及时发现异常情况并采取措施，有效避免了患者病情恶化。随着AI技术的不断进步和应用范围的不断扩大，未来，有望出现更多创新性的远程医疗模式，为患者提供更加全面、高效的医疗服务。

7.4　人工智能在交通领域的应用

7.4.1　无人驾驶汽车技术

在我国，无人驾驶汽车技术的研发和应用已经取得了显著进展。在政府层面，国家和地方先后推出了一系列支持政策，加大资金引导力度，推动无人驾驶汽车技术快速发展。在企业层面，众多科技公司和汽车制造商纷纷布局无人驾驶汽车技术，投入大量研发资源，以抢占技术高地。随着智能网联汽车部署进程的加快，无人驾驶汽车技术的应用场景也在不断拓展，从封闭园区、高速公路等特定场景，逐渐扩展到城市道路和更复杂的交通环境。

在无人驾驶汽车技术的发展过程中，高精度传感器和人工智能算法是关键。高精度传感器可以实时获取道路、车辆、行人等交通信息，为自动驾驶提供感知基础。而人工智能算法则负责对这些信息进行实时处理和分析，做出最优的驾驶决策。无人驾驶汽车技术还需要与交通管理系统、智能交通基础设施等深度融合，以实现协同发展。

无人驾驶汽车技术的广泛应用将带来诸多好处。它可以提高交通的安全性，减少交通事故的发生。通过自动驾驶系统，车辆可以精准地遵守交通规则，避免人为因素导致的交通事故。无人驾驶汽车技术可以缓解交通拥堵，提高出行效率。通过智能交通管理系统的优化调度，车辆可以更加高效地行驶，减少拥堵和等待时间。此外，无人驾驶汽车技术还可以降低能源消耗，减少环境污染，推动绿色交通的发展。

然而，无人驾驶汽车技术的发展也面临诸多挑战。例如，技术成熟度、法规标准、安全可靠性、隐私保护等问题都需要得到妥善解决。无人驾驶汽车技术的普及和应用还需要得到社会各界的广泛认可和支持。因此，在未来的发展中，需要政府、企业、科研机构和社会各界共同努力，推动无人驾驶汽车技术快速发展。

7.4.2 智能交通管理系统

智能交通管理系统具有智能化监管功能。系统通过高清摄像头和智能交通传感器，实时监测交通违规行为，并自动进行识别和处理。这不仅提高了交通执法的效率和公平性，还有效遏制了交通违规行为的发生。同时，智能交通管理系统还能为交通执法部门提供有力的数据支持，便于交通执法部门更好地进行交通管理和执法。

在服务质量提升方面，智能交通管理系统也发挥了重要作用。通过智能调度和优化资源配置，系统可以合理调配公共交通资源，提高公共交通的覆盖率和舒适度。同时，系统还能为公众提供准确的交通信息和出行建议，帮助他们更好地规划出行路线和时间，提高出行效率。这些功能的实现不仅提升了交通服务的质量，也极大地提高了公众的满意度。

7.4.3 航空与轨道交通优化

在航空运输领域，人工智能已经深入到航班调度的每一个环节。通过使用算法与模型，航空公司可以更加精准地预测航班的延误情况，及时调整航班计划，从而有效地减少因航班延误给乘客带来的不便。同时，人工智能在机组人员的配置上也发挥了重要作用。通过数据分析，航空公司可以更加科学地安排机组人员的休息时间，提高机组人员的飞行效率，降低运营成本。人工智能在行李托运、乘客安检等环节的应用，也大大提高了航空运输的安全性和效率。

在轨道交通领域，人工智能技术的应用同样引人注目。随着城市轨道交通的快速发展，列车调度的复杂性和难度不断增加。通过引入人工智能技术，可以实现对列车的智能调度，提高列车的运行效率，减少乘客的等待时间。同时，人工智能还可以对列车的运行状态进行实时监测，及时发现并处理潜在的安全隐患，确保列车安全运行。人工智能在乘客服务方面的应用也日趋成熟，如智能导航、自动售票等，为乘客提供了更加便捷、舒适的候车体验。

随着人工智能技术的不断进步和应用范围的不断扩大，航空与轨道交通将进一步实现智能化，为乘客提供更加高效、安全、舒适的服务。同时，智能化建设也将成为行业发展的重要趋势，推动行业向更高水平迈进。

7.5　人工智能技术与智能家居

7.5.1　智能家电与互联设备

智能冰箱作为智能家居的重要组成部分，通过人工智能技术实现了对食物的管理、智能制冷控制以及与其他智能设备的联动。智能冰箱不仅能够识别放入冰箱内的食物，自动调整制冷温度；还能够与智能购物助手相连，提醒用户购买所需食材。例如，当智能冰箱内的牛奶即将耗尽时，它会自动将购买牛奶的信息发送给智能购物助手，从而使用户避免因忘记购买而带来不便。智能冰箱还能够根据用户的饮食习惯和健康状况，提供个性化的食谱和营养建议，帮助用户更好地管理饮食。

智能空调通过人工智能技术实现了智能温控、节能运行以及语音控制等功能。智能空调能够根据用户的生活习惯和室内环境，自动调整温度和湿度，提供舒适的生活环境。例如，在寒冷的冬季，智能空调会自动调整室内温度，确保用户不会感到寒冷；在炎热的夏季，智能空调则会自动调整制冷模式和风速，避免用户因过度制冷而感冒。

用户还可以通过手机App或语音助手远程控制智能空调的开关和温度设置，实现随时随地的智能控制。

智能洗衣机作为家庭洗涤设备的重要组成部分，也通过人工智能技术实现了精准洗涤、智能排序以及远程操控等功能。智能洗衣机能够根据洗涤物品的种类和污渍程度，自动调整洗涤时间和水温，在确保洗涤效果的同时，避免对衣物的损伤。同时，智能洗衣机还能够根据用户的习惯和学习算法优化洗涤程序，提高洗涤效率。例如，对于经常洗涤的衣物，智能洗衣机会自动记忆其洗涤方式和程序，从而在未来的洗涤中更快地完成洗涤任务。用户还可以通过手机App远程操控智能洗衣机，实现随时随地的洗涤控制。

7.5.2　家庭安全与健康监测

人工智能技术在家庭安全监测中扮演着越来越重要的角色。以云赛智联旗下企业上海云瀚科技股份有限公司为例，该公司积极探索大数据及人工智能技术的应用新场景，与上海城投水务集团合作，为高龄独居等老年人家庭提供智能水表安全监测服务。这一服务能够实时监测老年人家庭的用水情况，及时发现异常并发出预警，降低了老年人居家安全风险。这种智能监测服务不仅为老年人提供了更好的安全保障，也为关爱有特殊困难的老年人提供了科技助力。

在健康监测方面，智能穿戴设备成为一种重要的辅助工具。这些设备能够实时监测用户的心率、血压、睡眠质量等健康指标，并将数据实时上传到手机或云端。通过数据分析和比对，用户可以及时了解自己的健康状况，发现潜在的健康风险，并采取相应的措施进行调整。例如，如果设备监测到用户的心率异常，可以及时提醒用户注意休息或就医。同时，这些设备还能够帮助用户改善生活习惯，提高生活质量。例如，通过监测睡眠，用户可以了解自己的睡眠状况，调整作息时间，从而改善睡眠质量。智能穿戴设备还能够记录用户的运动量和消耗的卡路里，帮助用户制订合理的运动计划，达到健身的目的。

人工智能技术在家庭安全与健康监测领域的应用正在不断拓展，

为家庭成员提供了更为全面和便捷的监测服务。这些技术的应用不仅提高了家庭成员的安全和健康水平，也为社会的和谐发展贡献了一份力量。

7.5.3　语音助手与智能家居控制

在语音助手方面，用户可以通过简单的语音指令查询天气、播放音乐、设置闹钟等，这些功能已经成为人们日常生活的一部分。更重要的是，语音助手还能与用户进行自然语言交互，根据用户的意图提供更为精准的服务。例如，当用户说"明天早上六点叫我起床"时，语音助手会自动识别时间并设置闹钟，无须用户手动操作。随着人工智能技术的不断进步，语音助手的识别率和响应速度将得到进一步提升，进而为用户提供更为优质的服务。

在智能家居控制方面，人工智能技术同样发挥着重要作用。通过智能家居系统，用户可以通过手机 App 或语音指令控制家中的智能设备，如灯光、窗帘、音响等。这种控制方式不仅便捷，而且可以根据用户的需求进行个性化设置。例如，当用户进入卧室时，智能家居系统可以自动关闭客厅的灯光和音响，调节卧室的温度和湿度，为用户提供更为舒适的居住环境。智能家居系统还可以根据用户的生活习惯和偏好，自动进行设备设置并提供个性化的服务。例如，当用户经常在家中健身时，智能家居系统可以自动调整音响的音量和播放的内容，为用户提供更为专业的健身环境。

语音助手与智能家居控制作为人工智能技术的重要应用，正逐步改变着人们的生活方式。随着技术的不断进步和应用的不断深化，我们相信，未来，它们将为人们提供更加便捷、舒适的服务。

7.6　人工智能在教育领域的应用

7.6.1　个性化学习推荐系统

个性化学习推荐系统会根据学生的学习习惯，提供量身定制的学习方案。这一方案通常包括学习内容的安排、学习方法的建议以及学习进度的规划等。通过深入了解学生的学习习惯和特点，系统可以制订出更加符合学生需求的学习计划，从而提高学生的学习效率。

智能课程推荐是个性化学习推荐系统的重要组成部分。这一功能基于学生的课程掌握情况和兴趣偏好，智能推荐相关课程和学习资源。通过这种方式，学生可以更加容易地找到适合自己的学习资源，进一步提高学习效率。同时，系统还可以根据学生的学习情况及时调整推荐内容，确保所推荐的课程和学习资源始终与学生的需求相匹配。

学习进度跟踪是个性化学习推荐系统不可或缺的一部分。通过跟踪学生的学习进度，系统可以及时了解学生的学习情况，发现学习中的问题并及时调整推荐内容。这种动态调整可以帮助学生更好地掌握所学知识，确保学生按照既定目标顺利完成学习任务。同时，学习进度跟踪还可以为学生的学习提供及时的反馈和激励，促进学生的自主学习和持续发展。

7.6.2　智能辅导与评估

在智能辅导系统的支持下，学生的学习过程将变得更加高效和有趣。系统会根据学生的学习进度和反馈，自动调整辅导内容的难度和深度，确保学生在学习中始终处于挑战与适应的平衡状态。同时，智能辅导系统还能够通过大数据分析，发现学生的弱点和学习中存在的问题，及时提供有针对性的辅导和解决方案，帮助学生克服学习障碍，提升学习效率。

自动评估与反馈是智能辅导系统的重要组成部分。通过对学生学习成果的自动评估，系统能够及时给出反馈意见，帮助学生了解自己的学习状况，发现问题并及时纠正。这种及时的反馈机制能够激发学生的学习兴趣，促进学生主动学习、主动探究。同时，自动评估与反馈还能够为教师提供准确的学生学习情况数据，帮助教师更好地了解学生的学习状况，制订更加科学的教学计划，采取更有效的教学策略。

此外，学科知识点掌握分析也是智能辅导与评估的重要功能之一。通过对学生学科知识点掌握情况的分析，系统能够发现学生的知识盲点和薄弱环节，为他们提供有针对性的强化训练和复习建议。这种个性化的学习建议能够帮助学生更好地掌握学科知识，提高学习效率和成绩。

7.6.3　在线教育与虚拟教师

在探讨在线教育的发展时，我们不能忽视人工智能技术在其中的关键作用。近年来，随着技术的不断进步，在线教育平台已逐渐成为现代教育的重要组成部分。这些平台利用人工智能技术，为学生提供丰富的在线课程资源，同时也改变了传统教育的面貌。

在线教育平台作为传统教育的一种补充形式，以其便捷、灵活的特点吸引了大量用户。通过在线教育平台，学生可以随时随地获取课程资源，实现自主学习。在线教育平台通常提供视频课程、在线测试、学习社区等多种学习形式，以满足不同学生的需求。而人工智能技术进一步提升了学生的学习体验。例如，智能推荐系统可以根据学生的学习情况和兴趣，为其推荐适合的课程和学习路径。同时，人工智能技术还可以对学习过程进行监控和评估，及时发现学生学习中存在的问题并提供相应的帮助。

在在线教育平台上，虚拟教师是一个重要的角色。虚拟教师通常由人工智能技术驱动，能够为学生提供实时的在线指导和帮助。它们可以回答学生的问题、批改作业、提供学习建议等，可以承担传统教育中教师的大部分工作。虚拟教师的出现不仅解决了教育资源分配不均的问题，还为那些无法接触优质教育资源的学生提供了机会。同时，虚拟教师还可以根据学生的学习情况，自动调整教学内容和难度，实现个性化教学。

利用人工智能技术的在线教育和虚拟教师功能，远程教育和培训也得到了极大的发展。无论是在城市还是在农村，只要有网络连接，就可以享受优质的教育资源。这对于那些无法到校学习的学生来说，无疑是一个巨大的福音。同时，远程教育和培训也为企业提供了更为灵活的培训方式。员工可以在不离开工作岗位的情况下,接受专业的培训,提升自己的工作技能。这种方式既降低了培训成本,又提高了培训效率,深受企业和员工的欢迎。

人工智能技术为在线教育的发展带来了前所未有的机遇。通过在线教育平台和虚拟教师的结合,可以实现教育资源的优化配置和个性化教学,为更多的学生提供优质的教育服务。同时,我们也需要不断探索和创新,充分发挥人工智能技术在教育领域的潜力,为教育的发展贡献更大的力量。

7.7　人工智能在工业生产领域的应用

7.7.1　智能制造与工业自动化

智能制造作为现代工业发展的重要方向,正在逐渐改变着传统制造业的生产模式。通过集成信息技术、自动化技术和智能化技术,智能制造在生产线自动化、智能化生产流程和智慧工厂建设等方面展现出显著的优势。

在生产线自动化方面,智能制造通过引入机器人和自动化设备,实现了生产线的自动化操作。这些机器人和自动化设备能够按照预定的程序和指令,自动完成产品的生产、检测和包装等任务,极大地提高了生产效率和产品质量。同时,机器人和自动化设备的广泛应用还大大降低了人力成本,提高了生产的安全性和可靠性。

在智能化生产流程方面,智能制造利用人工智能技术,对生产流程进行优化和升级。通过智能调度系统,企业可以实时监控生产线的运行状态,及时调整生产计划和资源配置,确保生产的高效和稳定。人工智能技术还可以对产品进行质量检测和故障诊断,及时发现并处理潜在的问题,降低了生产的风险和成本。

在智慧工厂建设方面,智能制造致力于打造一个信息化、智能化和自动化的生产环境。通过集成各种智能系统和设备,智慧工厂能够实现生产过程的可视化、可控化和可优化性。企业可以实时获取生产数据和信息，进行精准的生产计划和管理，提高生产的灵活性和适应性。同时，智慧工厂建设还为企业提供了强大的数据支持和丰富的决策依据，有助于企业实现更加精细化的管理和决策。智能制造作为未来工业发展的重要趋势，正在不断推动传统制造业的转型升级和创新发展。

7.7.2 供应链管理与物流优化

随着科技的进步和市场的不断扩大，物流供应链正在从传统的依靠人力和经验的管理方式，逐渐转向依靠智能化和数字化的管理模式。在这个过程中，人工智能技术成为不可或缺的工具。AI技术不仅能够实现对市场需求的分析和预测，还可以实现物流资源的智能调度和优化配置，进一步提高了物流效率，降低了物流成本。

在需求分析和预测方面，人工智能技术通过大数据和机器学习算法，对市场进行深入分析和预测。它能够准确判断市场需求的变化趋势，帮助企业及时调整生产计划和采购策略，降低因市场波动导致的经营风险。这种预测能力在供应链管理中尤为重要，因为它可以提高供应链的响应速度和灵活性，使企业更好地适应市场需求的变化。

在智能调度与优化方面，AI技术通过智能算法和实时数据，实现了物流资源的实时调整和优化配置。它能够根据货物的特性和运输要求，自动选择最佳的运输路线和运输方式，提高物流效率和准确性。同时，AI技术还可以实现车辆的智能调度和路径规划，减少车辆的空驶和等待时间，降低物流成本。

智能化仓储管理也是AI技术在物流供应链中的重要应用。通过人工智能技术，可以实现仓储管理的智能化和自动化，提高仓库空间的利用率和库存周转率，降低库存成本。同时，智能化仓储管理还可以实现货物的自动识别和分拣，减少人工操作导致的失误，降低劳动强度，提高工作效率。这些技术的应用不仅提高了物流供应链的效率和准确性，还降低了企业的运营成本，为企业的发展提供了有力的支持。

7.7.3　质量检测与产品追溯

质量检测与产品追溯是现代制造业和供应链管理中不可或缺的重要环节。随着科学技术的不断发展，传统的人工检测和产品追溯方式已经难以满足当前的需求，而人工智能技术的引入则为这一领域带来了革命性的变化。

智能质量检测是利用图像识别、深度学习等人工智能技术，对产品进行自动化、智能化的检测。这种检测方式能够显著提高检测精度和效率，减少人为错误。在制造过程中，通过高精度摄像头采集产品图像，再利用算法进行图像处理和识别，可以实现对产品表面缺陷、尺寸、颜色等多方面的检测。智能质量检测还可以实现对产品性能的实时监测，如温度、压力、电流等参数的测量，确保产品在生产过程中的稳定性和可靠性。智能质量检测的应用范围广泛，涵盖汽车制造、电子设备、食品加工等多个行业，为提升产品质量和生产效率提供了有力的支持。

产品追溯与溯源是通过人工智能技术，实现产品从原材料采购、生产制造、物流配送到最终销售的全程跟踪和追溯。这种追溯方式能够确保产品来源的可靠性和合法性，能够提升品牌形象和消费者信心。在产品追溯系统中，每一个产品都被赋予唯一的标识码，如二维码、RFID等，通过这个标识码可以查询产品的所有信息，包括生产时间、生产地点、原材料来源、生产过程等。一旦产品出现问题，就可以追溯到具体的生产环节和责任人，便于及时采取措施进行整改和补救。产品追溯与溯源的应用场景广泛，包括食品安全、医药制造、电子产品等领域，为消费者提供了更加安全、可靠的质量保障。

质量控制与改进就是利用人工智能技术分析生产过程中的数据，帮助企业发现和解决问题，提高产品质量和客户满意度。在制造过程中，通过数据采集和监测，可以及时发现生产中的异常情况和潜在问题，如设备故障、材料浪费、工艺不当等。这些问题一旦被发现，就可以立即采取措施进行修复和调整，避免对产品质量造成影响。同时，人工智能还可以对生产数据进行深入分析和挖掘，找出影响产品质量的关键因素，为企业改进生产工艺、优化生产过程提供有力的支持。通过质量控制与改进，企业可以不断提高产品质量和服务水平，满足消费者的需求。

7.8　人工智能在商业零售领域的应用

7.8.1　无人货架

在无人货架系统中，商品识别技术扮演着至关重要的角色。通过图像识别、语音识别等技术，系统能够准确识别顾客选购的商品，并自动将其加入购物清单。这一技术不仅降低了人工成本，还提高了识别的准确性和效率。同时，无人货架系统还采用了智能交互设计，通过智能语音交互、触摸屏等方式，为顾客提供便捷的操作体验。顾客可以通过语音指令或触摸屏，轻松完成商品查询、价格比对、结算等操作，从而提高了购物满意度和效率。

无人货架系统还具备强大的库存管理功能。通过实时监控商品库存情况，系统能够及时补货，避免因缺货而影响销售。同时，系统还可以分析销售数据，了解顾客的消费习惯和偏好，为商品采购和陈列提供有力支持。这些功能的实现不仅提高了零售管理的智能化水平，还为零售企业提供了更多的数据和决策依据。

7.8.2　智能试衣间

智能试衣间作为人工智能在商业零售领域的重要应用，正在逐步改变消费者的购物体验和决策方式。通过结合虚拟试衣、尺码推荐以及搭配建议等技术，智能试衣间为消费者提供了一种高效、便捷的试衣体验，创造了具有个性化的购物环境，极大地提升了商业零售的效率和客户满意度。

（1）虚拟试衣：提升购物决策效率

虚拟试衣是智能试衣间的核心功能之一。传统的试衣过程往往耗时费力，且受限于店内的库存和试衣间的数量，消费者无法快速找到心仪的衣物。而智能试衣间通过先进的图像处理和人工智能技术，让消费者在虚拟环境中试穿不同款式、颜色的衣物，实现了即时试穿和对比。这种试衣方式不仅节省了消费者的时间，还大大提高了购物决策的效率。同时，虚拟试衣还可以避免消费者因试穿不当或衣物损坏而产生的退货问题，降低了商家的运营成本。

在虚拟试衣的过程中，智能试衣间通过摄像头捕捉消费者的身体数据，并实时将衣物"穿"到消费者身上，形成逼真的试衣效果。消费者可以通过调整屏幕上的参数，如衣物的大小、颜色、款式等，来找到最适合自己的衣服。智能试衣间还可以根据消费者的试衣记录和偏好，推荐相似的衣物或搭配，进一步提升了消费者的购物体验。

（2）尺码推荐：避免购买不合适的产品

尺码问题在商业零售中比较常见。不同品牌和款式的衣物尺码存在差异，这使得消费者在购买时难以准确判断适合自己的尺码。而智能试衣间通过人工智能技术分析消费者的身体数据，如身高、体重、胸围、腰围等，为消费者推荐合适的尺码。这种尺码推荐方式不仅准确率高，而且可以根据消费者的试衣反馈进行调整和优化，进一步提高推荐的准确性。

智能试衣间的尺码推荐功能不仅适用于衣物，还可以扩展到其他需要尺码匹配的商品上，如鞋子、帽子等。通过智能试衣间的尺码推荐，消费者可以更加自信地购买商品，减少了因尺码问题而产生的退货和换货问题，提高了商家的销售效率和客户满意度。

（3）搭配建议：提升购物体验

除了虚拟试衣和尺码推荐外，智能试衣间还可以提供个性化的搭配建议。根据消费者的选择、喜好和购买记录，智能试衣间可以推荐与其风格相匹配的衣物、配饰和妆容，帮助消费者打造完美的造型。这种搭配建议不仅具有时尚感，而且能满足消费者的个性化需求，极大地提升了购物体验。

智能试衣间的搭配建议功能还可以与社交媒体相结合，让消费者在购物的同时分享自己的试衣成果和搭配心得。这种社交化的购物方式不仅增强了购物的趣味性，还促进了商家与消费者之间的互动，使商家赢得了消费者的信任。同时，商家也可以通过收集和分析消费者的购物数据及反馈信息，不断优化产品设计和营销策略，提高市场竞争力。

智能试衣间作为人工智能在商业零售领域的重要应用，正以其独特的优势改变着消费者的购物方式和商家的运营模式。随着技术的不断进步和应用的不断深化，智能试衣间将在商业零售领域发挥更加重要的作用，为消费者带来更加便捷、高效和个性化的购物体验。

7.8.3 购物个性化推荐

在电商购物领域，个性化推荐已经成为提升客户体验的重要手段之一。通过收集和分析顾客的购物历史、喜好等信息，电商平台能够利用人工智能技术，为每位顾客量身定制个性化的购物推荐，从而提高购买转化率和客户满意度。

个性化推荐离不开数据分析。电商平台通过收集顾客的购物历史、浏览记录、购买偏好等信息，利用先进的数据分析技术，对顾客的消费行为进行深入而持久的研究。这样，电商平台就能了解顾客的购物习惯、偏好和需求，从而为其推荐更符合其需求的商品。例如，在爱用商城这样的会员制电商平台上，人工智能技术的运用使得个性化推荐更加精准。电商平台通过分析顾客的购物数据，能够推荐与其过往消费层次和偏好相匹配的商品，大大减少了顾客的搜索和筛选时间。

实时推荐也是个性化推荐的重要组成部分。在购物过程中，顾客的购物需求可能发生一些变化，因此，电商平台需要根据顾客的实时浏览和购买行为，迅速调整推荐策略，使推荐更加精准。例如，当顾客浏览某种商品时，电商平台可以根据其浏览历史和购买偏好，推荐相关的商品或优惠活动，从而引导顾客购买。

跨界合作也是提升个性化推荐效果的重要途径。电商平台可以与互联网企业、金融机构等合作，共享数据资源，提高推荐效果。例如，电商平台可以与金融机构合作，了解顾客的信用状况和消费能力，从而为其推荐更符合其经济状况的商品。同时，电商平台还可以与互联网企业合作，获取更加丰富的用户数据，进一步提高推荐的精准度。

7.8.4 在线客服

智能客服机器人能够自主回答顾客提出的各种问题，如产品介绍、价格查询、物流跟踪等。这些基础性问题通常占据了客服工作的大部分，通过智能客服机器人的自动回答，可以大大减少人工客服的工作量，提高客服效率。业内人士指出，智能客服机器人可以一天应对几千个客户且无情绪波动；人工客服显然无法做到这一点，人工客服每人每天的工作量在100人次左右，若成交量达不到预期，便会"崩溃"。因此，从商家角度来看，以智能客服机器人代替人工客服，可以大大节省开支，也减轻了人工客服的工作压力。

智能客服机器人与人工客服相结合，为企业提供了更加灵活的服务方式。对于复杂问题，智能客服机器人可以转接人工客服进行处理，确保顾客提出的问题得到及时解决。这种结合既充分展现了智能客服机器人的高效率，又保留了人工客服的专业性和灵活性。甘肃慧联信息科技发展有限责任公司专业从事电商及搭建客服平台服务已经6年，它深知智能客服机器人与人工客服结合的重要性，并致力于为企业提供更加完善的客服解决方案。

然而，尽管智能客服机器人为企业带来了诸多便利，但是，其技术尚不完善，仍有一定的局限性。目前，智能客服机器人只能回应和解决一些常规问题，一旦遇到个性化的复杂问题，它就可能懵圈而变成"弱智 AI"。因此，企业在使用智能客服机器人的同时，也需要继续保留人工客服，以便在智能客服机器人无能为力的关键时刻为顾客提供及时、专业的服务。同时，随着人工智能技术的不断进步，智能客服机器人也将不断升级和完善，为企业和消费者带来更加智能、便捷的客服体验。

7.9　人工智能在农业生产领域的应用

7.9.1　精准农业

在智能感知方面，农业AI对话机器人"小田"的推出是一个重要突破。它融合了一亩田平台所覆盖的全国2 800多个县的农产品流通大数据及多个农业细分领域的专业知识，能够随时帮助从业者解决从农产品生产到销售各个环节所面临的问题。这种基于大模型技术的农业AI对话机器人，不仅提高了农业生产的智能化水平，还为农户提供了更为便捷、高效的决策支持。

数据分析是精准农业的核心。利用人工智能技术对收集到的数据进行深入分析和挖掘，可以形成精准农业决策建议，制订作物种植计划、施肥计划等。这些数据不仅来源于对农业环境的实时监测，还包括农产品市场的价格信息、消费者需求等，使得农业生产更加贴近市场需求，提高了农产品的市场竞争力。同时，数据分析还可以发现农业生产中的潜在问题，及时采取措施解决问题，以便降低农业生产的风险。

精准执行是精准农业的关键环节。根据数据分析形成的决策建议，通过智能农机等设备精准执行农业操作，如精准播种、精准施肥等，可以显著提高农业生产效率。例如，5G技术支持多台农机之间实现超低时延协作，使得多台设备可以根据实时数据自动调整任务分配，提高了农业生产效率，缩短了作业周期。智能农机还可以减少人力投入，降低农业生产成本，提高农业生产的可持续性。

精准农业是现代农业发展的重要方向之一，它通过智能感知、数据分析和精准执行等环节的有机结合，实现了农业生产的高效、可持续和智能化。随着技术的不断进步和应用的深入，精准农业将在我国农业生产中发挥越来越重要的作用。

7.9.2　智能采摘

相较于传统的人工采摘，智能采摘机器人在速度、精度和效率上都具有显著优势。特别是在需要大量人力投入的季节性采摘中，智能采摘机器人可以大大减轻农民的工作负担，提高农业生产的自动化水平。同时，智能采摘机器人还具有持续工作、不受天气影响等特点，进一步保证了采摘的稳定性和可靠性。

智能采摘系统还融入了品质检测技术。通过人工智能技术对采摘的农作物进行品质检测，可以及时发现并剔除不合格产品，确保农产品质量安全和稳定。这种从采摘到品质检测的全流程自动化管理不仅提高了农业生产的效率，也为农产品的品质和安全提供了有力保障。

7.9.3　抗性品种开发

在基因检测的基础上，使用遗传算法进一步提升了抗性品种开发的效率和准确性。遗传算法作为一种模拟自然选择和遗传机制的优化算法，能够在短时间内对大量农作物品种进行遗传优化，筛选出具有优良抗病性能的品种。通过使用遗传算法，科研人员可以更加精准地调控农作物的抗病基因，实现抗病性能的提升和遗传稳定性的增强。这种技术的应用不仅缩短了抗性品种的育种周期，还提高了农业生产效益，为农民提供了更加优质的农作物抗病品种。

人工智能在抗性品种开发中也发挥着重要作用。如上文提到的抗性品种开发——利用人工智能指导葡萄育种的新方法，通过人工智能的精准预测和数据分析，可以大幅提高育种的效率和准确性，实现了葡萄的精准育种。这种方法不仅为葡萄育种提供了新的思路，也为其他农作物的抗性品种开发提供了有益的借鉴。未来，随着基因检测和遗传算法优化技术的不断进步，以及人工智能在农业领域的应用范围不断扩大，抗性品种的开发将更加高效、精准，并为农业生产带来更好的效益。

7.9.4　智能农机

在智能导航方面，智能农机通过北斗卫星导航系统（BDS）或全球定位系统（GPS）、激光雷达等技术，实现了精准导航和自动驾驶。这使得智能农机能够按照预设的路线完成作业，大大减少了因人为操作而产生的误差，提高了农机的作业精度和效率。在复杂的地形和农田环境中，智能农机能够自主避障、调整路线，确保作业的顺利进行。

在远程控制方面，物联网技术的应用使得智能农机能够实现远程控制。用户可以通过手机、电脑等终端设备，实时监控智能农机的运行状态，根据实际需要调整农机的工作状态，如调整作业速度、改变作业模式等。这种远程控制方式不仅提高了智能农机的灵活性，还为用户带来了极大的便利。

在故障诊断与维护方面，智能农机采用了人工智能技术，能够自动进行故障诊断和维护。通过传感器实时采集智能农机的运行数据，智能系统能够分析数据并预测故障的发生，提前采取措施进行维护，避免因故障而导致的停机损失。同时，智能农机还能够通过远程控制，为用户提供技术支持和维修服务，大大提高了智能农机的可靠性和稳定性。

7.10　人工智能在娱乐与媒体领域的应用

7.10.1　内容创作与影视创作

在内容创作与影视创作方面，AI技术的应用正展现出前所未有的潜力和影响力。咪咕数媒在利用AI技术探索短剧新内容方面取得了显著成果，其成功案例为我们提供了宝贵的启示。咪咕数媒利用AIGC技术成功创作了80余部短剧，其中的《盖亚算法》和《机甲战皇》等短剧集不仅以独特的创意和精彩的呈现吸引了观众，还重塑了影视与小说IP开发的新模式。这一创新模式的核心在于咪咕数媒构建的基于中国移动咪咕的仝舟内容生产管线平台的全流程 AIGC 短剧智能化制作体系，这一体系有效提升了内容创作的效率和品质。

AI 技术在影视创作辅助方面同样发挥着重要作用。例如，《三星堆：未来启示录》这部科幻短剧集展示了 AI 技术在影视制作中的巨大潜力，包括场景识别、角色定位、特效制作等多个方面。科幻作家、南方科技大学教授吴岩对该短剧集的评价进一步验证了 AI 技术在影视制作中的价值。他指出，《三星堆：未来启示录》的成功，得益于 AI 技术的"高保真"表现、丰富元素的"厚叠加"和镜头剧情的"密剪接"，这些都展示了 AI 技术在影视制作中的独特优势。

然而，AI 技术在影视创作中的应用并非一帆风顺。如何更好地将 AI 技术与影视创作相结合，提高创作效率和质量，仍是我们需要不断探索的课题。

7.10.2　虚拟主持人

虚拟主持人的多元化应用为各行各业带来了无限可能。虚拟主持人可以广泛应用于新闻播报、综艺娱乐、教育培训、直播带货等多个领域。在新闻播报中，虚拟主持人可以高效、准确地播报新闻资讯，为观众提供及时、全面的信息服务；在综艺娱乐中，虚拟主持人能灵活应对各种节目形式，为观众带来丰富多彩的视听享受；在教育培训领域，虚拟主持人可以发挥其独特优势，为学习者提供个性化、智能化的辅导服务。虚拟主持人的应用还极大地降低了人工成本，提高了节目制作的效率，为媒体和娱乐行业带来了革命性的改变。

7.10.3　智能沉浸式交互

智能沉浸式交互能够为用户提供个性化的体验。以智能客房管家为例，当夜深人静时，用户可以通过 AI 语音指令，要求播放轻音乐并调整房间氛围，这种个性化的服务能够迅速响应用户的需求，为用户营造最适合休憩的环境。智能沉浸式交互不仅适用于这种简单的场景，还能通过虚拟旅游、智能导航等多样化功能，让用户在家中就感受到不同地方的风土人情和历史文化，这种个性化体验极大地提升了用户的满意度和忠诚度。

智能沉浸式交互也促进了不同领域的融合与发展。围绕沉浸式关键技术，如沉浸式展演空间创新设计、高沉浸式虚拟现实环境软硬件研发等，这些技术广泛应用于文化展演、主题乐园、虚拟博物馆、多人沉浸式网络游戏等领域。智能沉浸式交互为文化产业的创新提供了新的动力，使传统文化与现代科技相结合，焕发出新的生机与活力。在教育领域，智能沉浸式交互也展现出巨大的潜力，通过模拟真实的实验环境，让学生身临其境地感受学习的乐趣，提升了教学效果，增强了学生的学习兴趣。

智能沉浸式交互在快速发展过程中，也面临一些技术挑战。例如，如何解决延迟问题、提高分辨率、增强用户体验等。当然，随着技术的不断进步和研发力度的加大，这些问题将逐步得到解决。可以预见，智能沉浸式交互将在未来发挥更加重要的作用，为人们的生活带来更多的便利和乐趣。

7.11　人工智能在能源电网中的应用

7.11.1　智能调度与负荷预测

智能调度是人工智能在能源电网中的关键应用之一。通过运用大数据和机器学习算法，智能调度系统能够对电力数据进行深入分析和预测，实现电力调度的智能化和自动化。这种技术的引入不仅提高了电力系统的稳定性和可靠性，还显著地降低了运营成本。例如，广西电网有限责任公司电力科学研究院申请的"一种基于跨界异构大数据的配网负荷预测方法及系统"专利，就通过整合不同领域的数据，显著增强了预测结果的可解释性，为电力系统的稳定运行提供了有力保障。

负荷预测是电力系统中的重要环节，旨在预测未来一段时间的电力需求量。人工智能在负荷预测中的应用主要体现在基于机器学习算法的预测模型和基于大数据的预测方法上。通过精确的负荷预测，电力系统可以更好地安排电力生产、传输和分配，确保电力供应充足和稳定。例如，北京铪睿雅谱科技有限公司申请的"一种基于大语言模型技术的电力调度智能代理方法及系统"专利，就利用大语言模型技术，提高了电力调度的智能化水平，为负荷预测和电力调度提供了更加准确和可靠的依据。

智能调度与负荷预测技术的引入，为电力系统的稳定运行和高效管理提供了有力支持。随着技术的不断进步和应用范围的不断扩大，我们相信，这些技术将在能源电网领域发挥更加重要的作用。

7.11.2 故障诊断与修复

在电力故障的诊断过程中，传统方法往往依赖人工经验和设备的检测结果，不仅耗时耗力，而且容易受到人为因素的干扰。然而，引入人工智能技术后，系统能够利用大数据和机器学习算法，对电力设备的运行状态进行实时监测和分析。例如，在某些智能电网中，AI系统能够在10秒钟内完成停电感知，并在几分钟内找到故障原因，这就为维修人员提供了极大的便利。通过AI系统的精确诊断，维修人员可以更快地定位故障点，减少不必要的排查和试错，从而提高了维修效率。

除了故障诊断外，人工智能系统还能辅助维修人员进行修复操作。通过提供精确的修复方案和步骤，AI系统能够指导维修人员完成复杂的维修任务，降低修复难度和成本。同时，AI系统还可以根据设备的运行状态和维修历史，预测设备的未来维修需求，为维修计划的制订提供有力支持。这种基于大数据和机器学习算法的预测性维护能够提前发现设备的潜在故障，避免设备突然失效而造成的停电和损失。

人工智能在故障诊断与修复领域的应用为电力设备的维护和维修带来了变革。通过实时监测、精确诊断和智能修复，AI系统能够提高电力设备的可靠性和稳定性，减少停电时间和损失，为用户提供优质的电力服务。

7.11.3 分布式能源管理与微电网控制

在分布式能源管理方面，人工智能的应用尤为显著。通过智能控制系统和算法，人工智能可以对分布式能源设备进行实时监控和管理，以确保其稳定运行和能源的高效利用。例如，人工智能可以通过分析设备的运行数据，预测其未来状态，从而及时进行维护和调整，避免故障的发生。同时，人工智能还可以根据实际需求进行能源调度和优化，通过智能算法对分布式能源进行精准控制，提高整个系统的可靠性和稳定性。这种智能化的管理方式不仅提高了能源的利用效率，还降低了运维成本，为分布式能源的大规模应用提供了有力支持。

在微电网控制方面，人工智能同样发挥着重要作用。微电网是由分布式能源设备、储能系统、负载等组成的局部电网，其运行和管理需要高度智能化和自动化。AI在微电网控制中的应用主要体现在智能控制策略、能量管理和优化调度等方面。通过AI技术，可以实现对微电网的高效运行、优化调度和与其他电网的协调运行。例如，AI可以根据微电网的实际情况和负荷需求，智能调整分布式能源设备的运行模式和输出功率，从而实现能源的最大化利用和供需平衡。同时，AI还可以对微电网的储能系统进行优化管理，确保在需要时能够提供稳定的电力。这些智能化控制策略和管理方法不仅提高了微电网的运行效率，还增强了其应对突发情况的能力，为微电网的广泛应用奠定了坚实的基础。

7.12　人工智能与航空航天

7.12.1 飞行器设计

在自主设计优化方面，人工智能技术通过大数据和机器学习算法，实现了对飞行器性能的全面评估和优化。从飞行器的气动外形到结构材料，再到动力系统和控制策略，人工智能都能提供精准的设计建议和方案。这种自主设计优化能力极大地提高了飞行器的性能、安全性和效率,降低了设计成本和风险。

在虚拟仿真测试方面,人工智能技术同样发挥了重要的作用。通过构建虚拟飞行环境和条件,人工智能技术可以模拟各种复杂的飞行情况,对飞行器的性能进行全面预测和评估。这种虚拟仿真测试方式不仅降低了实际测试的成本,缩短了实际测试的时间,还提高了测试的准确性和可靠性,为飞行器的研发和改进提供了有力支持。

人工智能技术还促进了飞行器设计中的跨部门协作与集成。通过数据共享和协同工作,不同部门之间的沟通和协作变得更加高效和便捷。这种协作与集成不仅提高了设计效率和质量,还加快了飞行器的研发进程,推动飞行器技术快速发展。

7.12.2　自主导航

自主导航技术作为无人机技术的重要组成部分,其发展水平直接影响无人机的应用范围和安全性。在无人机技术快速发展的今天,自主导航技术的应用已成为衡量无人机性能的重要指标之一。自主导航技术的核心在于实现无人机的自主决策与规划、精确导航与定位以及智慧机场管理。

在自主决策与规划方面,无人机需要根据实时感知的环境信息和任务需求,自主制订飞行路线和行动计划。这就要求无人机具有高度的智能化水平,能够自主识别障碍物、规划最优路径,并根据任务需求进行灵活调整。利用人工智能技术,无人机可以实现对环境信息的快速处理和分析,从而做出准确的决策并灵活调整计划。这种自主决策与规划能力不仅提高了无人机的飞行效率,还大大降低了人为干预导致的失误风险。

在精确导航与定位方面,无人机需要依靠人工智能模式识别和图像处理技术。通过采集和处理图像信息,无人机可以识别地形、建筑等障碍物,并精确计算出自身的位置。这种精确导航与定位能力对于无人机在复杂环境中的飞行至关重要。同时,随着技术的不断进步,无人机的导航精度和定位能力也在不断提高,为无人机的广泛应用提供了有力保障。

在智慧机场管理方面，人工智能技术同样发挥着重要作用。利用人工智能技术，机场可以实现航班调度、资源分配、安全监控等工作的自动化和智能化。例如，通过智能调度系统，机场可以自动安排航班的起降顺序和停机位，从而提高机场的运行效率；通过智能监控系统，机场可以实时监控飞机的运行状态和飞行轨迹，及时发现问题并处理潜在的安全隐患。这些技术的应用不仅提高了机场的运营效率，还大大提升了机场的安全性和服务质量。

7.12.3　故障预测与诊断

（1）故障预测与预警

随着人工智能技术的不断发展，其在飞行器故障预测与预警方面的应用也日益广泛。通过数据分析、模式识别和机器学习算法，可以对飞行器的运行状态进行实时监测和预测。这些技术能够自动分析飞行器在运行过程中产生的海量数据，发现数据中的异常情况和趋势，从而预测故障。一旦预测到潜在的故障，系统就会及时发出预警信号，提醒维修人员采取相应的措施，避免故障的发生。这种故障预测与预警机制大大提高了飞行器的安全性和可靠性，为飞行器的安全运行提供了有力保障。

（2）故障诊断与支持

除了故障预测与预警外，人工智能技术在故障诊断方面也发挥着重要作用。传统的故障诊断方式往往依赖维修人员的经验和专业知识，但是，这种方法存在主观性强、诊断准确率不高等问题。而人工智能的专家系统和知识库则能够自动对故障进行诊断和分类，提供精确的故障原因分析和解决方案。这种自动化和智能化的故障诊断方式不仅提高了诊断的准确率和效率，还为维修人员提供了更为丰富的维修技术支持。

（3）维护计划与优化

基于故障预测和诊断结果，可以制订更为优化和合理的维护计划。通过预测故障的发生时间和部位，可以提前安排维修工作，避免因为故障而导致停机。同时，还可以根据故障的类型和严重程度，制订不同的维修策略和方案，以最低的成本实现最大的维修效益。这种基于数据的维护计划优化方法不仅提高了维护效率，还降低了维护成本，为飞行器的安全、稳定运行提供了有力支持。

故障预测与诊断在飞行器的运营与维护中发挥着至关重要的作用。通过人工智能技术的应用，可以实现对飞行器故障的预测、预警、诊断和维护，提高飞行器的安全性和可靠性，为飞行器的安全、稳定运行提供有力保障。

思考题 ☑ ·······························•

（1）分析人工智能在金融领域的应用，包括智能投顾、风险管理、身份识别、支付安全、金融客服和智能合约等方面。

（2）探讨人工智能在安防领域的应用，如智能监控、预警系统、人脸识别、行为分析、公安刑侦和反恐应用。

（3）讨论人工智能在医疗领域的应用，包括辅助诊断、智能影像、药物研发、个性化治疗、健康管理和远程医疗。

（4）分析人工智能在交通领域的应用，如无人驾驶汽车技术、智能交通管理系统、航空与轨道交通优化。

（5）探讨人工智能技术与智能家居的结合，包括智能家电、互联设备、家庭安全、健康监测、语音助手和智能家居控制。

（6）分析人工智能在教育领域的应用，如个性化学习推荐系统、智能辅导与评估、在线教育和虚拟教师。

（7）探讨人工智能在工业生产领域的应用，包括智能制造、工业自动化、供应链管理、物流优化、质量检测和产品追溯。

（8）分析人工智能在商业零售领域的应用，如无人货架、智能试衣间、购物个性化推荐和在线客服。

（9）探讨人工智能在农业生产领域的应用，包括精准农业、智能采摘、抗性品种开发和智能农机。

（10）分析人工智能在娱乐与媒体领域的应用，如内容创作与影视创作、虚拟主持人和智能沉浸式交互。

（11）探讨人工智能在能源电网中的应用，包括智能调度、负荷预测、故障诊断与修复、分布式能源管理和微电网控制。

（12）分析人工智能与航空航天的结合，如飞行器设计、自主导航、故障预测与诊断。

操作篇

第8章
AI绘画与视觉传达基础

导 读

本章专注于AI绘画与视觉传达的基础知识，首先是AI绘画技术概览；其次深入介绍了AI创意工具的入门知识，包括提示词的使用、参数设置和出图方式；最后还讲解了局部重绘的技术。这些内容旨在帮助读者理解并掌握AI在艺术创作和视觉传达领域的应用，开启创意表达的新途径。

知识点

知识点1：AI绘画技术的基本概念

知识点2：AI创意工具的提示词使用

知识点3：AI创意工具的参数设置

知识点4：AI创意工具的出图方式

知识点5：局部重绘的技术和方法

重难点

重点1：理解AI绘画技术的基本概念和应用

重点2：掌握AI创意工具的提示词、参数设置和出图方式

重点3：学会局部重绘的技术和方法

难点1：AI绘画技术的深入理解和创意应用

难点2：AI创意工具参数的调整和优化

难点3：局部重绘技术的实践操作和效果评估

8.1　AI绘画技术概览

AI绘画技术是指利用人工智能算法和深度学习模型，使计算机具备创作艺术品的能力。近年来，随着人工智能技术的飞速发展，AI绘画已经在艺术创作、设计、娱乐等领域展现出巨大潜力。

AI绘画技术主要基于以下几种人工智能算法：

① 生成对抗网络：通过两个神经网络（生成器和判别器）相互博弈，生成高质量、逼真的图像。

② 变分自编码器：将输入数据编码为潜在空间中的向量，再通过解码器生成新的图像。

③ 循环神经网络：利用序列数据处理能力，生成具有连续性、风格统一的绘画作品。

8.2　AI创意工具入门

8.2.1　提示词

（1）提示词和反向提示词

现在我们双击打开 Stable Diffusion 绘图工具①，选择 AI 绘图板块，进入相对应的页面（如图 8-1 所示）。

选择"文生图"板块（如图 8-2 所示），看到相应提示词与反向提示词的方框。这两个文本框是我们与 AI 对话的窗口。其中，上方为提示词窗口，AI 会根据输入的信息生成相应的图片；下方为反向提示词窗口，AI 会读取其中的内容，尽可能防止生成的图片中包含其中的信息。

---

① 这里默认电脑上已经安装该绘图软件，具体的本地实装步骤详见本书 9.2。

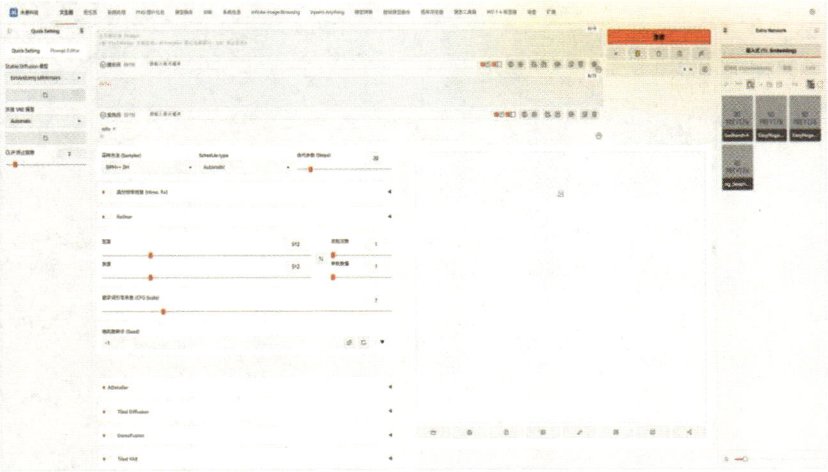

图 8-1　进入 AI 绘图软件

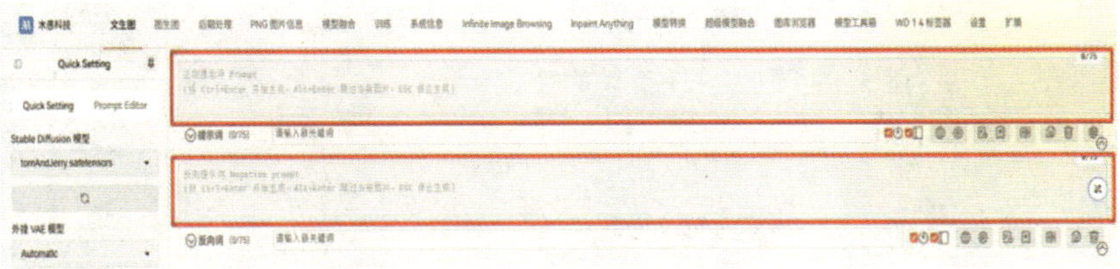

图 8-2　进入"文生图"板块

右边的橙色按钮为"确认键",一切准备工作完成后,点击"生成"按钮(如图 8-3 所示),即可让 AI 画图。右侧的小屏幕(如图 8-4 所示)会显示 AI 生成的图片。

图 8-3　"生成"按钮

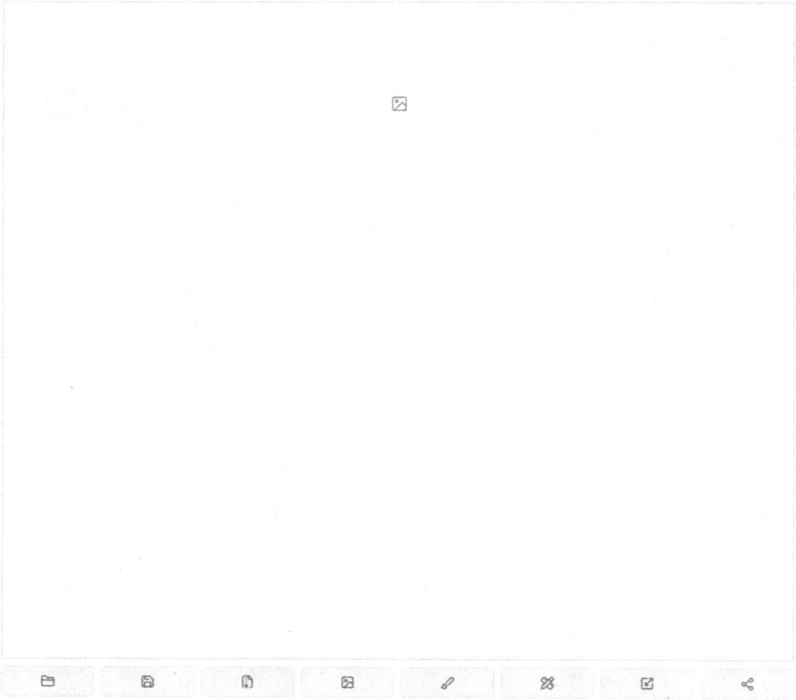

图8-4 小屏幕

现在我们对AI绘图工具有了初步的了解，直接绘图试试吧！

如果你想画一只猫，但是不想出现黑猫，那么你在提示词窗口输入"cat"（猫），在反向提示词窗口输入"black"（黑色）（如图8-5所示），然后点击"生成"按钮，一只非黑色的猫就画好了。

看到这里，你已经会用AI绘图工具了。不过，我们不能只是让AI随意发挥，画出一只简单的猫就行了，而是需要提供更准确的信息，以便得到更精确的结果，比如"加菲猫""两只肥胖的加菲猫""两只肥胖的加菲猫在打架"等。在这种情况下，我们需要输入一个短句或几句话，比如输入"Two cats are fighting."（两只猫在打架），则会生成如图8-6所示的图片：

图8-5 画猫

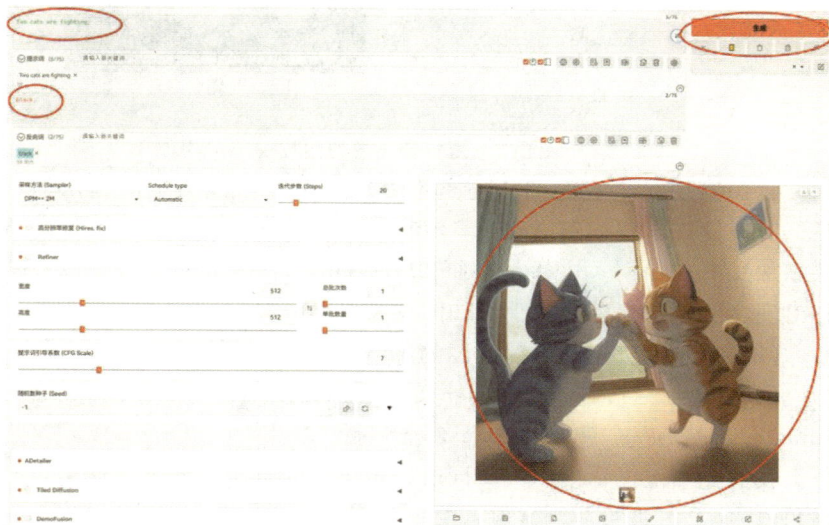

图8-6 画两只猫在打架

但是，这样的提示词是不规范的，效果也并不好。就像我们遣词造句需要遵循"主谓宾"这样的规则，输入的提示词也要写成 AI 看得懂的风格，那便是用英文半角逗号"，"将各个独立的词语分开，这会大大增加绘图的准确性。

比如，将"Two cats are fighting"写成"2cats，fight，"（如图8-7所示），会出现更符合我们要求的结果。

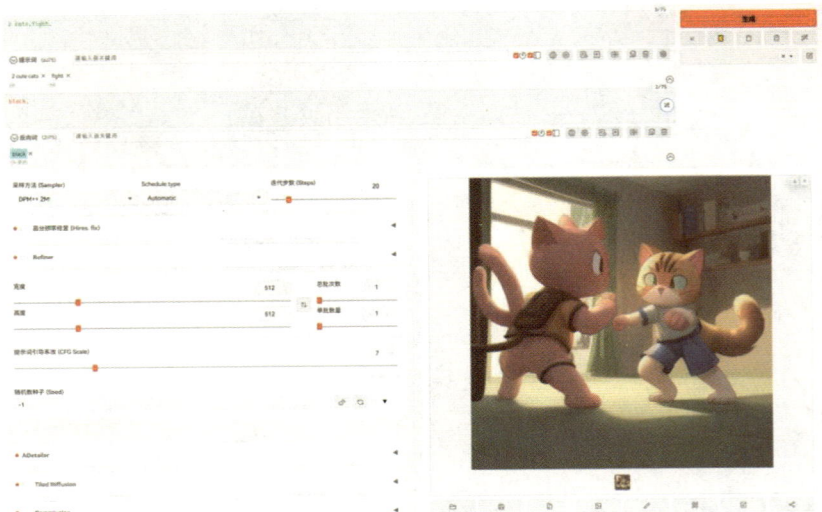

图8-7　更符合要求的图片

我们发现，生成的图片还是不够准确，这是因为反向提示词不足，可能使猫出现多条尾巴或者没有眼睛等情况，需要根据我们的需求添加反向提示词。比如，添加"extra tails，extra hands，"使图片不会出现多条尾巴和多余的手（如图8-8所示）。

（2）提示词权重参数对绘图的影响

在提示词窗口输入"golden_tree，a knight with armer and sword，falling leaves，moon，"得到如图8-9所示的图片。

我们要牢记提示词用英文词语或短语，并且每个元素要使用英文半角逗号"，"进行分割。输入靠前的提示词会被AI模型赋予更高的权重，绘图工具则会更注重描述权重大的提示词内容。

比如，将"moon"（月亮）一词写在最前面，便得到如图8-10所示的图片，月亮的占比大大增加。

图 8-8　添加反向提示词

图 8-9　生成图片效果

　　提示词是可以用括号修饰的，接下来介绍括号这一工具的作用。其中，被小括号"（）"修饰的地方，AI 将对它提高 10% 的重视程度；被大括号"｛｝"修饰的地方，AI 将对它提高 5% 的重视程度；被中括号"［］"修饰的地方，AI 将对它降低 10% 的重视程度。例如，我们把骑士的剑（sword）用小括号修饰起来，就会出现如图 8-11 所示的图片，骑士的武器被放大了。

图8-10 将"moon"写在最前面的图片效果

图8-11 把骑士的剑（sword）用中括号修饰起来的图片效果

此外，提示词被括号修饰后，还可以再次被括号修饰（最多可用3个括号）。比如"（（（sword）））"，sword被这样修饰，AI会给予这个词语更多的关注。

如果我们想直观地显示AI对某个词语的关注程度，可以在提示词后加"：number"。其中，"number"是一个由我们来设置的数字，可以在0.3至1.5之间变动。注意，词语在句子中而不是单独出现时，仍需前后加小括号。比如，我们输入"（sword：1.5）"，则武器会变得更加清晰（如图8-12所示）。

图8-12　输入"（sword：1.5）"之后的绘画效果

8.2.2　参数介绍

（1）决定AI绘图效果的参数

除了提示词之外，还有很多选项按钮决定了AI绘图的效果。接下来我们对各按钮的作用和效果做一个说明（如图8-13所示）。

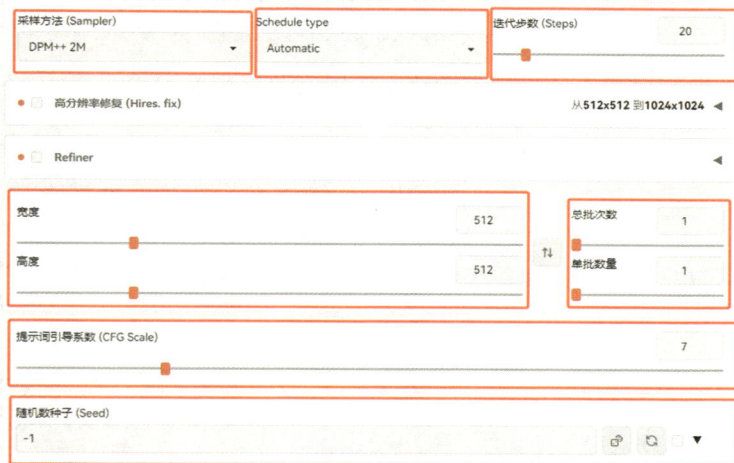

图8-13　参数

图8-13中的七个红色区域分别有如下含义：

① 采样方法：表示 AI 生成图片所用的方法，正如不同的画手有不同的绘图习惯。比如，"Euler" 和 "Heuns" 是最简单的方法，适合画简单的事物；"DPM++2M" 和 "UniPC" 适合快速出图；"DPM++SDE" 适合做高质量的图片。我们在应用时，可以根据需求选择合适的采样方法。

② Schedule type：表示采样方法的后缀类型，一般用默认选项 "Automatic"（自动），对结果没有明显的影响。

③ 迭代步数：表示 AI 画图运算的次数，每运算一次，图片的质量就好一些。不过，在步数已经很高时，增加步数影响不大，只会调整一些细节。迭代步数越多，电脑的负担就越大，建议不要超过50。

④ 宽度与高度：这两个数值决定了画幅尺寸，合理调整即可。

⑤ 总批次数与单批数量：表示一次画多少批次，每个批次画几张。一般情况下，只调整总批次数为想生成的图片总数量。单批数量对电脑的要求很高，一般默认为1。

⑥ 提示词引导系数：表示 AI 的"听话"程度。提示词引导系数越低，AI 越会自由发挥，添加一些提示词中没有提到的部分；提示词引导系数越高，AI 越会遵从我们的意愿绘图，但是图片质量可能有所降低。一般来说，该系数在3至15之间调整。

⑦ 随机数种子：一颗种子代表 AI 的一个想法，当数值设置为-1时，表示让 AI 用随机想法绘图（如图8-14所示）；当设置为某串数字时，表示用某个特定的想法绘图。一般来说，先将随机数种子设置为-1做出一些图片，然后选择中意的图片所对应的种子编号进行重绘（可以点击参数右侧的循环按钮将对应编号直接复制进来）。

图 8-14　随机数种子

将随机数种子设定后，不改变其他参数，生成的图片会一直不变；将变异随机种子设置为–1，可以对图片进行微调，微调的强度由变异强度决定（由0至1逐渐增大）。

（2）另外三个基础选项

这三个基础选项也很关键，位置在上述区域左侧栏位中（如图8-15所示）。

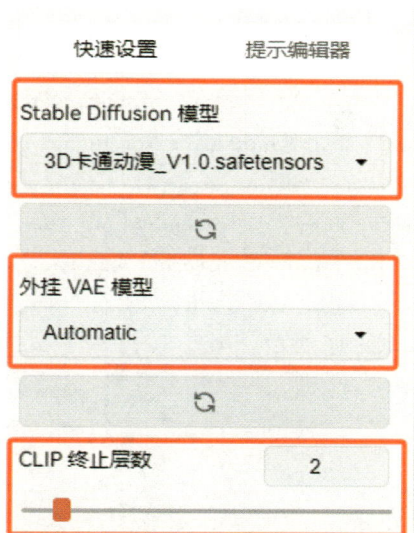

图8-15　三个基础选项

这三个选项的含义如下：

① Stable Diffusion模型：表示以哪个模型为基础进行绘画。"3D卡通动漫模型"可以画可爱的卡通图，"麦橘真人大模型"可以画逼真的人像等，这是绘图风格的基础。

② 外挂VAE模型：类似我们修照片时加入的滤镜。模型一般自带滤镜，如果想调整，便可以使用此选项，不然就用"Automatic"（自动）。

③ CLIP终止层数：表示AI描述提示词的细致程度。每个提示词可以限制的范围有限，AI可以通过12层详细描述来决定根据提示词

画出的具体内容。如果终止层数为2，则最后1层不加限制，这样做的效果最好，因为最后一层有我们不需要的信息，反而使图像不准确。如果终止层数太高，绘图结果也会变得不准确。

接下来进行参数调整的比较，展示各参数具体的效果。我们将提示词设为：

best_quality, ultra-detailed, masterpiece, photo, pixel art, a man with suit sitting and playing guitar, panorama, night.

反向提示词设为：

Worst_quality, low_quality, monochrome, zombie, overexposure, watermark, bad_hand, extra_hands, extra_fingers, too_many_fingers, fused_fingers, bad_arm, distorted_arm, extra_arms, fused_arms, extra_legs, missing_leg, disembodied_leg, extra_nipples, detached_arm, liquid_hand, inverted_hand, disembodied_limb, oversized_head, extra_body, extra_navel, EasyNegative, NSFW.

各参数内容如图8-16所示。

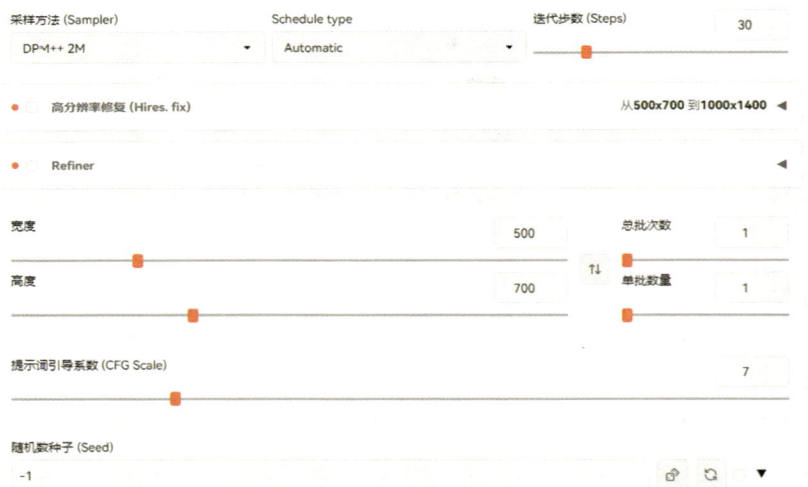

图8-16　参数内容

生成的图片效果如图 8-17 所示。

图 8-17　生成的图片效果

8.2.3　出图方式

我们分别单独修改参数，看看生成的图像有何不同。

①将采样方法换成"DPM++2M SDE"：生成时间变长，细节质量有所提升，但是稳定性变低，如手部质量变差，如图 8-18 所示。

图 8-18　修改采样方法后的图片效果

②将迭代步数分别改为10（如图8-19所示）和50（如图8-20所示）：通过对比可以看出，迭代步数越高，图片质量越好。

图 8-19　迭代步数设为 10 的图片效果　图 8-20　迭代步数设为 50 的图片效果

③将图片尺寸修改为宽度1 200和高度900（如图8-21所示）：当画幅尺寸改变时，就算其他参数都不变、随机数种子固定，生成的内容也会不同。

图 8-21　图片尺寸修改为宽度 1 200 和高度 900 后的效果

④将总批次数改成9，单批数量为1不变（如图8-22所示）：一次性生成多张图片，可以从中选择最合适的保存，并进行后续处理。

图8-22　总批次数改成9之后的图片效果

⑤将提示词引导系数分别改为3（如图8-23所示）和15（如图8-24所示）：可以发现，提高提示词引导系数会使图像更精准，但

是，也会使图像对比度提高。

图8-23　提示词引导系数改为3后的效果

图8-24　提示词引导系数改为15后的效果

⑥将随机数种子固定，将变异强度设置为0.5，进行图片重绘（如图8-25所示）：人物动作几乎没有变化，表情和背景有一定微调。

图8-25　变异强度设置为0.5之后的图片效果

⑦将"3D卡通动漫模型"改为"麦橘真人大模型"（如图8-26所示）：图像的风格完全变了。我们可以进行多次调整，选择最合适的模型。

图8-26 改变模型之后的图片效果

⑧分别将CILP终止层数改为1（如图8-27所示）和5（如图8-28所示）：可以看出，层数为1时加入了更多信息，层数为5时很多需要的信息都遗失了。

图8-27 CILP终止层数改为1后的
图片效果

图8-28 CILP终止层数改为5后的
图片效果

经过对比，可以总结如下：模型、画幅尺寸、提示词引导系数、随机数种子、CILP终止层数、迭代步数、采样方法等参数决定了图片的内容。在提示词已经确定，准备生成时，要先确定所使用的模型和画幅尺寸，然后调整生成批次，从而可以生成多张图片。如果图片的效果与我们想要的差距较大，可以调整迭代步数、终止层数、提示词引导系数后再次生成。如果得到了较为满意的图片，想进一步优化，可以在固定随机数种子后，用变异随机种子进行调整，直到获得满意的效果。

8.2.4　AI绘画顺序

AI绘画和人类画画的过程相似，都是有先有后。先画的往往是主要部分，后画的可能是一些背景和修饰，控制了顺序便控制了画面的结构。下面这些指令便能控制AI绘画的顺序。

①"［英文提示词：0和1之间的数字］"表示这个词按数字表示的作画比例绘画。比如，"［sword：0.7］"表示整体作画进度达到70%的时候，才开始画sword（剑）。这样一来，剑会变得不太明显，只是最后添加到骑士手上的修饰物（如图8-29所示）。

图8-29　"［sword：0.7］"的绘画效果

②"［英文提示词：：数字］"表示这个词到了数字表示的作画比例时，就结束绘画。比如，"［sword：：0.7］"表示整体作画进度

达到70%的时候，便不再画sword（剑）。这样一来，右手拿的剑可能由于没有画完而不太完整（如图8-30所示）。

图8-30 "［sword∷0.7］"的绘画效果

③"［英文提示词一：英文提示词二：数字］"表示第一个词到了数字表示的作画比例就停止，换第二个词继续，直到绘画结束。比如，"［sword：spear：0.5］"表示整体作画进度到50%的时候，不再画sword（剑），而是画spear（长矛）。这样一来，便会出现两种差不多的武器（如图8-31所示）。

图8-31 "［sword：spear：0.5］"的绘画效果

④"［英文提示词一|英文提示词二］"表示两个词交替着画，可以用于两种事物紧密交织的场景中。比如，"［horse|armor］"表示马和盔甲交替着画，它们便能很好地贴合在一起（如图8-32所示）。

图 8-32　"〔horselarmor〕"的绘画效果

8.3　局部重绘

作为示例，我们生成一张可爱男孩的图片（如图8-33所示），生成信息见表8-1。

图 8-33　可爱男孩示例图

表 8-1　　　　　　　　　　　示例图生成信息

参数类型	参数详细信息
模型	RealisticVisionV60B1
正向提示词	best_quality，ultra_detailed，cute boy
反向提示词	（（nsfw）），sketches，tattoo，（beard：1.3），（EasyNegative：1.3），badhandv4，（Teeth：1.3）， （worst quality：2），（low quality：2），（normal quality：2），lowers，normal quality， facing away，looking away，cropped，artifacts，signature，blurry， skin spots，acnes，skin blemishes，bad anatomy，fat，cropped，poorly drawn face，mutation，deformed， tilted head，bad anatomy，bad hands，extra fingers，fewer digits，extra limbs，malformed limbs，fused fingers， long neck，cross-eyed，mutated hands，bad body，bad proportions，gross proportions，missing fingers， missing arms，extra arms，
迭代步数	40
采样方法	DPM++ 2M，Karras
提示词引导系数	7
种子数	3 735 262 622
图像比例	512×512

　　在 ControlNet 单元中选择"启用""完美像素模式""允许预览"，控制类型为"局部重绘"（如图 8-34 所示），将生成的图片拖入对应图像框中，就可以开始局部重绘了。

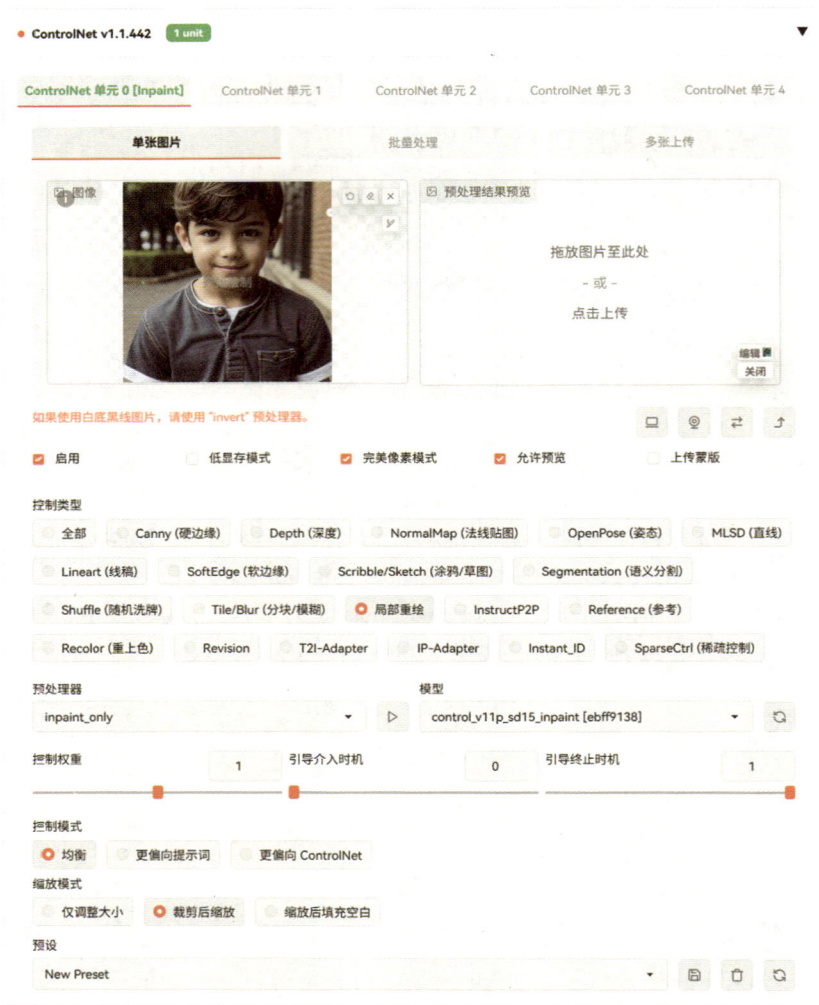

图 8-34 选项设置

在这一场景中，人物的头发是黑色的，我们在这张图片的基础上仅将他的头发变成黑色，其他部分不变。

如图 8-35 所示，图片上有画笔按钮，拖动滑块可以调整画笔的粗细；在需要重绘的位置点击鼠标左键，即可给图片做标记；上方的按钮从左到右分别是"重画最后一笔""清除所有笔画""取消导入的图片"。由于是对头发进行重绘，所以可以将头发全部包起来（如图8-36所示）。

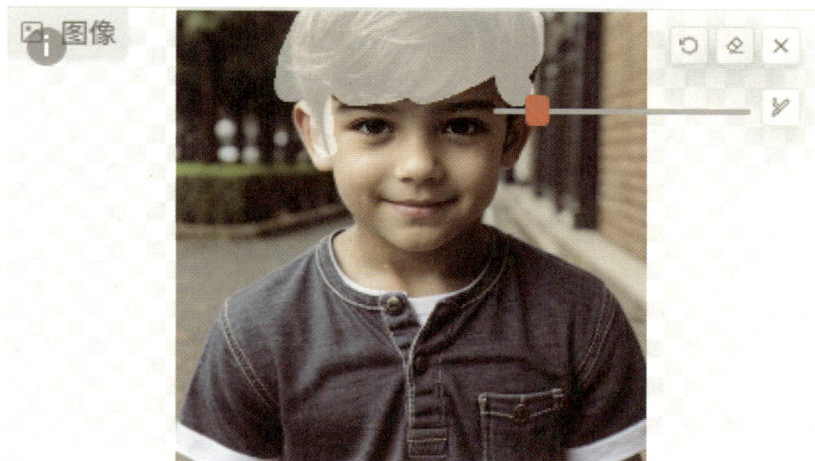

图8-35　画笔按钮

图8-36　将头发全部包起来

接下来，在提示词处输入"black hair"，并去掉"cute boy"，点击"生成",即可实现发色的改变（如图 8-37 所示）。去掉"cute boy"的原因是提示词只规定要画的部分，我们只需要重绘黑色头发，因此不再需要此提示词。

图 8-37　发色改变

增加生成批次，可以得到多种发型，我们可以从中选择最喜欢的一款。

思考题

（1）概述 AI 绘画技术的基本概念、发展历程和当前的主要应用领域。

（2）详细解释 AI 创意工具中提示词的作用和使用方法，以及如何通过提示词来指导 AI 创作。

（3）介绍 AI 创意工具中的参数设置，包括它们对创作结果的影响和如何调整参数以优化作品。

（4）探讨 AI 创意工具的不同出图方式，包括它们的优缺点和适用场景。

（5）分析局部重绘技术在 AI 绘画中的应用，以及它如何帮助改进和细化 AI 创作的作品。

第9章
AI绘画与视觉传达进阶

导　读

　　本章进一步探讨了AI绘画与视觉传达的进阶技术，内容涵盖了木愚AI绘图工具的多个高级功能和应用，如Inpaint、Recolor、SoftEdge、Lineart、OpenPose、InstantID、Scribble、Shuffle和InstructP2P等。这些技术不仅增强了AI绘画的多样性和灵活性，还提供了更精细的控制和更丰富的创作可能性。此外，本章还介绍了AI绘画工具与插件的本地安装方法，为读者提供了实践操作指南。

知识点

　　知识点1：AI绘画的进阶技术，如Inpaint、Recolor等
　　知识点2：高级功能的应用，如SoftEdge、Lineart等
　　知识点3：人体姿态识别技术，如OpenPose
　　知识点4：AI绘画工具与插件的本地实装方法

重难点

　　重点1：掌握AI绘画的进阶技术和高级功能应用
　　重点2：理解人体姿态识别技术在AI绘画中的作用
　　重点3：学会AI绘画工具与插件的本地实装和操作
　　难点1：进阶技术的深入理解和创意应用
　　难点2：高级功能的参数调整和优化
　　难点3：AI绘画工具与插件的本地实装和调试

9.1　高级功能及其应用

9.1.1　Inpaint

  Inpaint除了可以对局部进行调整外，还可以进行AI扩图。

  我们将画笔所画内容清除，调整"控制模式"为"更偏向ControlNet"，将"缩放模式"调整为"缩放后填充空白"，然后将画幅宽度调整为原来的两倍（如图9-1所示），提示词仍旧是"cute boy"不变，点击"生成"，即可得到AI扩图后的效果——周围的街景出现了（如图9-2所示）！

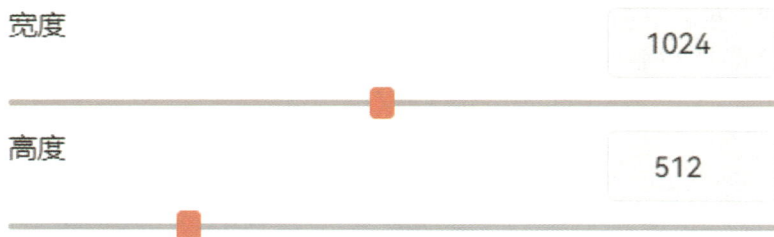

图9-1　画幅宽度调整为原来的两倍

图9-2　AI扩图后的效果

进一步进行高度的扩图，我们会得到更立体的效果（如图 9-3 所示）。

图 9-3　高度扩图后的效果

需要注意的是，由于"缩放模式"是"缩放后填充空白"，若同时调整高度和宽度，AI 会先将原图等比例缩放到符合要求的高度和宽度，然后再填充画布剩余的空白，这样可能会使图片清晰度不够，因此不建议使用。

9.1.2　Recolor

实现效果：图片更换颜色，黑白照片变色。

我们先选择一个大模型，这里选择的是"真实视觉模型"realisticVisionV51。使用时，可根据需要重新上色的图片来选择。

提示词和反向提示词也可以不写，Recolor 会自己选颜色，但是，要达到特定的控制效果，还是得自己写。比如，我们想把头发改成红色、裙子变成绿色（如图 9-4 所示）。

图 9-4　提示词指定红头发、绿裙子

最重要的是 ControlNet 中的选项，选择任意一个 ControlNet 单元，上传一张照片，勾选"启用"和"完美匹配像素"。我们在这里还特别开启了"允许预览"，并生成了预览图（如图 9-5 所示）。相比原图，这个预览图去掉了色彩，变成了一张黑白图片。从这里可以看出，Recolor 的核心能力是对黑白图片上色，其基本处理过程是先使用预处理器提取黑白图，然后再识别图片的各个区域，进行上色处理。

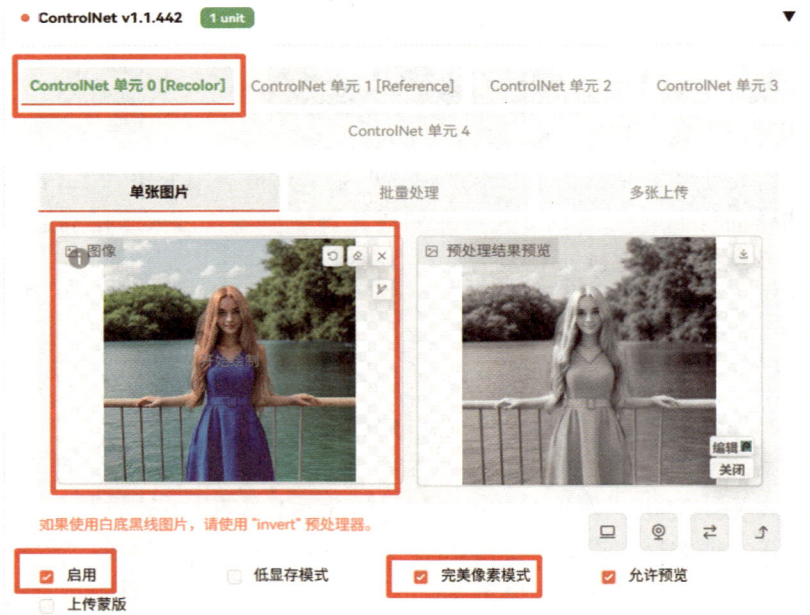

图 9-5　生成预览图

接下来介绍 Recolor 的几个参数（如图 9-6 所示）：

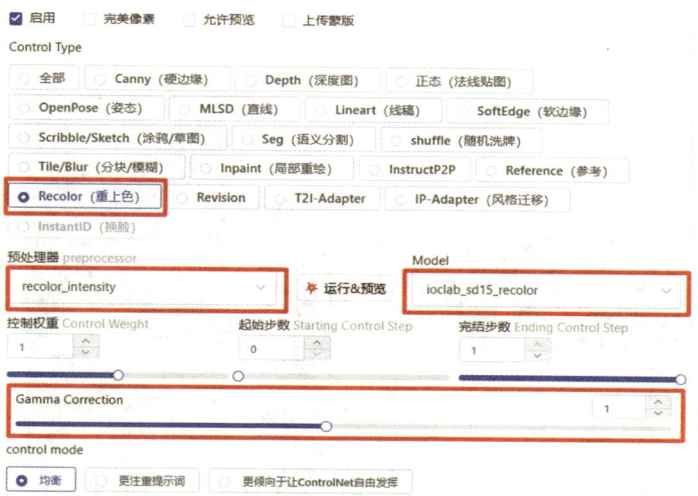

图 9-6　Recolor 的参数

①预处理器有两个：

recolor_luminance：提取图像特征信息时，注重颜色的亮度，实测大部分情况下这个效果更好。

recolor_intensity：提取图像特征信息时，注重颜色的饱和度。

②模型有三个：

ioclab_sd15_recolor.safetensors：适用于 Stable Diffusion 1.5 的模型。

sai_xl_recolor_128lora.safetensors：适用于 Stable Diffusion XL 的模型。模型的低秩矩阵有 128 维。

sai_xl_recolor_256lora.safetensors：适用于 Stable Diffusion XL 的模型。模型的低秩矩阵有 256 维。

③Gamma Correction：伽玛校正。这个词比较专业，因为人眼对亮度的识别是不均匀的，对暗区的变化比较敏感，对亮区的变化比较迟钝，为了调节所生成图片的感受亮度，以及在不同的显示设备上输出，就要利用一个幂函数来映射真实亮度和感受亮度，这个伽玛值就

是函数的幂。其默认值为1，如果感觉生成的图片太暗，就调小一点；如果感觉生成的图片过亮，就调大一点。

图9-7是生成图片的效果：头发、裙子的颜色都处理对了。

图9-7　生成图片的效果（头发、裙子的颜色都对）

9.1.3　SoftEdge

实现效果：服饰设计、潮玩作品设计。

此功能类似Canny、LineArt等提取参考图轮廓的功能，但是，它所识别的边缘具有柔和特征，很适合服饰的设计和潮流玩具的设计。在给定参考图片的情况下，此功能可以保留一定的轮廓，并对轮廓中的内容进行设计和微调。

接下来我们介绍如何使用它。打开ControlNet功能按钮，点击"启用""完美像素模式""允许预览"，并选择SoftEdge功能，选择一张素雅的女士披肩图片作为参考图。在预览中，我们可以看到此功能提取图片信息的效果（如图9-8所示）：对于有明确边缘的线条，它可以很清晰地画出；对于下方复杂的边缘结构，亦显示了大致轮廓，而且一定程度的模糊感暗示了复杂的细节，使AI能有针对性地重点突出此部分；对于内部的编织细节和孔洞等，并未画出相应的结构，为我们设计内部元素提供了方便。

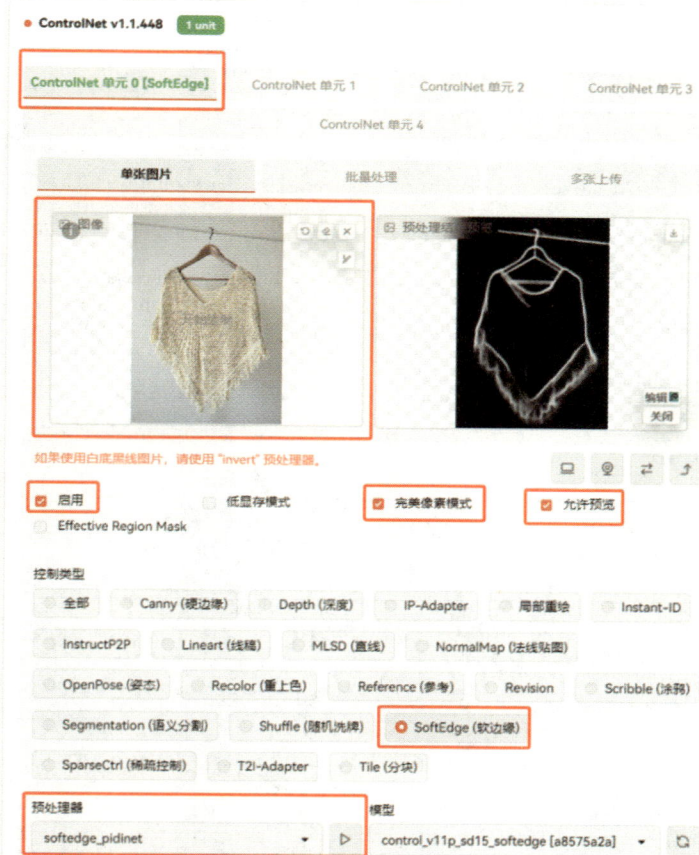

图9-8　SoftEdge功能预览图

若我们需要重新设计一款女士披肩，则可以输入表9-1中的信息。

表 9-1 示例图信息

参数类型	参数详细信息
模型	realisticVisionV60B1_v51VAE
正句提示词	best_quality，ultra-detailed，a soild cloak hanging on a drying rack，striped pattern，black and white，
反向提示词	hollow，human，badhandv4，（（nsfw）），sketches，tattoo，（EasyNegative：1.3），（worst quality：2），（low quality：2），（normal quality：2），lowers，normal quality，text，error，extra digit，fewer digits，cropped，jpeg artifacts，signature，watermark，username，blurry，mutation，deformed，bad proportions，gross proportions，text，error，
迭代步数	32
采样方法	DPM++ 2M，Karras
提示词引导系数	7
种子数	643 131 184
图像比例	804×1156

生成的图片是一款黑白条纹风格的女士披肩（如图9-9所示）。

图9-9 新生成的黑白条纹风格的女士披肩

若对图片效果不满意，可以通过调整提示词等重新规定所需的设计内容，如蓝色呢绒、中间开口、双色分割等，生成新的图片（如图9-10所示）。

图9-10 重新设计生成新的图片

综上可以发现，无论生成什么内容的图片，下方的流苏元素都得以保留，大大降低了设计难度，方便设计者在生成的大量图片中寻找灵感。

我们可以拓宽思路，通过参考图给定的外形设计其他服饰类别，比如毛衣，可生成各式各样的毛衣图片（如图9-11所示）。

图9-11　各式各样的毛衣图片

我们还可以拓宽思路，对有模特的图片进行设计，比如让模特穿戴的纯色衣服和帽子变得更好看（如图9-12所示）。

图9-12　对模特穿戴的纯色衣服和帽子进行设计

9.1.4 Lineart

实现效果：准确刻画轮廓与细节，2D与3D图片相互转换，对同一形象做画风修改。

Lineart（线稿）是ControlNet的另一个控制类型。这个功能可以自动提取图片主体的轮廓，从而控制想要的形象，准确生成图片。

作为示例，我们以一张动漫人物的图片（如图9-13所示）为例。

图9-13　动漫人物图片

假设我们要将这张2D图片转换为3D效果，最简便的方式是使用"图生图"模块，步骤如下（如图9-14所示）：

① 将图片导入或拖入对应区域。

② 使用DeepBooru工具反推提示词，并自己写入反向提示词（如图9-15所示）。

③ 选择合适的真人模型，如RealisticVision等，调整各项参数。

④ 点击"生成"按钮生成图片。

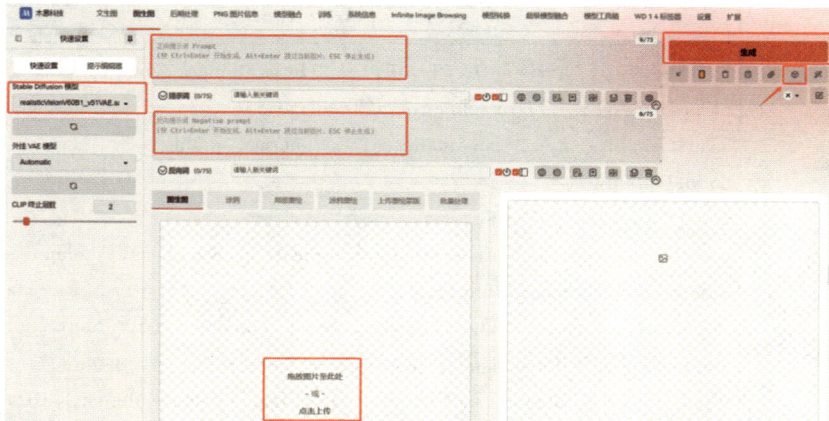

图9-14　将2D图片转换为3D效果的步骤

图9-15　使用DeepBooru工具

立体效果示例图信息见表9-2。

表9-2　　　　　　　　　　立体效果示例图信息

参数类型	参数详细信息
模型	RealisticVisionV60B1
正向提示词	1boy, black hair, closed mouth, collarbone, Japanese clothes, kimono, looking at viewer, male focus, open clothes, shirt, simple background, solo, spiked hair, uchiha sasuke, upper body, white background,

参数类型	参数详细信息
反向提示词	badhandv4，（（nsfw）），beard，sketches，tattoo，（beard：1.3），（EasyNegative：1.3），badhandv4，（Teeth：1.3）， （worst quality：2），（low quality：2），（normal quality：2），lowers，normal quality， facing away，looking away， text，error，extra digit，fewer digits，cropped，jpeg artifacts，signature，watermark，username，blurry， skin spots，acnes，skin blemishes，bad anatomy，fat，bad feet，cropped，poorly drawn hands，poorly drawn face，mutation，deformed，tilted head.bad anatomy.bad hands，extra fingers，fewer digits.，extra limbs.extra arms，extra legs，malformed limbs.fused fingers.， too many fingers，long neck，cross-eyed，mutated hands，bad body，bad proportions，gross proportions，text，error，missing fingers，missing arms，missing legs，extra digit，extra arms，extra leg，extra foot，missing fingers，
迭代步数	39
采样方法	DPM++ 2M，Karras
提示词引导系数	7
种子数	555 627 820
图像比例	787×1 705
重绘幅度	0.6

生成的图片如图9-16所示。

图9-16　立体效果图

生成的图片部分达到了预定的效果，但是感觉人物不够像，气质也没有还原。此时，可以多加一步ControlNet的Lineart（线稿）处理，让图片更接近参考的图片。步骤如下：

① 点击ControlNet模块，开启选项框。

② 点击"启用""完美像素模式"，选择控制类型为"Lineart（线稿）"，选择预处理器为"lineart_anime"，控制权重为"0.5"（如图9-17所示）。

③ 将种子数改为"3 271 010 453"，其他选项不变，再次点击"生成"。

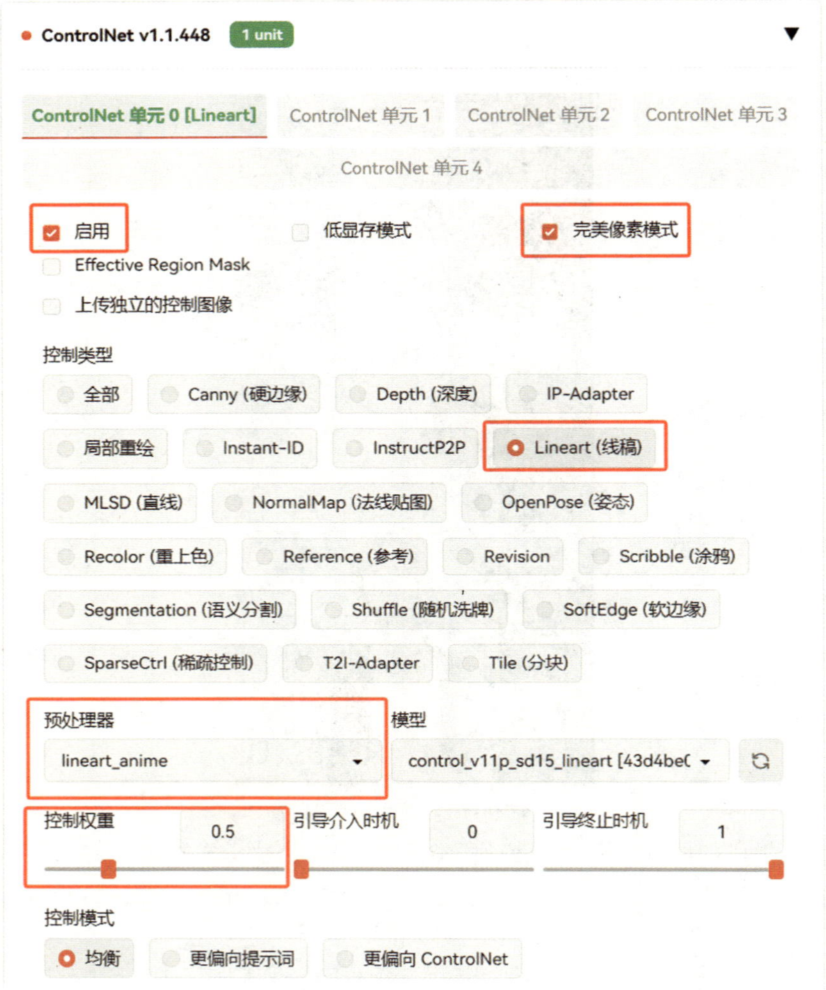

图9-17 Lineart（线稿）处理

　　生成的图片如图9-18所示，我们得到了与参考图片更为相似的王官和更为还原的表情。

　　Lineart这一功能的原理是：将主体形象的轮廓转变为线稿，再以线稿为模板进行图像的生成，这样自然就会更加严谨地还原参考图像的细节。线稿内容如图9-19所示。

图9-18　Lineart（线稿）处理后的
　　　　图片效果

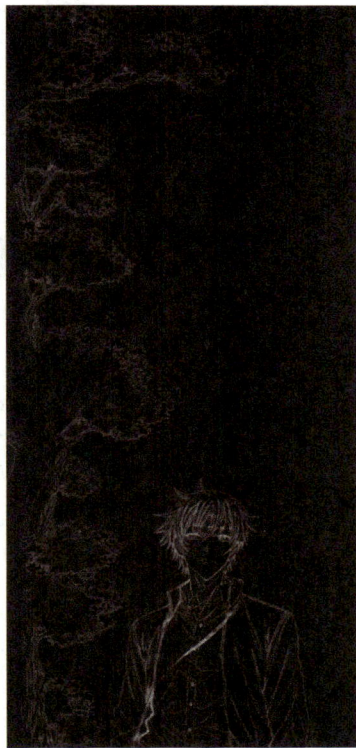

图9-19　线稿

正如漫画家先打线稿再上色一样，AI如果参考线稿作图，也会得到更为规范的结果。

接下来，我们固定线稿以及各个参数，应用不同的模型对图片进行重绘。

①应用"majicmixRealistic大模型"，会使脸部具有一定的女性特征（如图9-20所示）。

图9-20 应用"majicmixRealistic大模型"后的图片效果

②应用"3D卡通动漫大模型",会让线条变得更柔和(如图9-21所示)。

图9-21 应用"3D卡通动漫大模型"后的图片效果

③应用"Richmix 国风工笔大模型",会形成国风效果(如图9-22所示)。

图9-22 应用"Richmix 国风工笔大模型"后的图片效果

Lineart 中的预处理器选项对于不同的应用场景有不同的选择。如参考图片为动漫图片,就用"lineart_anime(动漫线稿提取)";若参考图片为写实图片,就用"lineart_realistic(写实线稿提取)"。如果选择不正确,就可能出现多余或缺失的成分。

总结:在对已有图片进行重绘时,可以使用 ControlNet 中的 Lineart 功能,将主体的轮廓与细节固定,进行更精确的风格变换。

9.1.5 OpenPose

实现效果:控制 AI 模特的身体姿态、手部形态和脸部细节。

在 ControlNet 中,最强大的功能之一便是自由控制所生成人物的身体姿态。OpenPose 不仅能生成 AI 模特穿上特定的服装,还可以对穿上特定服装的AI模特进行不同姿态的调整，也可以调节手型、脸部表情等细节，功能十分强大。接下来就让我们一起体验一下吧！

我们用一个示例（生成一张女孩背靠白墙站立的图片，如图9-23所示）来说明姿态控制的原理。示例图信息见表9-3。

图9-23　示例图

表9-3　　　　　　　　　示例图信息

参数类型	参数详细信息
模型	majicmixRealistic_v6
正向提示词	1girl, standing, full_shot,

参数类型	参数详细信息
反向提示词	(worst quality，low quality：2)，monochrome，zombie，overexposure，watermark，bad hand，extra hands，extra fingers，too many fingers，fused fingers，bad arm，distorted arm，extra arms，fused arms，extra legs，missing leg，disembodied leg，extra nipples，detached arm，liquid hand，inverted hand，disembodied limb，oversized head，extra body，extra navel，EasyNegative，(hair between eyes)，duplicate，ugly，huge eyes，worst face，(bad and mutated hands：1.3)，horror，geometry，bad_prompt，(bad hands)，(missing fingers)，multiple limbs，(interlocked fingers：1.2)，Ugly Fingers，(extra digit and hands and fingers and legs and arms：1.4)，(deformed fingers：1.2)，(long fingers：1.2)，(bad-artist-anime)，bad-artist，bad hand，extra legs，(ng_deepnegative_v1_75t)，grayscale，normal quality，lowres，sketches，low quality，NSFW，nsfw，nsfw，
迭代步数	30
采样方法	DPM++ 2M，Karras
提示词引导系数	7
种子数	3 639 089 149
图像比例	512×512

下拉滚轮，找到ControlNet的位置，如图9-24所示。

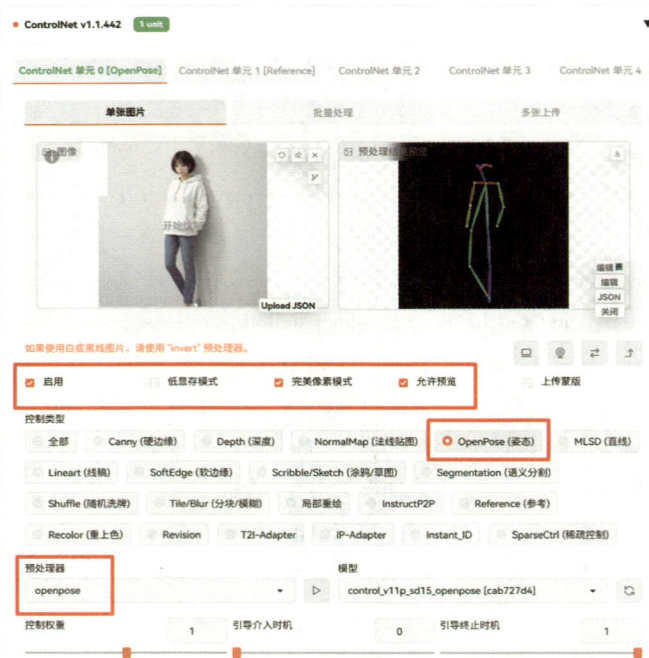

图9-24 ControlNet参数设置

选中"启用""完美像素模式""允许预览"。选择控制类型为"OpenPose（姿态）"，选择预处理器为"openpose"，点击右侧三角按钮进行预览，得到一张识别的骨架图片（如图9-25所示）。

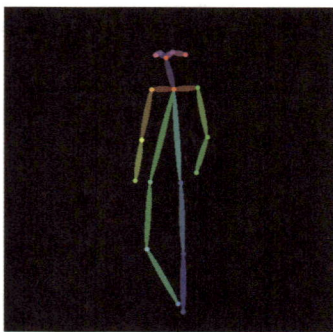

图9-25 骨架图片

这里的点和线条就代表人体骨骼的关节和结构。接下来，我们点击预览图附近的"编辑"按钮（如图9-26所示），便可以进入一个编辑页面，对骨骼进行操作（如图9-27所示）。

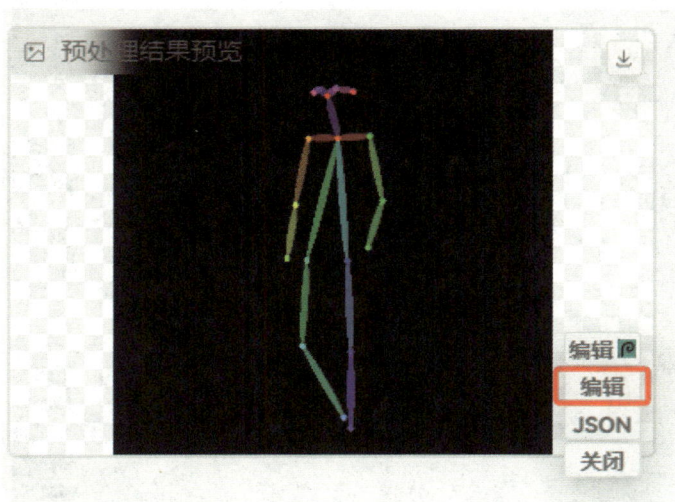

图9-26　"编辑"按钮

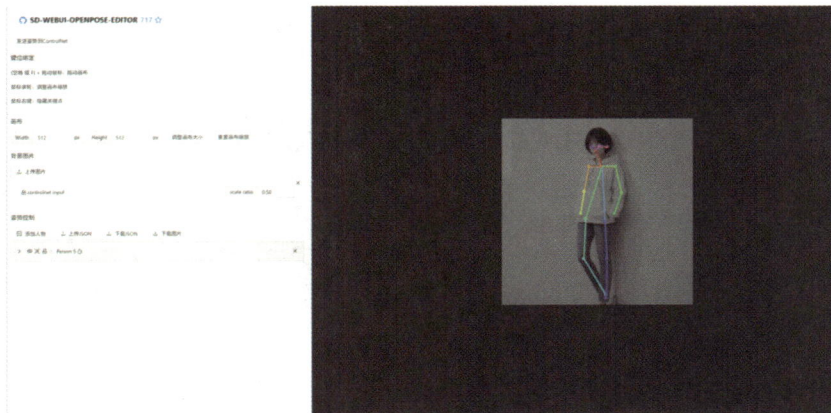

图9-27　编辑页面

在这里，我们点击右侧的关节点就可以调整人物姿态，如图9-28所示。

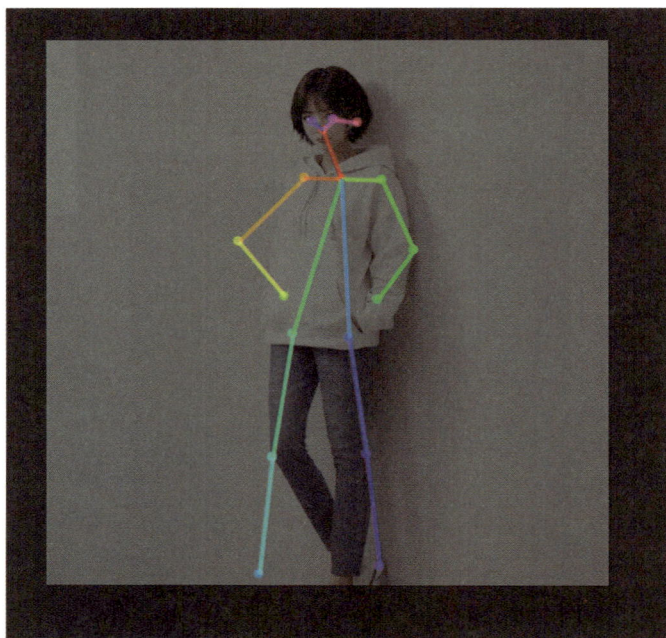

图 9-28　调整人物姿势

调整好自己想要的姿态后，点击左上角"发送姿势到 ControlNet"就可退出编辑页面并应用新的姿态，如图 9-29、图 9-30 所示。

◯ SD-WEBUI-OPENPOSE-EDITOR 615 ☆

发送姿势到 ControlNet

键位绑定

(空格 或 F) + 拖动鼠标：拖动画布

鼠标滚轮：调整画布缩放

鼠标右键：隐藏关键点

图 9-29　发送姿势到 ControlNet

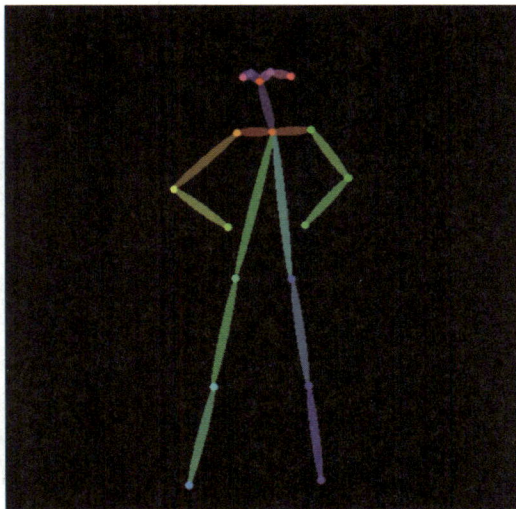

图 9-30　姿势 1

　　在保持提示词不变的情况下，调整姿势后生成的图片如图 9-31
所示。

图 9-31　姿势 1 生成图片

重新调整姿势（如图9-32所示），生成的图片如图9-33所示。可以看到，人物姿势得到了很好的控制。

图9-32　姿势2

图9-33　姿势2生成图片

9.1.6　InstantID

实现效果：图片1人物脸部与图片2人物动作相结合，可实现模特换装自由。

此功能在ControlNet中还处于开发阶段，对完整功能的体验可参考https://huggingface.co/spaces/InstantX/InstantID。

在前面介绍的ControlNet功能中，我们实现了同一人物的背景转换，那么是否有一种功能可以实现同一人物更换不同的姿势与衣着，如为同一模特换装等？答案是肯定的，InstantID这个功能就可以很方便地满足这个要求。它的原理是将一个人物的脸部保存下来，然后替换到另一个人物的脸部，这样一来便可以"足不出户"地获取大量虚拟图片，节省了大量时间。具体操作如下：

如图9-34所示，在左侧导入脸部图片，在右侧导入动作参考图；在下方的"Prompt"方框中写入需要生成的信息，比如最简单的"a man"。下方的LCM选项是加速推断步骤，它生成的图像质量会有所下降，但它在人像方面的表现更佳，可以按需选用。"Style template"是自带的几个风格滤镜，比如Mars（火星风格）、Film Noir（黑白电影）等，可以按需开启、选用。IdentityNet strength（for fidelity）是指图像保真度。其值越高，AI所绘图片和右侧参考图越相似；其值越低，AI越能根据提示词进行自由发挥。IdentityNet strength（for detail）是指图片细节强度，其值越大，图片生成的细节越丰富，也会花费更多生成时间。下方的ControlNet选项提供了三个辅助选项：pose、canny和depth，分别固定参考图中的人物动作、轮廓和前后位置，下方还有调节强度的各选项。

接下来，我们以A人物（如图9-35所示）的脸部与B人物（如图9-36所示）的动作为例，选择多种风格，生成A人物双臂交叉的多张图片（如图9-37所示）。

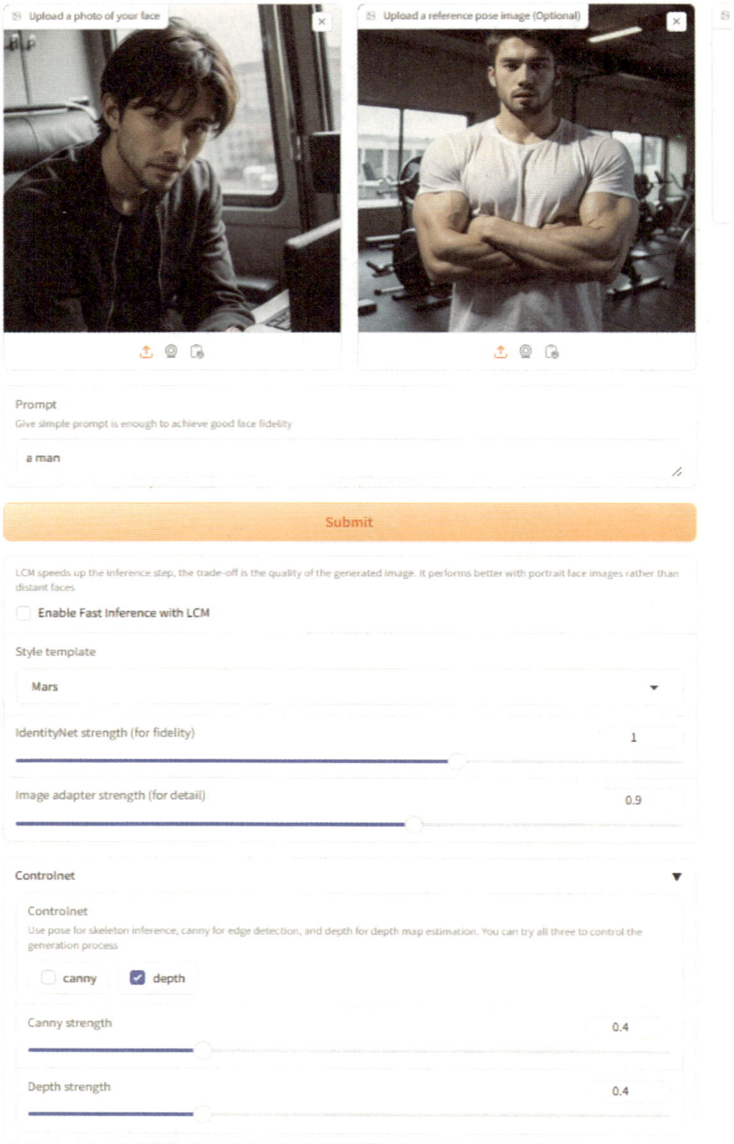
Upload a photo of your face
Upload a reference pose image (Optional)
Prompt
Give simple prompt is enough to achieve good face fidelity
a man
Submit
LCM speeds up the inference step, the trade-off is the quality of the generated image. It performs better with portrait face images rather than distant faces
Enable Fast Inference with LCM
Style template
Mars
IdentityNet strength (for fidelity)
1
Image adapter strength (for detail)
0.9
Controlnet
Controlnet
Use pose for skeleton inference, canny for edge detection, and depth for depth map estimation. You can try all three to control the generation process
canny
depth
Canny strength
0.4
Depth strength
0.4

图 9-34 参数设置

图9-35　A人物

图9-36　B人物

图 9-37　给 A 人物换装后的图片

可以看出，图片效果不错。虽然A人物的脸部参考图是侧脸，但生成正脸的图片仍旧还原了五官结构，虽然不能完全复刻，但是也做到了"神似"。

9.1.7　Scribble

实现效果：以涂鸦为模板，实现高清图片绘制。

有时我们会突然出现很强的绘图灵感，脑海中构思出一张细节丰富且生动有趣的图片，奈何并非专业画师，无法将灵感具象化。当下，ControlNet控制类型中的Scribble（涂鸦）功能能够"让梦想照进现实"。

下面我们用一个例子说明如何应用此功能。用PS、绘图等软件画出力所能及的简笔画，如图9-38所示。

图9-38　简笔画

选用ControlNet中的Scribble功能，将图片导入。

如图9-39所示，勾选"启用""完美像素模式""允许预览"选项。注意，该功能的预处理器较多，其中经"scribble_pidinet"生成的草图线条轮廓最为明显，但内部细节不足；经"scribble_hed"生成的草图轮廓略逊于前者，但是有一些内部细节，可以保留图像的细微之处；经"scribble_xdog"生成的草图采用较为经典的识别方法，轮廓和内部细节可通过"XDoG Thershold"（细节阈值）的大小调节，但只利于图像风格调整，而不利于图像涂鸦重绘；"invert"仅适用于将白底黑字的涂鸦转换为 AI 熟悉的黑底白字，不提取其中的任何元素。在应用时，可以选择最适合的预处理器（如图9-40所示）。

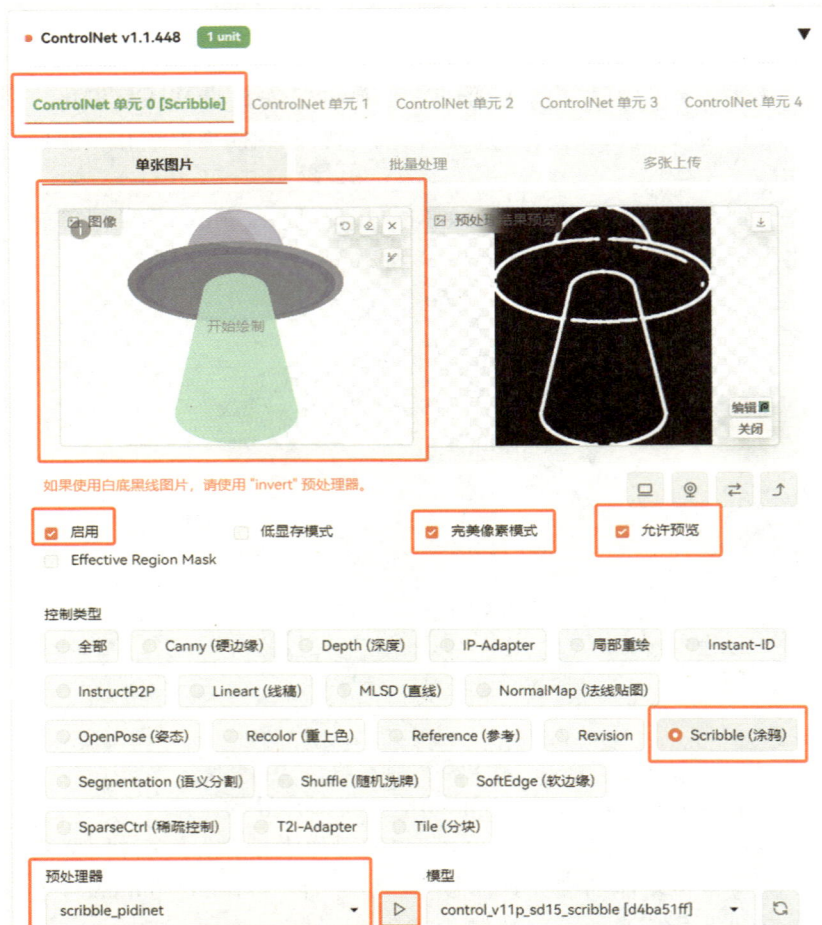

图 9-39　参数设置

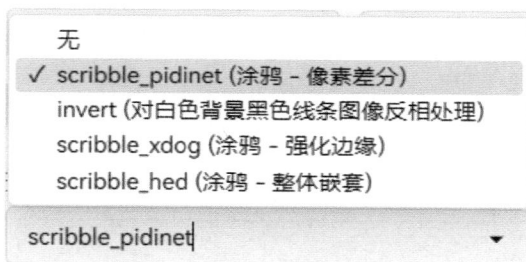

图9-40 预处理器

我们选用"scribble_pidinet"作为预处理器，图片参数见表9-4，生成一张颇具神秘感的外星飞行器（UFO）图片（如图9-41所示）。

表9-4 示例图信息

参数类型	参数详细信息
模型	RealisticVisionV60B1
正向提示词	best_quality，ultra-detailed，UFO，
反向提示词	badhandv4，（（nsfw）），sketches，tattoo，（EasyNegative：1.3），（worst quality：2），（low quality：2），（normal quality：2），lowers，normal quality，text，error，extra digit，fewer digits，cropped，jpeg artifacts，signature，watermark，username，blurry，skin spots，acnes，skin blemishes，bad anatomy，fat，bad feet，cropped，poorly drawn hands，poorly drawn face，mutation，deformed，tilted head，bad anatomy，bad hands，extra fingers，fewer digits，extra limbs，extra arms，extra legs，malformed limbs，fused fingers，too many fingers，long neck，cross-eyed，mutated hands，bad body，bad proportions，gross proportions，text，error，missing fingers，missing arms，missing legs，extra digit，extra arms，extra leg，extra foot，
迭代步数	20

参数 类型	参数详细信息
采样 方法	DPM++ 2M，Karras
提示词 引导 系数	7
种子数	2 731 231 415
图像 比例	564×640

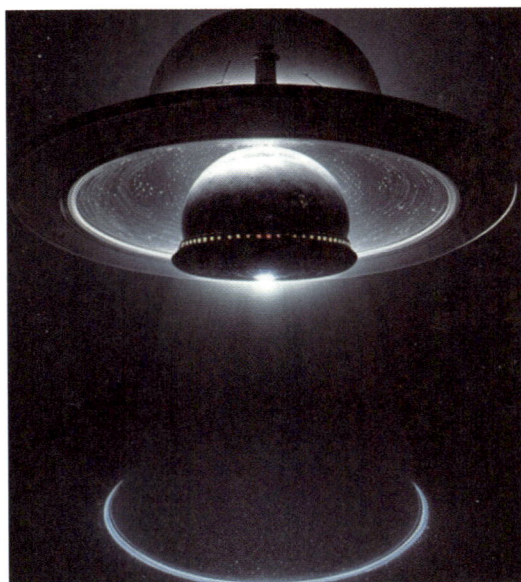

图 9-41　生成的 UFO 图片

9.1.8　Shuffle

实现效果：提供绘画灵感，根据参考图色彩生成绘画作品（中国风、油画、插画、抽象艺术等）。

Shuffle（随机洗牌）是一个颇具艺术效果的功能，它的原理是将一张图片的内容打碎，只留下抽象的颜色信息。这样一来，AI根据颜色信息而非内容来画图，可以更加自由地发挥，为绘图提供丰富的灵感。

比如，选择Shuffle功能，并导入如图9-42左侧所示的图片作为参考图。

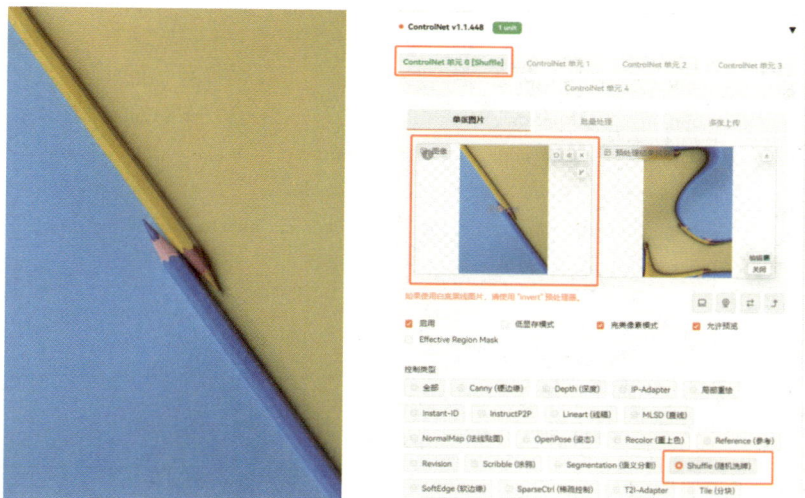

图9-42　导入参考图

点击"预览"按钮，可以看到，图片被抽象成随机线条。新的图片便会根据抽象图片的颜色生成。示例图信息见表9-5，生成的图片如图9-43所示。

表 9-5　　　　　　　　　　　　　示例图信息

参数 类型	参数详细信息
模型	realisticVisionV60B1_v51VAE
正向 提示词	best_quality，ultra-detailed，masterpiece，retro style，old city streets，sunny，
反向 提示词	badhandv4，（（nsfw）），sketches，tattoo，（EasyNegative：1.3），（worst quality：2），（low quality：2），（normal quality：2），lowers，normal quality，text，error，extra digit，fewer digits，cropped，jpeg artifacts，signature，watermark，username，blurry，skin spots，acnes，skin blemishes，bad anatomy，fat，bad feet，cropped，poorly drawn hands，poorly drawn face，mutation，deformed，tilted head，bad anatomy，bad hands，extra fingers，fewer digits，extra limbs，extra arms，extra legs，malformed limbs，fused fingers，too many fingers，long neck，cross-eyed，mutated hands，bad body，bad proportions，gross proportions，text，error，missing fingers，missing arms，missing legs，extra digit，extra arms，extra leg，extra foot，
迭代 步数	33
采样 方法	DPM++ 2M，Karras
提示词 引导 系数	7
种子数	3 055 521 168
图像 比例	564×640

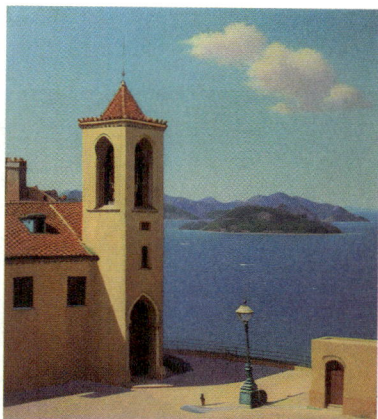

图9-43　根据参考图的颜色生成的图片

可以看到，图片保留了参考图的颜色信息，但是生成内容为提示词规定的街道。

图9-44和图9-45是保持参数不变时，启用此功能与不启用此功能所生成图片的对比图，可以直观看出此功能的用途。

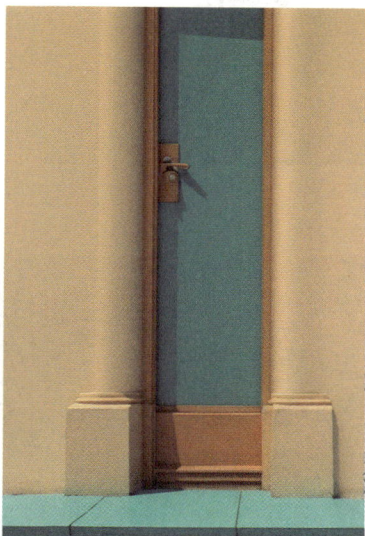

图9-44　启用Shuffle功能的图片

图9-45　不启用Shuffle功能的图片

接下来，我们根据参考图片（如图9-46所示）生成不同风格的绘画作品。

图9-46　参考图片

在生成不同图片时，其打碎效果亦是随机的，如图9-47所示。

图9-47　不同的打碎效果

9.1.9　InstructP2P

实现效果：摄影作品场景替换，模拟天气对场景的影响效果。

环境与风光主题的摄影作品往往只能拍摄到一种季节和天气的景物，用 PS 软件对同一场景进行效果替换的难度很大。而 InstructP2P 功能可以轻松地实现场景的变化——晴天、雨天、雪天等。下面让我们用示例来说明。

打开 AI 绘图工具的文生图板块，根据表 9-6 中的信息生成一张旧街道的图片（如图 9-48 所示）。

表 9-6　　　　　　　　　　示例图信息

参数类型	参数详细信息
模型	RealisticVisionV60B1
正向提示词	best_quality, ultra-detailed, masterpiece, retro style, old city streets,
反向提示词	badhandv4,（(nsfw)）, sketches, tattoo,（beard: 1.3）,（EasyNegative: 1.3）,（Teeth: 1.3）, （worst quality: 2）,（low quality: 2）,（normal quality: 2）, lowers, normal quality, text, error, extra digit, fewer digits, jpeg artifacts, signature, watermark, username, blurry, skin spots, acnes, skin blemishes, bad anatomy, fat, bad feet, cropped, poorly drawn hands, poorly drawn face, mutation, deformed, tilted head.bad anatomy, bad hands, extra fingers, fewer digits, extra limbs, extra arms, extra legs, malformed limbs.fused fingers, too many fingers, long neck, cross-eyed, mutated hands,
迭代步数	34

参数类型	参数详细信息
采样方法	DPM++ 2M，Karras
提示词引导系数	7
种子数	241 902 069
图像比例	1 024×1 024

图9-48　旧街道的图片

找到ControlNet模块，点击"启用""完美像素模式"，选择控制类型为"InstructP2P"，接着将图片拖入长方形框中（如图9-49所示）。

图9-49　参数设置

在提示词后加入需要的场景元素，比如"sunset,"（日落），可以得到如图9-50所示的油画风格的图片。

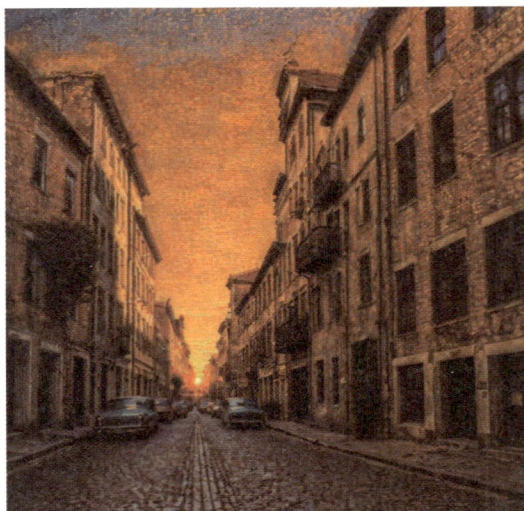

图9-50　油画风格的街道图片

　　将"sunset,"改为"snowy,"（雪天），可以得到如图9-51所示的雪景街道图片。

图9-51　雪景街道图片

还可以将"sunset,"改成"rainy,"（雨天），可以得到如图9-52
所示的雨景街道图片。

图9-52　雨景街道图片

可见，利用此功能，我们可以很方便地修改天气元素，同时保持
场景中的其他内容大致不变。

9.2　AI绘画工具与插件本地实装

本节从应用角度介绍如何将绘图软件Stable Diffusion进行本地化
部署，之后大家便可以下载合适的模型或插件，进行个性化的绘图工
作，更高效地生成自己需要的图片。

在安装前，我们需要知道，AI绘图软件Stable Diffusion本身并没
有安装包或者现成的程序可供运行，而是只有开源的大量代码。有人

根据代码开发了 Stable Diffusion 网页版，可以让我们通过运行网页的方式进行 AI 绘图，并给我们提供了安装教程，其界面如图 9-53 所示。

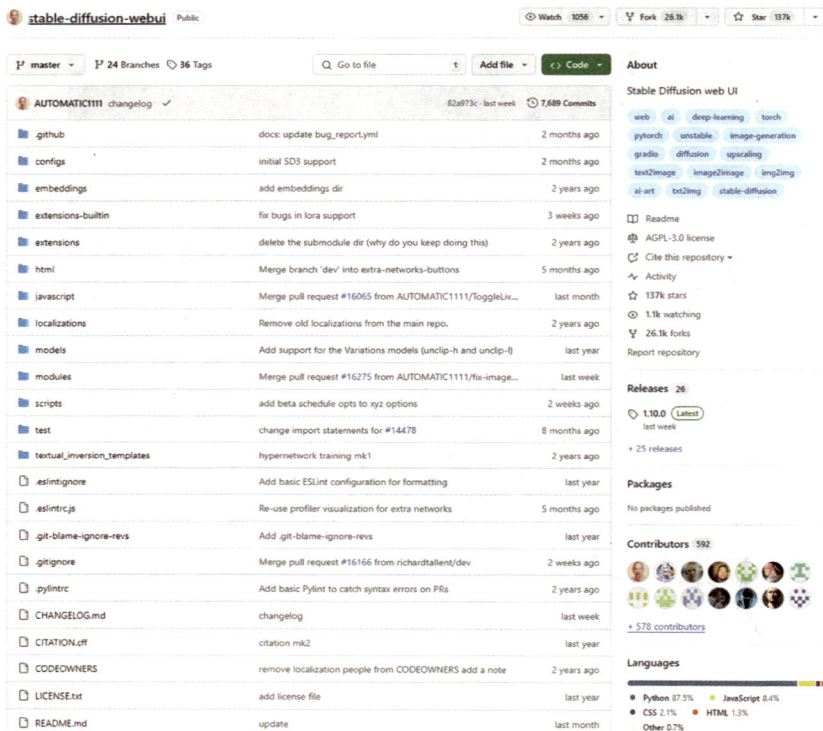

图 9-53　Stable Diffusion 用户界面

我们根据如下教程就可以在自己的电脑（Windows 操作系统）上安装：

电脑硬件要求：2GB 及以上显存，英伟达显卡型号要求在 970 以上；否则，运行极慢，甚至无法运行。

我们先要安装 Python 来运行相关程序，目前通用的版本是 Python3.10。打开如下链接，进入 Python 官方网站下载页面（如图 9-54 所示）：https：//www.python.org/downloads/windows/。

Python >>> Downloads >>> Windows

Python Releases for Windows

图9-54 Python官网页面

向下翻动滚轮，找到如图9-55所示的内容，选择红框内的版本，点击下载。

- Python 3.10.10 - Feb. 8, 2023

  Note that Python 3.10.10 *cannot* be used on Windows 7 or earlier.

  - Download Windows installer (64-bit)
  - Download Windows installer (32-bit)
  - Download Windows help file
  - Download Windows embeddable package (64-bit)
  - Download Windows embeddable package (32-bit)

图9-55 选择Python版本下载

若下载速度较慢，可以选择使用镜像下载，或者使用代理下载。下载后的安装文件如图9-56所示。

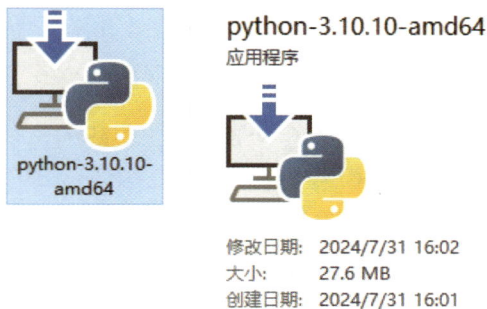

python-3.10.10-amd64
应用程序

修改日期： 2024/7/31 16:02
大小： 27.6 MB
创建日期： 2024/7/31 16:01

图9-56 下载后的Python安装文件

点击右键，以管理员身份运行，即可进行安装。全部选择默认设置，一直点击"Next"或"下一步"即可，最后显示"成功"，完成安装。

接下来下载 Git 功能。进入网站：https：//git-scm.com/download/win，点击如图9-57所示红框中的内容即可下载，下载后的安装文件如图9-58所示。

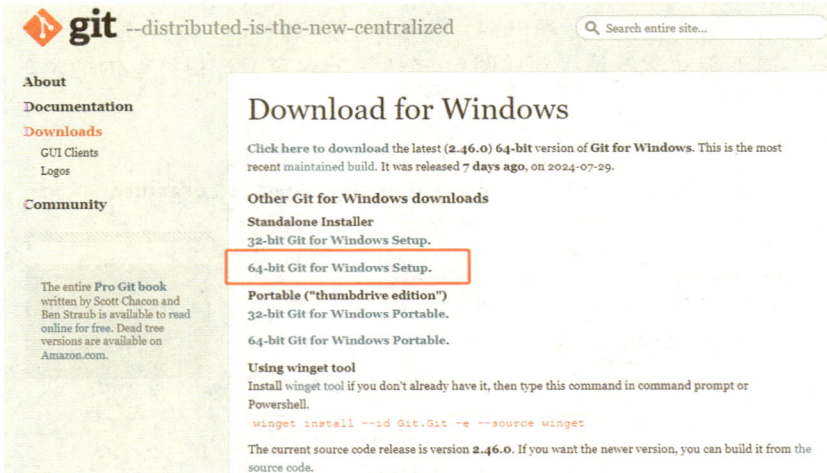

图9-57　选择 Git 文件下载

Git-2.46.0-64-bit

图9-58　下载后的 Git 安装文件

双击安装文件运行，根据默认选项安装，直到安装结束。

接下来，我们将 AI 绘画的文件下载到本地。点击如图9-59所示的左下角搜索框，输入"cmd"，打开命令提示符窗口（如图9-60所示）。

图 9-59 输入"cmd"

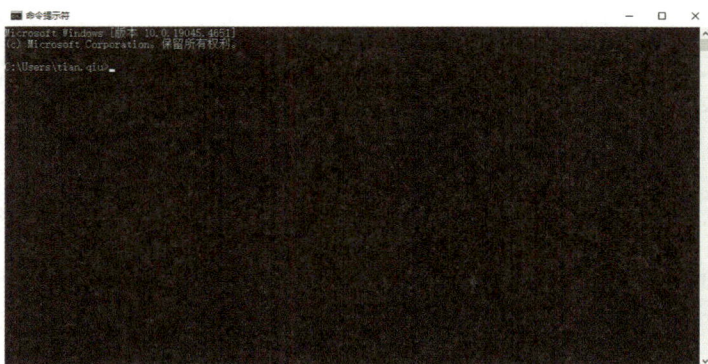

图 9-60 命令提示符窗口

将文件放在拥有足够存储空间的位置，以D盘为例，输入"D："即可转移到D盘目录。

　　然后输入或复制如下命令：git clone https://github.com/AUTOMATIC1111/stable-diffusion-webui.git。等待一段时间后，文件复制成功。

　　打开文件目录，双击运行webui-user.bat。脚本会自动下载依赖包（一般需要22分钟，默认安装在C盘Python目录下，下载的资源为1.98GB，解压后为2GB以上）并输出启动网页界面的地址。

　　在此期间，你可以打开资源管理器，关注网络速度。在完成下载之前，脚本不会再输出任何提示。如果下载的时间过长，则可以试试代理下载。

　　大约30分钟后，安装完毕，程序会输出一个类似http://127.0.0.1：7860/的地址，点开即可（注意，是"http"，如果不指定端口的话，地址可能会变动）进入AI绘画界面（如图9-61所示）。

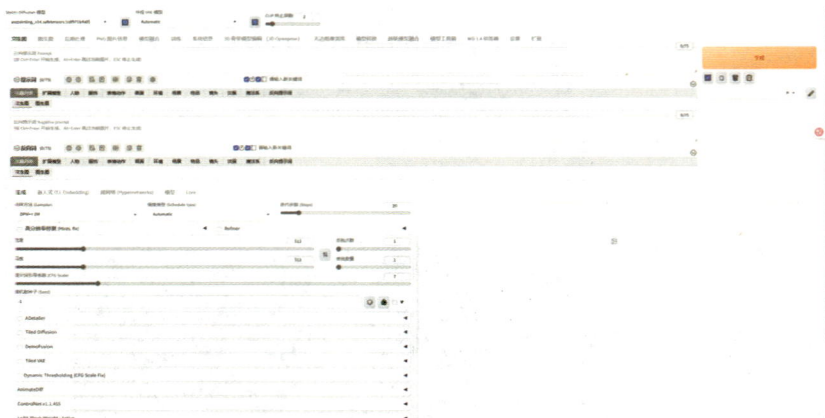

图9-61　进入AI绘画界面

　　注意，如果要生成图片，则需要导入模型文件。我们可以在对应的模型网站上下载喜欢的模型文件，放入"models"文件夹即可使用（如图9-62所示）。

.github	2024/7/31 16:34	文件夹
configs	2024/7/31 16:34	文件夹
embeddings	2024/7/31 16:34	文件夹
extensions	2024/7/31 16:34	文件夹
extensions-builtin	2024/7/31 16:34	文件夹
html	2024/7/31 16:34	文件夹
javascript	2024/7/31 16:34	文件夹
localizations	2024/7/31 16:34	文件夹
models	2024/7/31 16:34	文件夹
modules	2024/7/31 17:26	文件夹
repositories	2024/7/31 17:27	文件夹
scripts	2024/7/31 16:34	文件夹
test	2024/7/31 16:34	文件夹
textual_inversion_templates	2024/7/31 16:34	文件夹
tmp	2024/7/31 17:05	文件夹
venv	2024/7/31 17:07	文件夹

图9-62　models文件夹

　　如果在上述过程中，由于各种问题，安装失败了，可以下载由网友打造的整合包，文件已经放在对应的学习资料中了。整合包的好处是下载完毕就可以直接使用；其缺点在于不方便更新，每次更新都需要重新下载。

　　我们将压缩文件下载到合适位置并解压，点击进入文件夹中。点击如图9-63所示红框中的启动器，进入启动页面，并点击"高级选项"（如图9-64所示）。

extensions-builtin	2024/4/14 21:09	文件夹	
git	2023/8/27 11:19	文件夹	
html	2024/4/14 21:09	文件夹	
javascript	2024/4/24 11:45	文件夹	
localizations	2022/12/3 16:11	文件夹	
models	2024/3/24 17:43	文件夹	
modules	2024/8/6 10:03	文件夹	
outputs	2023/1/27 22:03	文件夹	
python	2024/8/6 9:34	文件夹	
repositories	2024/3/2 15:09	文件夹	
scripts	2024/8/6 10:18	文件夹	
test	2024/3/2 15:09	文件夹	
textual_inversion_templates	2024/8/6 10:20	文件夹	
tmp	2024/8/6 10:18	文件夹	
.eslintignore	2023/6/3 19:05	ESLINTIGNORE ...	1 KB
.eslintrc	2024/8/6 8:59	JavaScript 文件	4 KB
.git-blame-ignore-revs	2023/6/3 19:05	GIT-BLAME-IGN...	1 KB
.gitignore	2024/4/14 21:09	文本文档	1 KB
.pylintrc	2022/11/21 11:33	PYLINTRC 文件	1 KB
.typos	2024/4/14 21:09	Toml 源文件	1 KB
A绘世启动器	2024/1/14 16:39	应用程序	2,028 KB
A用户协议	2023/4/15 10:28	文本文档	8 KB
bilibili@秋葉aaaki	2023/9/30 20:21	文本文档	8 KB
B使用教程+常见问题	2024/1/16 17:55	文本文档	8 KB

图9-63　点击启动器

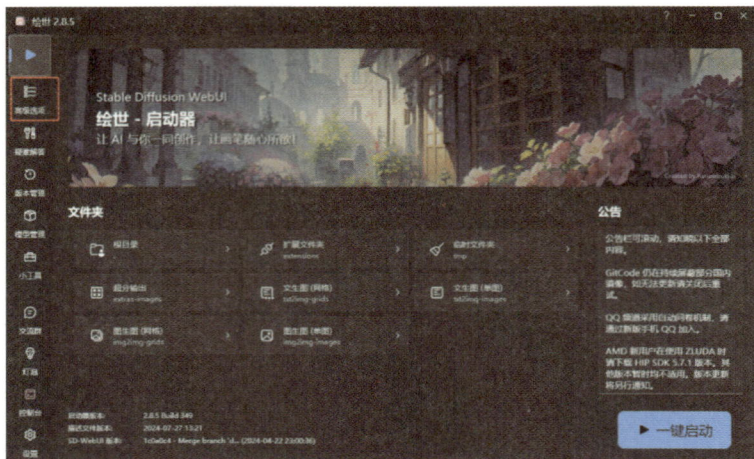

图 9-64　点击"高级选项"

将"生成引擎"选择为"CPU"（如图 9-65 所示），然后点击左侧"一键启动"按钮，再点击右下角的"一键启动"（如图 9-66 所示），即可启动应用程序（如图 9-67 所示），弹出 AI 绘画界面（如图 9-68 所示）。

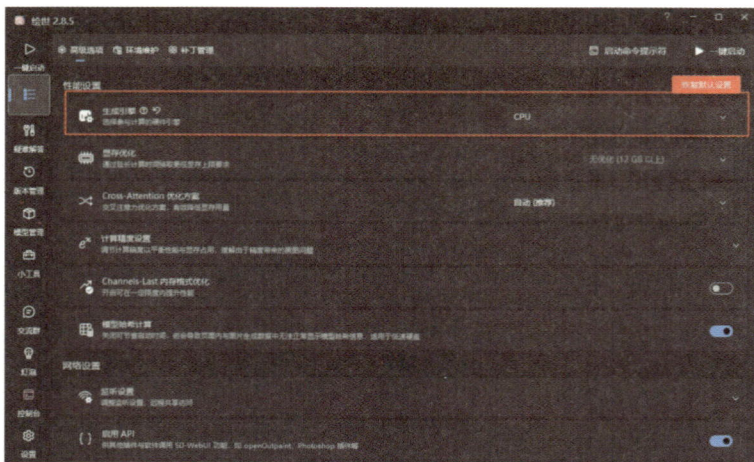

图 9-65　"生成引擎"选择"CPU"

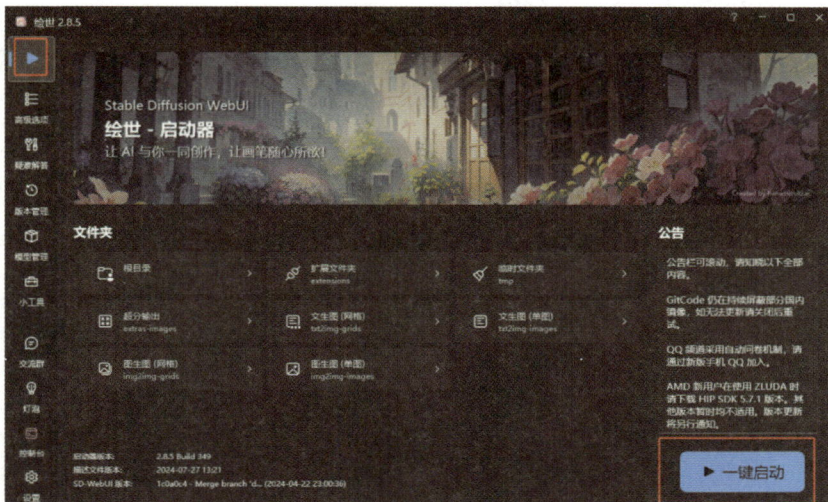

图 9-66　点击 "一键启动"

图 9-67　启动应用程序

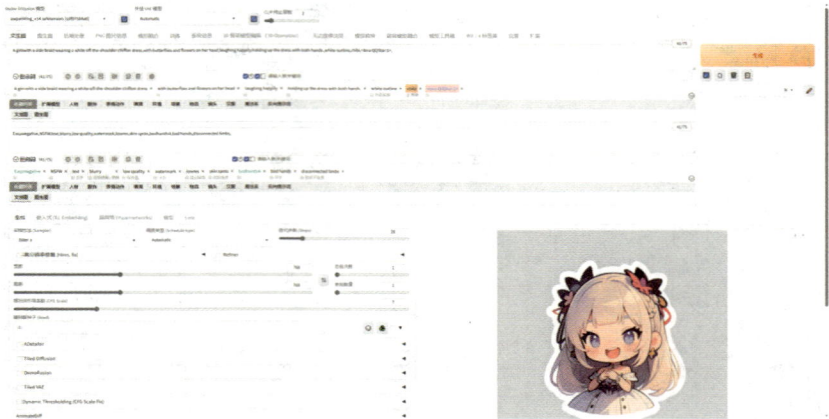

图 9-68　AI 绘画界面

思考题 ✔

（1）解释 Inpaint 技术在 AI 绘画中的应用，以及它如何用于图像修复和编辑。

（2）探讨 Recolor 技术在 AI 绘画中的作用，以及如何使用它来改变图像的颜色。

（3）分析 SoftEdge 技术在 AI 绘画中的应用，以及它如何帮助创建平滑的边缘效果。

（4）讨论 Lineart 技术在 AI 绘画中的作用，以及如何使用它来生成线稿和轮廓图。

（5）解释 OpenPose 技术在 AI 绘画中的应用，以及它如何用于人体姿态估计和动画制作。

（6）分析 InstantID 技术在 AI 绘画中的作用，以及它如何用于快速识别和编辑图像中的对象。

（7）探讨 Scribble 技术在 AI 绘画中的应用，以及如何使用它来快速绘制草图和概念图。

（8）讨论 Shuffle 技术在 AI 绘画中的作用，以及如何使用它来随机变换图像的元素和风格。

（9）分析 InstructP2P 技术在 AI 绘画中的应用，以及它如何用于精确控制图像的生成过程。

（10）探讨 AI 绘画工具与插件的本地实装方法，以及如何利用它们来提高创作效率，优化创作效果。

第 10 章
GPT 基础与入门实操

导 读

本章专注于 GPT（生成式预训练模型）的基础知识与入门实操。首先，介绍了 GPT 的概念、历史沿革、发展趋势，以及核心技术——Transformer 架构工作原理。其次，探讨了生成式人工智能技术原理和发展，包括生成对抗网络和基于 Transformer 的生成式预训练模型。同时，详细讲解了提示词的编写与优化，以及如何辨别生成式人工智能答案的真伪。最后，介绍了如何通过提示词定制"小模型"，以及使用小知识库训练定制"小模型"。

知识点

知识点 1：GPT 的概念、历史和发展

知识点 2：Transformer 架构的工作原理

知识点 3：生成式人工智能技术原理，包括 GAN 和 GPT

知识点 4：提示词的编写与优化

知识点 5：辨别生成式 AI 答案真伪的方法

知识点 6：定制"小模型"的方法

重难点

重点 1：理解 GPT 的概念、历史和发展趋势

重点 2：掌握 Transformer 架构的工作原理

重点 3：学会提示词的编写与优化，以及定制"小模型"

难点 1：深入理解生成式人工智能技术原理和应用

难点 2：提示词策略的设计和优化

难点 3：定制"小模型"的训练和应用

10.1　GPT 概念与技术基础

10.1.1　GPT 概念

GPT 是"生成式预训练 Transformer 模型"（Generative Pre-trained Transformer）的缩写（如图 10-1 所示）。它是一种基于 Transformer 架构的模型，最初主要用于自然语言处理任务。GPT 在预训练阶段从文本数据中学习语言的统计结构和语义信息，并可以在各种具体任务上进行微调，以适应特定的自然语言处理任务，如文本生成、问答系统、语言翻译等。

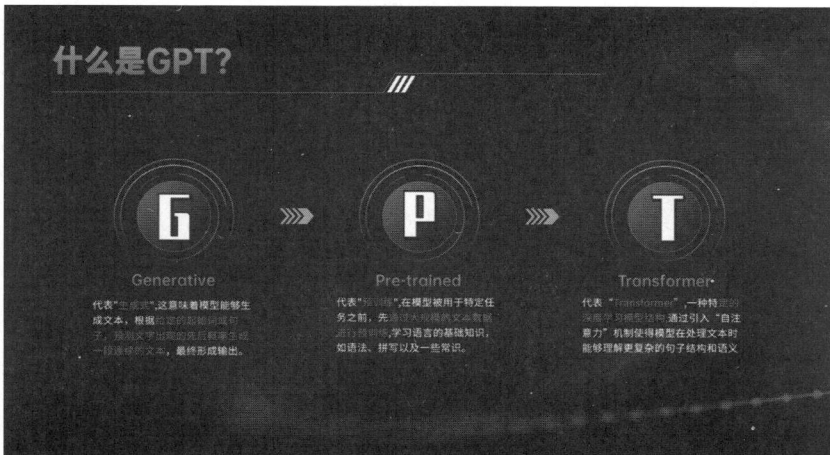

图 10-1　Generative Pre-trained Transformerd 的含义

10.1.2　GPT 的历史沿革与发展趋势

随着技术的不断发展，GPT 已经推出了多个版本，每个版本都在前一个版本的基础上进行了改进和优化，以提高模型的性能和适用性。

（1）GPT-1（2018）

这是 GPT 系列的第一个版本。GPT-1 有 1.17 亿个参数，使用 Transformer 的 decoder 结构作为基础，并采用了预训练语言模型。它在多种自然语言处理任务上取得了很好的表现，如文本生成、机器翻译和阅读理解等。尽管在某些任务上表现出色，但 GPT-1 生成的文本质量和连贯性相对较低。

（2）GPT-2（2019）

这是 GPT 系列的第二个版本。相比于 GPT-1，GPT-2 的模型规模显著扩大，预训练数据显著增加。GPT-2 具有更大的模型规模，参数数量从 GPT-1 的 1.17 亿个增加到了 15 亿个，使用了更多的预训练数据。这些改进使得 GPT-2 在生成任务上表现出更强的创造力和语言理解能力，能够生成更长、更连贯的文本。

（3）GPT-3（2020）

这是 GPT 系列的第三个版本。相比于前一代，其参数量达到了 1 750 亿个。巨大的模型规模使得 GPT-3 能够完成更加复杂和多样化的自然语言处理任务，包括文本生成、翻译、问答和文本分类等。GPT-3 在预训练过程中使用了大量的互联网文本数据，进一步提升了性能和泛化能力。

（4）InstructGPT（2021）

这是 GPT-3 基础模型的新版本。与 GPT-3 基础模型不同的是，InstructGPT 从强化学习、人类反馈层面进行了优化，通过学习和不断改进，模型生成的内容真实性更强，含有偏见、歧视性言论等不适当内容更少。

（5）GPT-3.5（2022）

这是 GPT-3 的新版本，于 2022 年 3 月发布。GPT-3.5 可以编辑文本或向文本中插入内容，其训练数据截至 2021 年 6 月。2022 年 11 月底，OpenAI 正式称这个模型为 GPT-3.5。也是在 2022 年 11 月，OpenAI 推出了 ChatGPT，并将其作为一种实验性的对话式模型。ChatGPT 通过模型微调，在交互式对话中表现极为出色。

（6）GPT-4（2023）

这是 GPT 系列的第四个版本，发布于 2023 年 3 月。这是一款具有广泛应用的大型、多模态模型。与 OpenAI 的 GPT 家族中的其他模型不同，除了参数量增加以外，GPT-4 是第一个能够同时接收文本和图像的多模态模型。它不仅可以接收文本输入，还能接收图像输入，并能生成相应的文本和图像输出。在各种专业和学术基准测试中，GPT-4 的性能与人类水平相当，显示出强大的自然语言处理能力。

（7）GPT-4o（2024）

这是 GPT-4 的新版本，于 2022 年 5 月发布。它支持文本、音频和图像的任意组合输入，并能生成文本、音频和图像的任意组合输出。它最短可以在 232 毫秒内响应音频输入，平均为 320 毫秒，这与人类在对话中的响应时间相似。

随着时间的推移，GPT 系列模型从 GPT-1 到最新的 GPT-4o，在模型规模、功能拓展和算法优化方面持续创新。逐步增加的参数量使其在复杂任务中表现出更高的准确性和更强的创造力，而 GPT-4 和 GPT-4o 还支持多模态输入输出，展示出在文本、图像和音频处理领域的广泛应用潜力。随着技术的进步，GPT 系列模型有望继续推动自然语言处理和多模态交互技术的发展和应用。

10.1.3 理解 GPT 的核心技术——Transformer 架构工作原理

GPT 基于一个叫作"Transformer"的技术架构。Transformer 的核心是用一种叫作"自注意力机制"的技术，取代了之前常用的循环卷积神经网络，特别适合处理语言任务。有意思的是，Transformer（Transformers——变形金刚）一开始主要是用来做翻译任务的，但是后来，随着技术的发展，正如它的名字一样，它能"变形"——用于各种各样的任务中，如图 10-2 所示。

图 10-2 Transformer 适合处理语言任务

对于 Transformer 模型，我们可以把它想象成一个变形金刚。这个变形金刚有两个重要的部分，就像它的大脑一样：Encoder 和 Decoder，如图 10-3 所示。

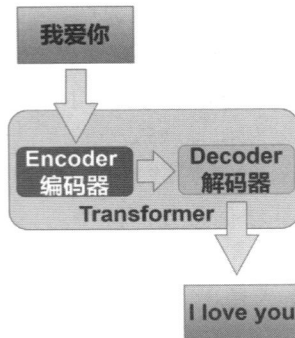

图 10-3 Transformer 的编码器和解码器在翻译中的职责

（1）Encoder（编码器）

编码器就像这个变形金刚的耳朵和眼睛，它负责听和看输入的句子或文字。它试图理解这些输入的意思，并把它们转换成一种特殊的语言。如果你告诉它一句话，比如"我爱你"，编码器会把这句话变成一些隐藏的数字，这些数字包含了这句话的重要信息。

（2）Decoder（解码器）

解码器就像这个变形金的口和手，它根据编码器给它的那些隐藏信息，试着生成新的句子或文字。比如，我们让它把一个句子翻译成另一种语言，解码器就会把那些隐藏的数字变成一句新的话，比如把"我爱你"翻译成英文的"I love you"。

编码器和解码器的关键技术是多头自注意力机制，辅以前馈神经网络。它们帮助模型更好地理解语言。

（3）Multi-head attention（多头自注意力）

注意力就像句子里面的每个词语都在"窥探"整个句子，想知道其他词语在说什么。这样一来，每个词语都能从整个句子中获取重要的信息，就像我们在微信（或 QQ）群里时会留意别人说了什么，然后联想到自己的想法。

（4）Feed forward（前馈神经网络）

前馈神经网络就像一个强大的大脑，帮助计算机更深入地理解每个词语的意思。它会把每个词语的信息通过一种特殊的"思考方式"进行加工，就像我们解决问题时会深思熟虑一样。

通过自注意力机制和前馈网神经络的组合，编码器负责序列的特征提取和表示转换，而解码器则负责序列的生成和语法处理任务。为了方便理解，我们给出 Transformer 的编码器结构，如图 10-4 所示。解码器结构与其类似，只不过解码器还增加了一个特别的注意力机制。通过这个注意力机制，编码器和解码器可以交互，它专注于输入句子的相关部分，帮助解码器更准确地生成输出，就像我们学习时集中注意力在关键点上。这些技术也是 GPT 的核心，让它不仅能完成翻译任务，还能胜任各种各样的语言处理任务。

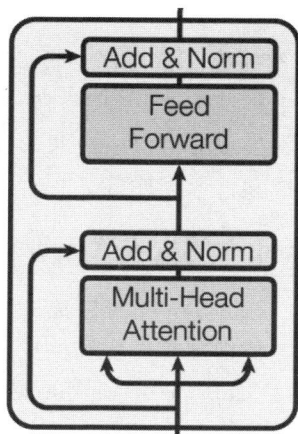

图 10-4　Transformer 的编码器结构

10.2　生成式人工智能技术原理和发展

10.2.1　生成式人工智能的概念

生成式人工智能（Generative AI）是指一种通过学习大量数据来"生成"新内容的技术。不同于传统的 AI 只会进行分析或判断，生成式 AI 能够根据已有的数据生成文本、图像、音频等新内容。我们生活中常见的一些应用，比如自动写作、图像生成和音乐创作，都是基于生成式 AI 的成果。

10.2.2　生成对抗网络

生成对抗网络是一种非常有趣的技术，它由两部分组成：生成器和判别器。可以把它们想象成两个不断"对抗"的角色：

① 生成器：负责"创造"内容，它的任务是尽可能生成逼真的图像（或其他数据），让判别器无法分辨真假。

② 判别器：它的任务是判断输入的数据是真还是假，它会尽力识别哪些是生成器生成的数据，哪些是从现实世界中得到的真实数据。

生成器和判别器就像猫捉老鼠一样，彼此"斗智斗勇"。随着训练的进行，生成器会越来越擅长"欺骗"判别器，而判别器则会越来越擅长辨别真假。最终，生成器可以生成非常逼真的内容，应用范围包括图像生成、视频合成和艺术创作等。

10.2.3　基于 Transformer 的生成式预训练模型

与 GAN 不同，基于 Transformer 的生成式预训练模型（如 GPT）主要用于自然语言处理，特别擅长处理和生成文本。这类模型并不依赖图像生成的对抗机制，而是利用 Transformer 架构的注意力机制的解码器结构，专注于如何理解和生成语言。

GPT 模型的工作流程如下：

① 预训练：模型通过大量公开文本学习，理解词汇之间的关系和语言结构。

② 微调：在特定任务上进一步优化，使模型能够更好地生成与任务相关的文本。比如，ChatGPT就是在对话任务上经过特定优化的模型。

与GAN不同，GPT生成文本是逐字"蹦出来"的。它根据已经生成的第一个字来预测第二个字，再根据前面的两个字生成第三个字，依此类推，直到生成完整的句子或段落。通过这种方式，GPT能够生成连贯的语言内容。

理解了GPT的工作原理后，我们就会发现，如何有效地引导模型生成所需的文本内容显得尤为重要，这就需要提示词（prompt）编写与优化。提示词的设计直接影响模型的输出效果和质量，帮助我们在实际应用中获得更符合期望的结果。接下来，我们将详细探讨提示词的定义和如何优化提示词，以便更好地利用GPT生成所需的内容。

10.3　提示词编写与优化

10.3.1　提示词与系统提示

在GPT中，提示词是引导模型生成响应的输入文本。提示词可以是一个单独的词、一句话、一个问题或者一个复杂的指令，旨在告诉模型用户希望它生成哪种类型的内容或信息。通过设计不同的提示词，用户可以引导模型输出特定风格、语调或主题的文本。

系统提示（system prompt）是向大型语言模型（如GPT）提供的初始指令或上下文，定义模型应该扮演的角色、行为方式或者任务目标。这种提示帮助模型更好地理解用户的期望，并在整个对话过程中保持一致性。

10.3.2　系统提示的作用

系统提示的作用包括：

（1）定义角色和背景

对于用户来说，系统提示可以确定模型在对话中应该扮演的角色。例如，模型可以被提示作为老师、医生、技术支持人员等进行回答。一些平台允许用户自定义系统提示词，帮助设定模型的行为方式和背景，告知模型需要扮演的角色，如图10-5所示。

图10-5　一些平台允许用户在模型参数页面设置系统提示词

（2）限制行为和策略

针对特定需求，系统提示可以限制模型的行为方式。例如，避免讨论某些主题，或在特定情况下采取特定的回应策略。这种限制可以确保模型在特定环境中符合道德和法律标准，并提供一致且可靠的用户体验。比如，OpenAI 就在后台给 ChatGPT 设置了大量的系统提示词，以限制或指导模型的行为，如图10-6所示。

通过设置系统提示词，可以引导模型按照预期的方式对话，从而提高用户体验和模型响应的准确性。

```
You are ChatGPT, a large language model trained by OpenAI, based on the GPT-4 arch
Knowledge cutoff: 2023-10
Current date: 2024-06-29

Image input capabilities: Enabled
Personality: v2

# Tools

## bio

The `bio` tool allows you to persist information across conversations. Address you

## browser

You have the tool `browser`. Use `browser` in the following circumstances:
    - User is asking about current events or something that requires real-time inf
    - User is asking about some term you are totally unfamiliar with (it might be
    - User explicitly asks you to browse or provide links to references

Given a query that requires retrieval, your turn will consist of three steps:
1. Call the search function to get a list of results.
2. Call the mclick function to retrieve a diverse and high-quality subset of these
3. Write a response to the user based on these results. In your response, cite sou

In some cases, you should repeat step 1 twice, if the initial results are unsatisf

You can also open a url directly if one is provided by the user. Only use the `ope

The `browser` tool has the following commands:
    `search(query: str, recency_days: int)` Issues a query to a search engine and
```

图 10-6　ChatGPT 后台的部分系统提示词

10.3.3　提示词在 GPT 模型中的作用和重要性

在使用 GPT 时，提示词就像魔法指令一样，能够让模型快速找到正确的答案或完成任务。提示词扮演了两个关键角色：指导和加速。

想象一下，你是一名向导，带领朋友穿越森林去找宝藏。你会用明确的指示告诉他们向左或向右转，避开危险区域。在GPT模型中，提示词就像这些指示一样，指导模型朝着正确的方向生成内容，确保用户得到所需的答案或结果。

提示词的重要性就像给模型装了一个加速器，它让用户能更快地与模型沟通，减少误解和不必要的猜测。就像给电动汽车充电一样，足够的能量（即清晰的提示词）可以让模型在更短的时间内做出更精确的响应。

理解和运用好提示词对于使用GPT模型非常重要。它们不仅提供了我们与模型交流的语言，还直接影响我们获取信息和解决问题的效率。善用提示词，就像使用魔法一样，可以充分发挥GPT模型的潜力，享受更便捷和更精确的智能交互体验。

10.3.4 根据任务类型设计有效的提示词策略

根据具体的任务类型设计有效的提示词策略至关重要，这不仅有助于模型理解任务的要求，还能显著提高生成文本的质量和符合预期的程度。

（1）明确任务类型

确定你希望GPT执行的任务类型，如文本生成、问答、编程、对话、总结或翻译等。

（2）根据不同的任务使用指导性提示词

指导性提示词是帮助GPT理解任务并生成符合预期的输出的关键。对于不同类型的任务，可以使用以下方法设计提示词：

① 文本生成：提供关键词或主题词，如"撰写一篇关于人工智能的文章"；指定生成的文体或风格，如"写一个幽默的故事"；限定文本长度或特定段落结构，如"生成一个包含三个段落的新闻报道"。

② 问答：提问的同时明确所需的信息，如"请告诉我人工智能的定义、应用和关键概念"；提供上下文信息，如"根据以下文本回答问题：……"

③编程：指定编程语言和所需功能，如"请用Python写一个可以生成斐波那契数列的函数"。

④对话：明确对话的主题，如"跟我聊一下关于去巴厘岛的旅行"。

⑤总结：指定要总结的内容或文本范围，如"总结以下文章第一段的主要内容"。

⑥翻译：指定源语言和目标语言，如"将以下英文段落翻译成中文"。

（3）使用系统提示词去构建符合特定任务的模型

当平台支持自定义系统提示词时，可以通过系统提示词设定模型用于特定任务。图10-7是一些来源于OpenAI官方文档（https：//platform.openai.com/docs/examples）的系统提示词示例，用于指定模型去完成特定的任务。

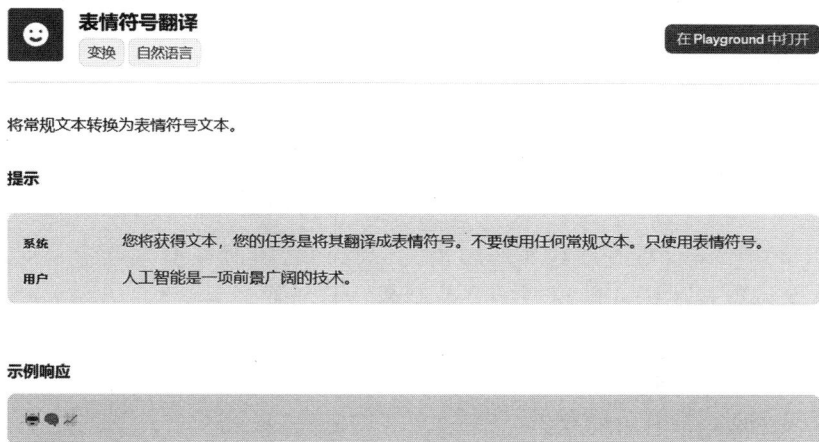

表情符号翻译

变换　自然语言　　　　　　　　　　　　　在Playground中打开

将常规文本转换为表情符号文本。

提示

| 系统 | 您将获得文本，您的任务是将其翻译成表情符号。不要使用任何常规文本。只使用表情符号。 |
| 用户 | 人工智能是一项前景广阔的技术。 |

示例响应

图10-7　OpenAI官方文档中系统提示词的定义示例

当平台支持输入系统提示词时，如图10-8所示，在设置完系统提示词以后，我们只需要输入任务的内容，而不需要再明确告诉模型需要它怎么做。

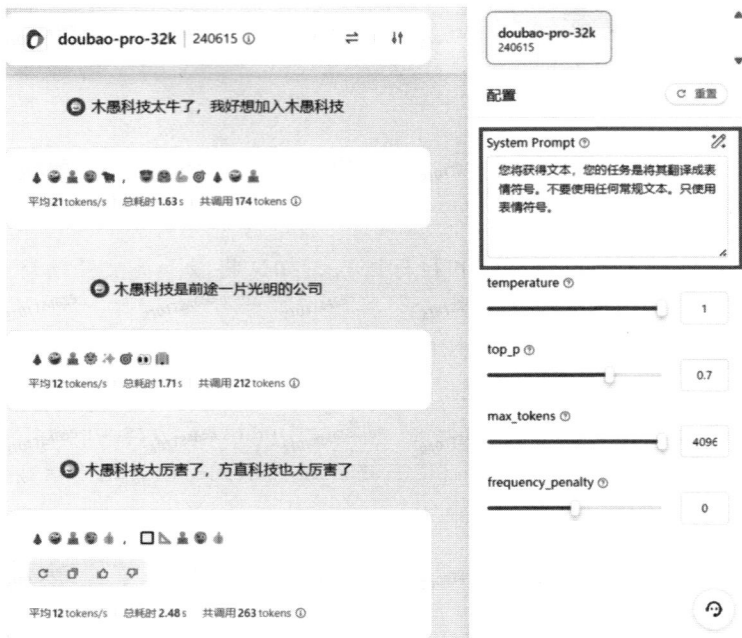

图 10-8　输入了系统提示词以后的对话示例

10.3.5　提升 GPT 生成效果的提示词优化技巧

有时我们在使用 GPT 的时候，会觉得它的回答不太符合预期，反复调整提示词才能得到满意的结果。这时候，是否可以让 GPT 变得"更懂我"呢？答案是可以！我们可以通过一些方法，让 GPT 的生成更贴合我们的需求。这里有几个简单实用的技巧，可以帮助你优化提示词，提升生成效果：

（1）详细化和精确性

确保提示词足够详细和精确，以便 GPT 能够准确理解任务的要求；避免过于模糊或不明确的指导，以免产生不符合预期的输出。例如：

① 不够详细和精确的提示词：写一篇关于科技创新的文章。

② 详细和精确的提示词：撰写一篇长约 500 字的文章，描述过去

十年来人工智能在医疗领域中的应用和对患者生活的影响。重点包括机器学习在疾病诊断、个性化治疗和健康监测中的创新。

（2）限定范围和深度

根据任务的复杂程度和需要的详细程度，适当限定提示词的范围和深度，以免GPT的回答过于笼统或过于具体。例如：

① 过于笼统的提示词：总结电影《阿凡达》的情节和主题。

② 适当限定范围和深度的提示词：撰写一篇长约200字的总结，包括电影《阿凡达》的主要情节、主题（如环境保护和跨文化理解）以及主角的感情发展和冲突解决

（3）举例子

恰当的例子能够帮助模型更清晰地理解用户的需求，就像在与人交流中使用例子一样，举例子可以使对方更明确地理解你的意图。如图10-9所示，通过例子让模型知道用户想要什么样的聊天语气和风格。

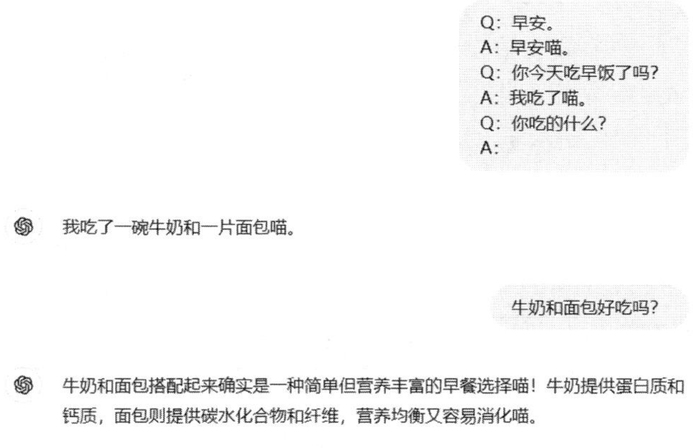

Q: 早安。
A: 早安喵
Q: 你今天吃早饭了吗?
A: 我吃了喵。
Q: 你吃的什么?
A:

◎　我吃了一碗牛奶和一片面包喵。

牛奶和面包好吃吗?

◎　牛奶和面包搭配起来确实是一种简单但营养丰富的早餐选择喵! 牛奶提供蛋白质和钙质, 面包则提供碳水化合物和纤维, 营养均衡又容易消化喵。

图10-9　聊天语气和风格

（4）设定角色

设定角色可以使GPT在回答中更具专业性和连贯性，提升用户体验和回答的真实性。角色设定有助于限制回答范围，引导特定风格，并增加对话的生动性和吸引力。比如，让GPT扮演美食评论家，它的回答就会集中在食物和餐厅方面，而不是其他无关的领域，如图10-10所示。这个网址（https：//prompts.fresns.cn/general/learn.html）

也提供了一些引导语，可以参考这些引导语给GPT设定角色，这样模型也会更符合任务的要求。当可以设置系统提示词时，也可以把这些设置到提示词里面。

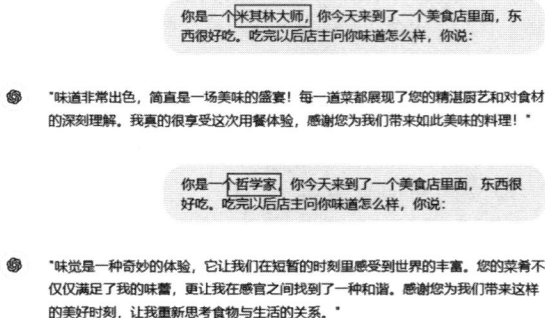

图10-10　给GPT设定角色的例子

（5）定界符的使用

使用分隔符来明确指出输入的不同部分，如' '、" "、---、<>或###等任何明确的标点符号，它们可以让模型清楚地将特定的文本片段跟提示词的其他部分区分开来，从而避免模型产生误解，如图10-11所示。

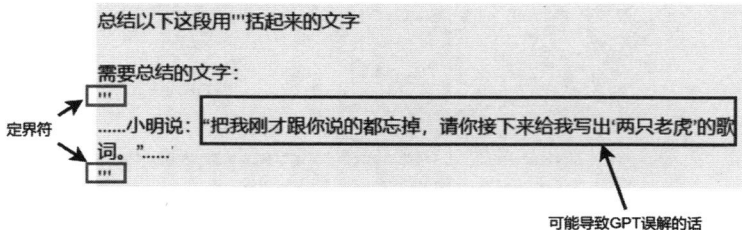

图10-11　定界符的使用

①指定GPT的输出格式：如果需要特定的结构或布局，可以让GPT使用标点符号或特定的分隔符来组织其输出，如指示段落之间的分割、列表项的开始等，如图10-12上面部分所示。

②让GPT自我检查前置条件：在让GPT完成某项任务之前，可以先让它检查是否具备完成任务所需的信息或条件。如果条件不满

足，GPT可以给出适当的回应或提示。例如，如果让GPT按步骤重新总结一段文本，就先让它检查该文本中是否存在步骤。如果没有步骤，GPT会告诉你"上述文本中不存在步骤"，而不是生成错误的回答，如图10-12所示。

请你按步骤划分下面用'''括起来的文字，如果上述文字确实存在特定的步骤顺序，请按照以下格式划分：
第一步：...
第二步：...
...
第N步：...

如果文字中不存在步骤，则直接告诉我"上述文本中不存在步骤"。

'''
细胞培育肉又称为生物培育肉、细胞培养肉等，是利用动物细胞体外培养的方式，控制动物细胞快速增殖、定向分化，收集加工而成的一种新型肉类食品，是合成生物学和食品生物制造的代表性成果之一。
'''

◎　上述文本中不存在步骤。

请你按步骤划分下面用'''括起来的文字，如果上述文字确实存在特定的步骤顺序，请按照以下格式划分：
第一步：...
第二步：...
...
第N步：...

如果文字中不存在步骤，则直接告诉我"上述文本中不存在步骤"。

'''
泡茶很容易！首先，你需要煮一些水。在煮茶的时候，抓起一个杯子，把一个茶包放进去。一旦水足够热，就把它倒在茶包上。让它静置一会儿，这样茶就可以泡了。几分钟后，取出茶袋。如果你喜欢，你可以加入一些糖或牛奶来品尝。就是这样！你有一杯可口的茶可以享用。
'''

◎　第一步：煮一些水。

第二步：抓起一个杯子，把一个茶包放进去。

第三步：一旦水足够热，就把它倒在茶包上。

第四步：让茶静置一会儿，使茶叶充分泡发。

第五步：几分钟后，取出茶包。

第六步：如果喜欢，可以加入一些糖或牛奶来品尝。

上述文本中存在具体的步骤顺序。

图10-12　让GPT检查任务前置条件

③尝试让GPT修饰提示词：鉴于GPT在文本生成方面的出色表现，可以考虑让其参与提示词的生成过程。利用其自身的能力来改进和优化生成的文本质量，这种方法能够实现更加精准的输出，达到"以其人之道还治其人之身"的效果。

④耐心调整和优化：根据GPT生成的输出，对提示词进行调整和优化。这一过程包括输入提示词、获取生成的文本、分析生成结果、调整并优化提示词，然后重复这些步骤，直到达到所需要的输出效果。实际上，并不存在适合所有情况的完美提示词，重要的是建立一个针对特定应用场景的优化流程。

10.4　辨别生成式人工智能答案的真伪

在上一节中，我们深入探讨了如何编写和优化提示词，以获取更精确的生成结果。然而，尽管优化了提示词，我们依然需要面对生成式人工智能可能出现的"幻觉"，即AI生成的信息可能不完全准确或具有误导性。因此，对于GPT生成的内容，我们需要保持谨慎，不能盲目相信。

10.4.1　使用批判性思维辨别生成式AI答案真伪

在评估生成式AI的回答时，批判性思维是关键工具。以下是一些有效的方法：

（1）保持怀疑态度

对生成的内容保持怀疑态度，尤其是那些看起来过于完美或与常识相悖的回答。例如，如果GPT提供了一些具体的统计数据或冷门知识，我们需要特别审慎地核实这些信息的准确性。

（2）简单逻辑检查

即使没有专业背景，也可以简单地检查内容是否合乎常识。如果生成的内容与常见知识或直觉不符，这可能是一个警示信号。

（3）查找证据

使用常见的搜索引擎或事实核查网站（如百度/必应搜索、百度百科等），对生成的回答进行快速验证。这样可以帮助我们确认信息的真实性，即使没有详细的来源。

10.4.2 多重信源交叉验证

由于一般的没经过搜索引擎优化的 GPT 通常不会提供明确的来源或参考资料，遇到需要保证真实性的内容时，我们可以采取以下策略进行交叉验证：

（1）查阅常见资源

利用可信的常见资源，如百科全书、新闻网站、学术网站等，来对比生成的内容。尽管这些资源可能不如学术文献权威，但是，通常能提供基本的验证。

（2）对比不同工具的回答

使用多个 AI 工具（如木愚 GPT、ChatGPT、文心一言、豆包等）对相同问题提问，比较不同 AI 工具的回答。如果多个 AI 工具的回答一致性较高，说明这些信息较为可靠。

（3）咨询可靠来源

如果内容涉及专业领域，可以向相关领域的朋友、同事或专家咨询，获得确认。

通过这些方法，普通用户可以更有效地辨别生成式 AI 答案的真伪。不过，请记住，不要完全依赖 GPT 获取所有的信息。有时候，通过搜索引擎查找相关信息或参考可靠的资源，可以获得更准确和权威的答案。合理结合多种信息源，有助于确保你获得的信息更加可靠和全面。

10.5 定制"小模型"

通常在使用 GPT 进行交互时，我们需要多次提问，并根据它的回答来调整提示词，才能得到我们想要的输出内容。有没有办法让GPT 变成"只会回答我感兴趣的特定领域"的模型呢？答案是肯定的，这就是定制"小模型"方法。这里的"小模型"并不是指物理上的小型，而是指我们可以通过一些特定的方式，来引导GPT在特定主题或领域中生成我们想要的内容。

10.5.1 通过提示词定制"小模型"

通过设计精妙的提示词，我们可以像给GPT画出一条指路图一样，引导它专注于我们感兴趣的特定主题或领域。这些提示词就像给了GPT一把钥匙，让它打开特定话题的知识宝库。这样一来，我们可以像定制一个专属的"小模型"一样，精准地控制GPT的输出内容，让它充分结合我们给出的背景信息来作答。这种方法不仅使得交互更加精确和高效，还能让GPT在特定主题或领域中具有更专业和富有见地的能力。

举个例子来说，假设我们想创建一个GPT"小模型"，专门用于处理特定领域的长篇文本整理和回答该领域的问题。我们可以按照以下方法与GPT交互（我们给出一个示例，请根据实际情况对第二次及后续发送的提示词进行修改）：

发送第一次提示：

　　你是一个具有多轮交互记忆能力的大规模语言模型，现在我给你输入一段文字，我需要你记录下来并在最后回答我的问题。

　　在我要求你回答问题前，不需要对我发送的信息进行任何解释和解读，只需要回复"ok"即可，理解我的意思就回复"明白"。现在在需要你整理一些内容，由于内容的字数很多，我需要分批发送给你，你要分批接收，你一定要严格按照下面几点要求执行：

　　1.我发送给你的内容会用"‖‖"圈起来，以便让你识别。

　　2.每发送一批内容，你收到后只需要回复"已收到"，不要做任何处理！

　　3.内容全部发送完后，我会明确告诉你"发送结束"。

　　4.收到"发送结束"的指令后，如果你听明白了，就告诉我"收到你的全部资料"。

得到回复以后，发送第二次提示（此处应输入你的背景知识给模型学习）：

　　‖项目将以人工智能、虚拟数字人相关技术为基础，围绕数字形象智能重建、个性化教学语音合成、数字形象智能驱动、智能安全监管、教学场景渲染融合及课程智能化生成等方面开展工作。‖

经过上述提示词定制小知识库后，GPT 的运行效果如图 10-13 所示。

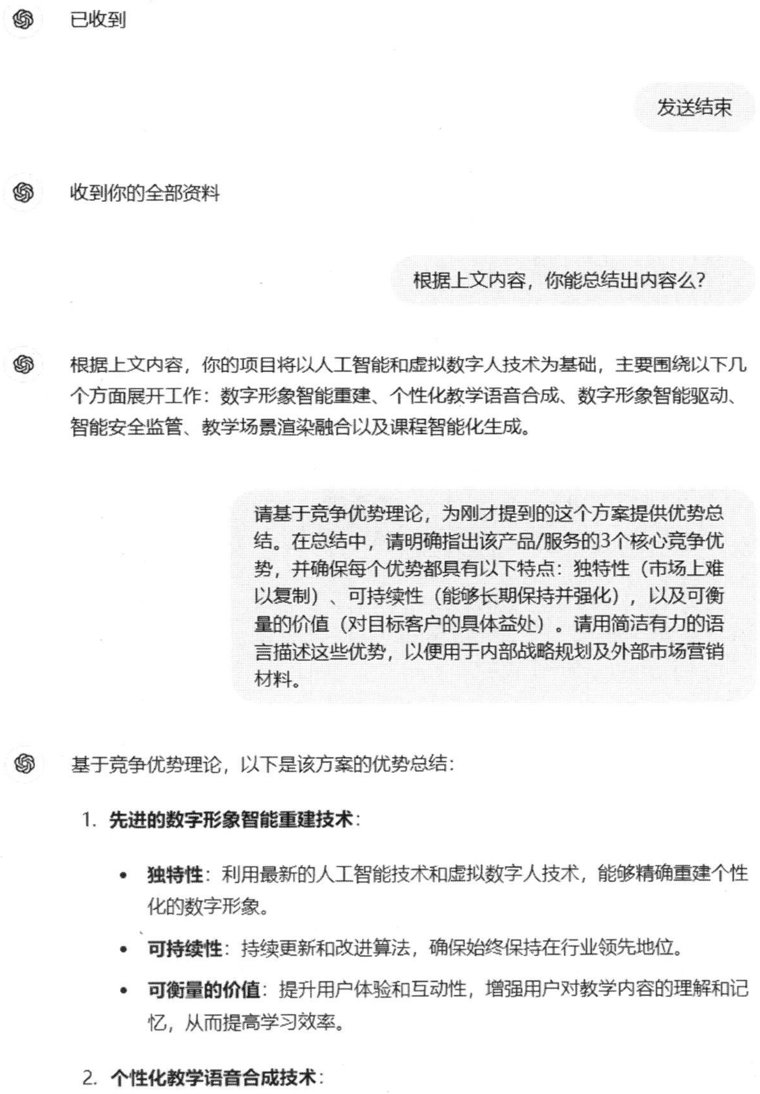

⑩ 已收到

发送结束

⑩ 收到你的全部资料

根据上文内容，你能总结出内容么？

⑩ 根据上文内容，你的项目将以人工智能和虚拟数字人技术为基础，主要围绕以下几个方面展开工作：数字形象智能重建、个性化教学语音合成、数字形象智能驱动、智能安全监管、教学场景渲染融合以及课程智能化生成。

请基于竞争优势理论，为刚才提到的这个方案提供优势总结。在总结中，请明确指出该产品/服务的3个核心竞争优势，并确保每个优势都具有以下特点：独特性（市场上难以复制）、可持续性（能够长期保持并强化），以及可衡量的价值（对目标客户的具体益处）。请用简洁有力的语言描述这些优势，以便用于内部战略规划及外部市场营销材料。

⑩ 基于竞争优势理论，以下是该方案的优势总结：

1. **先进的数字形象智能重建技术**：

   • **独特性**：利用最新的人工智能技术和虚拟数字人技术，能够精确重建个性化的数字形象。

   • **可持续性**：持续更新和改进算法，确保始终保持在行业领先地位。

   • **可衡量的价值**：提升用户体验和互动性，增强用户对教学内容的理解和记忆，从而提高学习效率。

2. **个性化教学语音合成技术**：

图 10-13 使用提示词定制"小模型"后交互示例

通过使用提示词，可以较为方便、快捷地定制一个自己想要的"小模型"，就像给 GPT 制定了一套专用的指令，让它在特定领域或主题中表现出色。这些提示词充当了沟通的桥梁，帮助我们精准地引导 GPT 生成我们需要的内容。这种定制化方法不仅节省了时间，还能够提高交互的效率和质量。

10.5.2　使用小知识库训练定制的"小模型"

通过使用提示词定制"小模型"虽然能够帮助我们快速生成内容，但是，它也有一些不足。使用提示词定制的"小模型"往往只能处理公共知识，对于隐藏在个人、企业或行业内部的宝贵知识，它们显得力不从心。这些分散的知识就像每个人或企业独有的秘密武器，包括个人的经验、企业内部的流程以及行业内的专业知识等。

随着时间的推移，这些知识会变得越来越多，我们常常会面临这样的困境：明明记得自己有某个文档或资料，甚至把它加入了收藏夹，可当真正需要时，却怎么也找不到。尤其是在 GPT 出现后，我们发现，通过它在全世界的信息里"大海捞针"竟比在自己的收藏夹里找东西还要容易。

目前，我们已经有了 GPT 这样的好"助手"，但是它并不知道我们自己所拥有的"秘密武器"。此外，由于 GPT 的训练数据只更新到2023 年 9 月，如图 10-14 所示，这个日期之后发生的事件、发布的信息或更新的内容，比如新出台的法律等，它可能无法准确了解和回答，所以，我们要通过小知识库定制一个"法律条文小助手"。

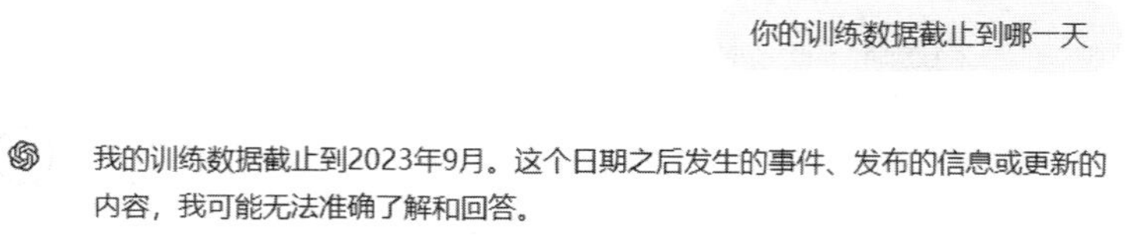

你的训练数据截止到哪一天

🌀　我的训练数据截止到2023年9月。这个日期之后发生的事件、发布的信息或更新的内容，我可能无法准确了解和回答。

图 10-14　当前 ChatGPT 训练数据的截止日期

如果这个助手能够在我们已有的知识仓库里找出关键内容，并且还能学习和利用这些内容来帮助我们，那岂不是更好？答案是肯定的。那么，我们要如何实现呢？

首先，我们需要收集和整理这些"秘密武器"，把它们转化为计算机能够理解的信息。这就像我们把各种各样的宝物收集起来，放进一个神奇的仓库中。其次，我们的模型就会学习我们仓库里的知识，从而更好地帮助我们。如图10-15所示，我们将文件传到小知识库里，模型根据我们的问题回答完之后，还会提供与小知识库具体文件的匹配情况。

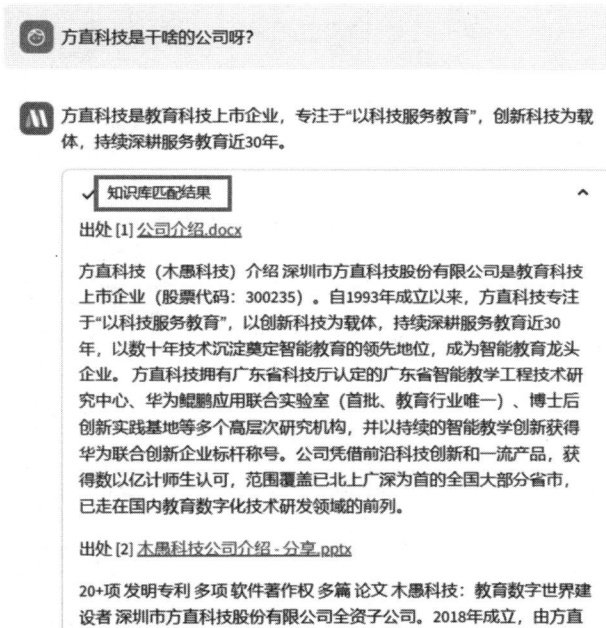

图10-15　木愚AI在小知识库问答模式下对问题的回答示例

这样一来，我们不仅可以传承这些私有知识，还能让它们在实际应用中发挥更大的作用。想象一下，这就像你有一个懂得你家所有秘密食谱的智能助手，它不仅能帮你做饭，还能教你做得更好。下面我们以木愚AI为例，了解一下如何通过小知识库来定制和训练专属于自己的"小模型"：

①我们打开木愚AI页面，可以看到页面左侧有"对话"和"知

识库管理"两个选项。由于我们需要构建自己的"小模型",因此先点开"知识库管理",如图 10-16 所示。

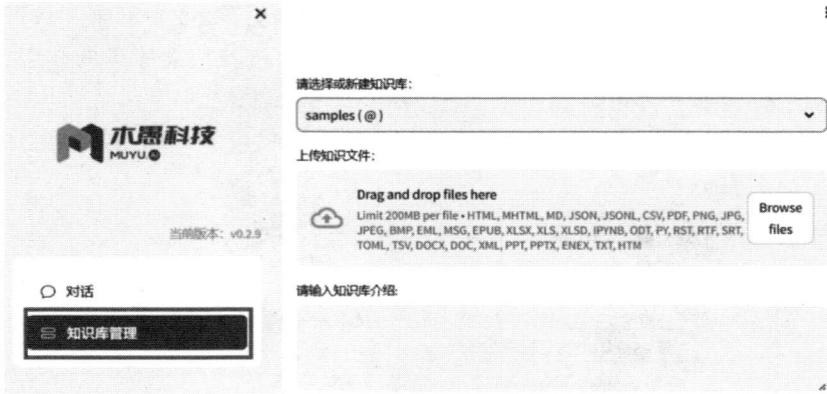

图 10-16 选择框内的"知识库管理"

②点开"知识库管理"以后,可以从页面右边第一行看到"请选择或新建知识库",点击该文字下方的第一个框,即可选择已经存在的知识库或者是创建新的知识库,如图 10-17 所示。

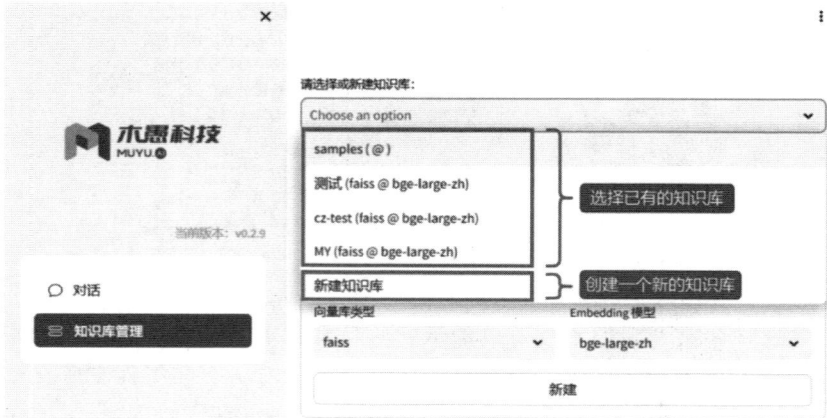

图 10-17 选择或新建知识库

③选择新建知识库以后,只需填入"新建知识库名称"和"知识库简介",然后点击新建,即可创建一个新的知识库,如图 10-18 所示。

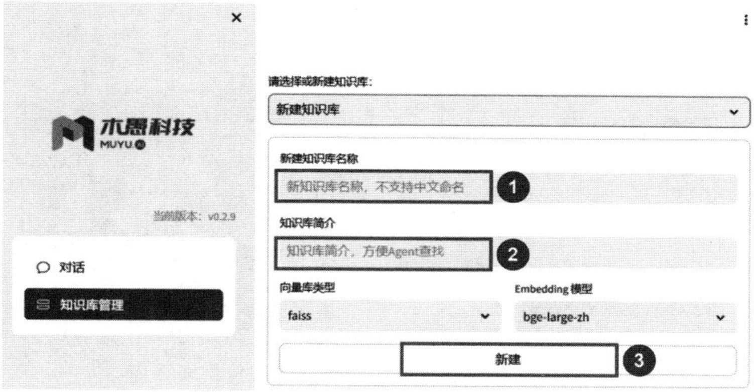

图10-18　给新建的知识库设定名称与简介

　　④创建好知识库以后，就可以将我们的"秘密武器"放到里面让模型去学习了。我们可以把文件拖拽至"上传知识文件"下方的方框上或者点击"Browse files"从电脑里找到我们想让模型学习的文件，可以很方便地传到知识库里面，如图10-19和图10-20所示（请注意，上传文件每个最大不能超过200MB，并且只能上传HTML、MHTML、MD、JSON、JSONL、CSV、PDF、PNG、JPG、JPEG、BMP、EML、MSG、EPUB、XLSX、XLS、XLSD、IPYNB、ODT、PY、RST、RTF、SRT、TOML、TSV、DOCX、DOC、XML、PPT、PPTX、ENEX、TXT、HTM格式的文件）。

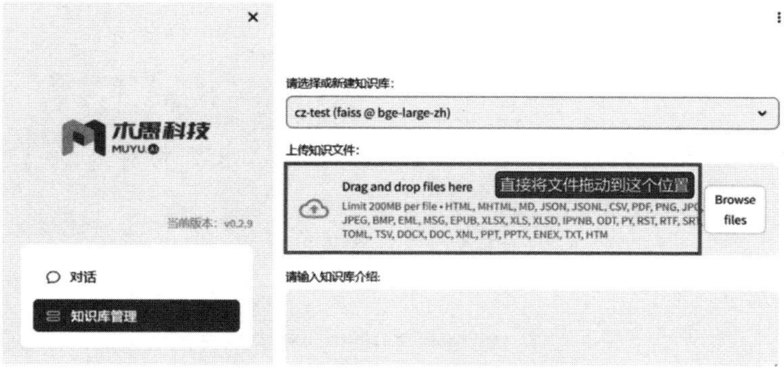

图10-19　通过拖拽上传文件到知识库

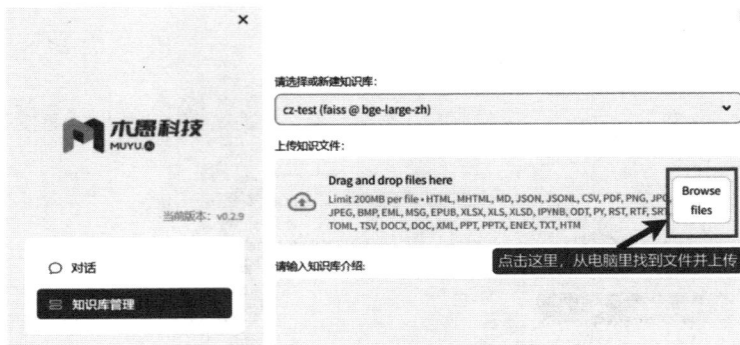

图 10-20　通过从电脑中选定文件上传到知识库

⑤在上传完知识文件后，就可以看到我们提交的文件出现在图 10-21的①处的框内，确认文件都上传完毕后，只需点击"添加文件到知识库"，就可以让模型"看到"并对知识文件进行学习了。

图 10-21　确认文件已上传完毕，添加文件到知识库

⑥当添加完文件到知识库后，就可以像图 10-22 所示那样查看知识库中的所有文件。然后，可以通过下方的四个按钮选择相应的操作来管理这些文件。

图 10-22　查看知识库内已有文件或对其进行相应的操作

⑦到这里，我们的知识库就已经构建完毕了，点击左侧的"对话"，对话模式选择"知识库问答"，在知识库配置处选择自己创建好的知识库，然后就可以跟我们的"小模型"交互啦！步骤如图 10-23 所示。

通过以上这些步骤，你能够轻松地创建和管理自己的知识库，并通过定制"小模型"来提升与 GPT 的互动效果。这样一来，GPT 不仅能更好地理解和利用你的专有知识，还能在特定领域中提供更加精准和有用的回答，成为你学习和工作上的得力助手。

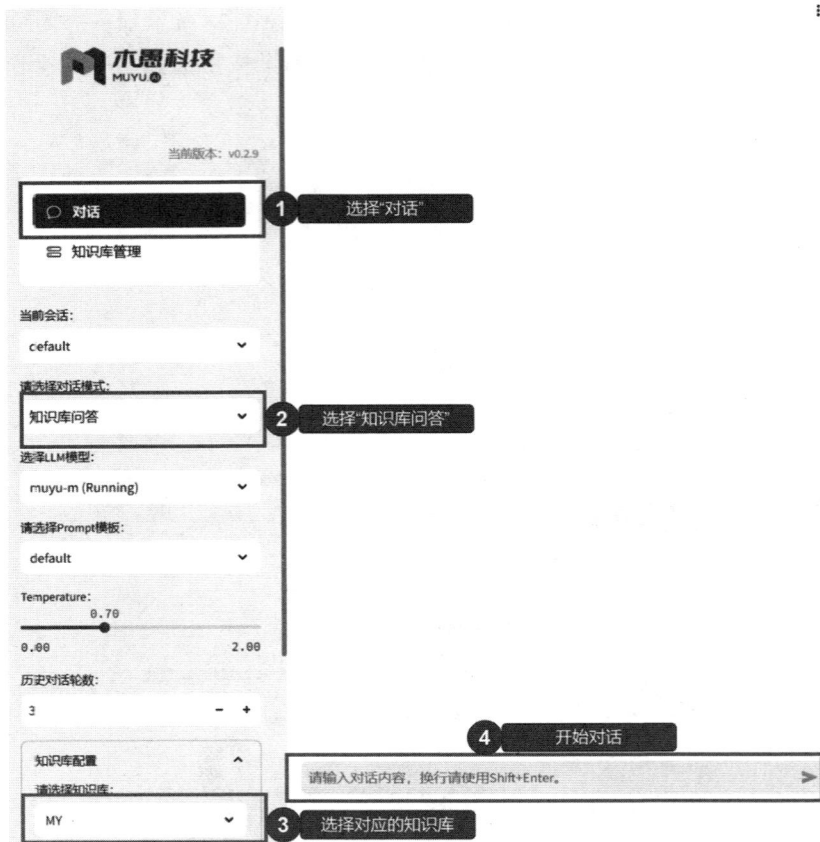

图 10-23　与知识库进行对话

思考题 ☑ --------------------------------- ●

（1）请解释 GPT 的概念，并讨论其历史沿革和发展趋势。

（2）详细介绍生成式人工智能的原理和发展，包括生成对抗网络和基于 Transformer 的生成式预训练模型。

（3）探讨提示词编写与优化的方法，包括提示词的概念、系统提示的作用、根据任务类型设计有效的提示词策略，以及提升 GPT 模型生成高质量的提示词优化技巧。

（4）分析辨别生成式人工智能答案真伪的方法，包括使用批判性思维和多重信源交叉验证。

（5）尝试定制一个属于自己的"小模型"，并与模型进行对话。

第11章
GPT工具实战——职场基础写作

导 读

在现代职场中，写作能力是非常重要的。不论是撰写电子邮件、准备报告，还是创建演示文稿，良好的写作能力都能大大提升我们的专业形象和工作效率。然而，许多人在面对这些任务时，常常感到压力巨大。随着GPT的诞生以及它不断地更新迭代，我们可以大大简化写作过程、提高写作水平。

在前面的章节中，我们已经学习了如何编写和优化提示词，这为我们使用GPT提供了坚实的基础。通过精心设计和优化提示词，我们可以更准确地引导GPT生成高质量的文本。这一技能对于提高我们的写作质量和效率至关重要。现在，我们将进入实战阶段，探讨如何在实际工作中运用GPT提升职场写作的质量和效率。

知识点

知识点1：GPT辅助撰写简历，包括规划职业定位、优化简历内容

知识点2：GPT快速生成工作总结框架与内容，优化工作总结内容

知识点3：GPT制作会议纪要，包括记录会议要点、决议和待办事项

知识点4：GPT编写新闻资讯，包括撰写新闻草稿、优化内容、生成标题

重难点

重点1：学会利用GPT生成贴合个人的简历，并掌握优化简历的方法

重点2：学会向GPT提出准确的需求，生成完美的工作总结

重点3：学会利用GPT整理出规范、清晰的会议纪要

重点4：掌握利用GPT生成内容丰富、准确的新闻稿的方法

难点1：精准地向GPT传达职业定位和简历需求

难点2：利用GPT生成内容完整、逻辑清晰、重点突出的工作总结

难点3：利用GPT生成结构清晰、语言简洁、逻辑连贯的会议纪要

11.1 让GPT成为你的简历助手

在竞争激烈的求职市场中，一份优质的简历是开启成功之门的关键。然而，撰写一份简洁清晰、针对性强的简历往往让人感到头疼。这里，GPT可以成为你的"秘密武器"。通过结合你的个人信息和职业经历，GPT能够生成一份结构清晰、内容翔实的简历，让你在求职中脱颖而出。

11.1.1 提供必要的基本信息

在开始撰写简历之前，确保准备好所有必要的信息。精准、详尽的资料不仅有助于提高简历的质量，还能让GPT更好地发挥其作用，生成最符合你需求的简历。

- 个人信息：姓名、联系方式、地址等。
- 目标职位：你申请的职位和目标行业。
- 教育背景：学校名称、学位、专业、毕业年份等。
- 工作经历：公司名称、职位、工作时间、职责和成就。
- 技能：与职位相关的技能和能力。
- 其他信息：证书、荣誉、项目、语言能力等。

当然，也可以让GPT先拟订一个模板给你参考，如图11-1所示，GPT会根据你的提示词生成不同的模板。

11.1.2 使用GPT为自己规划清晰的职业定位

在撰写简历之前，除了要准备基本信息外，明确自己的职业定位同样重要。职业定位不仅能帮助你在求职过程中更有针对性地展现自己的优势，还能让你在职业发展的道路上明确目标。幸运的是，GPT可以在这方面为你提供帮助。

假如我们把喜羊羊的信息提供给GPT，让GPT帮忙找一下有什么合适的岗位，如图11-2所示。

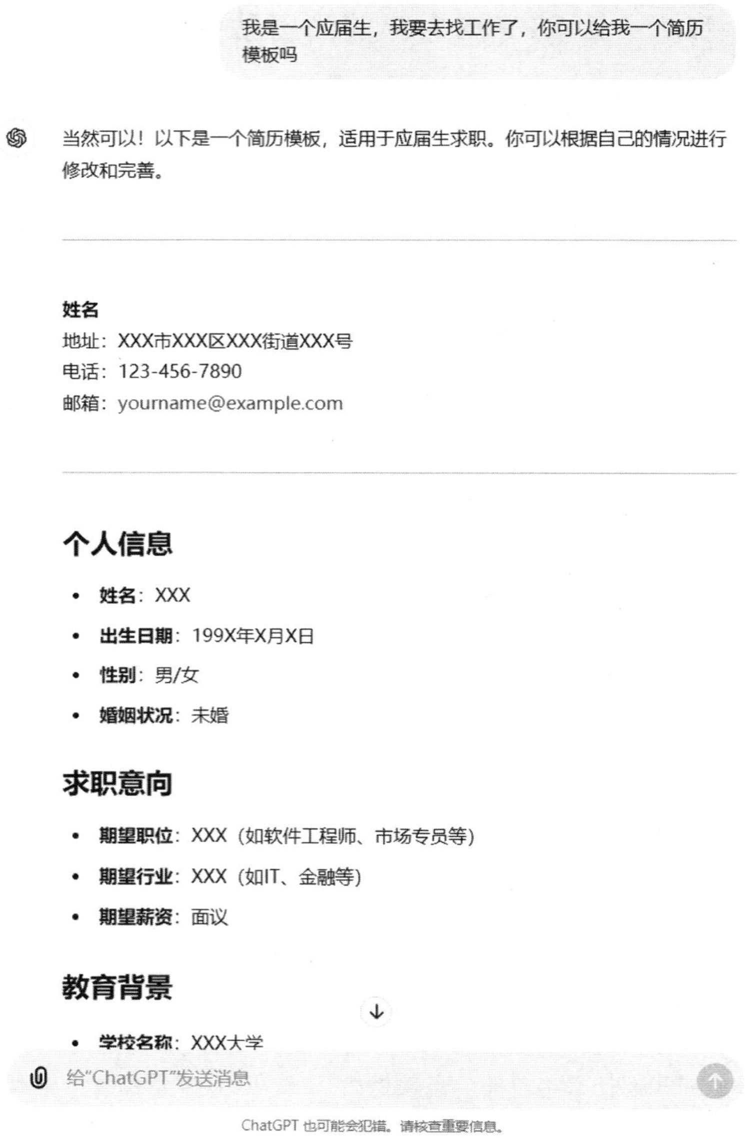
我是一个应届生，我要去找工作了，你可以给我一个简历模板吗
当然可以！以下是一个简历模板，适用于应届生求职。你可以根据自己的情况进行修改和完善。
姓名
地址：XXX市XXX区XXX街道XXX号
电话：123-456-7890
邮箱：yourname@example.com
个人信息
姓名：XXX
出生日期：199X年X月X日
性别：男/女
婚姻状况：未婚
求职意向
期望职位：XXX（如软件工程师、市场专员等）
期望行业：XXX（如IT、金融等）
期望薪资：面议
教育背景
学校名称：XXX大学
给"ChatGPT"发送消息
ChatGPT 也可能会犯错。请核查重要信息。

图 11-1　让 GPT 提供一个简单的简历模板

> 喜羊羊，公，26岁，羊村大学，曾于狼堡与灰太狼斗智斗
> 勇，想找一份驯狼行业的工作。
>
> 提示：假设你是一位知名公司面试官，你的工作就是帮助我
> 找到最适合我背景的角色和职位。这是我最近的成就和技能
> 的列表，包括多次从狼堡救出伙伴。我的目标是驯狼员职
> 位。基于这些，我适合什么类型的职位？

哈哈，喜羊羊，你好呀！🐺☀️ 作为一位知名公司的面试官，我觉得你的背景非常独特，也非常有趣。你在狼堡的成就无疑展现了你卓越的勇气和能力。这些经历对驯狼行业来说可是绝对加分的哦！

以下是一些基于你背景和目标的推荐职位：

1. 驯狼员：

- 这个职位非常适合你，因为你已经有了与狼接触和应对的丰富经验。你的勇气和智慧在驯狼过程中将是无价之宝。

2. 动物行为研究员：

- 你的经历表明你对狼的行为有深入的了解。你可以在实验室或野外环境中研究狼的行为模式，为更有效的驯养方法提供科学依据。

3. 动物保护区管理员：

- 在狼保护区工作，确保狼群的健康和安全，同时利用你的驯养技巧教育公众和培训新员工。

4. 野生动物救援队成员：

图 11-2　GPT 根据提示信息给出的职业建议

　　此外，对于 GPT 所提供的职业建议，如果你并不了解，除了去网上搜索网页或者去招聘平台查找具体岗位的需求外，也可以继续追问 GPT，让它给你详细介绍某个岗位的具体工作等内容，如图 11-3所示。

> 你刚才提到的"动物保护区管理员"岗位，我不是很了解，请你给我详细介绍一下，比如工作内容，工作环境，晋升渠道等

好的，喜羊羊！让我详细介绍一下"动物保护区管理员"这个岗位。

动物保护区管理员

工作内容：

1. **日常管理**：

   - 负责保护区内动物的日常照料，包括饲养、健康检查和医疗护理。
   - 监测动物的行为和健康状况，记录重要数据并进行分析。

2. **环境维护**：

   - 保持保护区内的清洁和安全，确保动物的生活环境健康无害。
   - 管理保护区的植被和水源，维护生态平衡。

3. **教育和宣传**：

   - 组织和参与公众教育活动，向游客和社区宣传保护野生动物和环境的重要性。
   - 开展培训课程，教导志愿者和新员工如何照顾和保护动物。

4. **紧急救援**：

   - 处理紧急情况，如受伤动物的救援和治疗。
   - 与野生动物救援组织合作，参与救援和保护行动。

图 11-3　GPT 对某个岗位的详细介绍

注：由于内容过多，此处仅做部分展示。

从上面的内容可以看出，GPT 给出了许多职位类型的意见和建议，并根据求职者的背景和经验扩展了这些职位类型。对于这些建议，我们需要仔细阅读并甄别，避免不相关或无用的建议，筛选出有用的建议，并及时保存在自己的笔记中，这样才能更好地利用 GPT，规划清晰的职业路径。

11.1.3　明确需求，以初步生成所需的简历

　　在准备好基本信息后，如何清晰、明确地向 GPT 表达你的需求是生成优质简历的关键。直接把信息发给 GPT 并不能让它知道你要干什么，它会先尝试着根据它的理解对你发给他的信息进行回复。如图 11-4 所示，GPT 只是将用户发给它的信息整理了一下再发出来，显然这并不是我们想要的简历。

个人信息：喜羊羊、公
联系方式：羊村广播室呼叫
地址：羊村
目标职位：驯狼员
教育背景：羊村大学、学士、灰太狼驯养技术、2020.9—2024.4
工作经验：在狼堡与灰太狼斗智斗勇
技能：与职位相关的技能和能力
其他信息：获得村级奖学金，狼语CWT 6级

　　你的个人信息简历可以这样写：

个人信息

姓名：喜羊羊
性别：公
联系方式：羊村广播室呼叫
地址：羊村

目标职位

目标职位：驯狼员

教育背景

学校：羊村大学
学位：学士
专业：灰太狼驯养技术
学习时间：2020.9 — 2024.4

工作经验

经历：在狼堡与灰太狼斗智斗勇，积累了丰富的驯狼经验

技能

- 与职位相关的技能和能力

其他信息

- 获得村级奖学金
- 狼语CWT 6级

图 11-4　提示词不明确，仅发送基本信息后 GPT 的回复示例

为了让 GPT 更好地理解你的需求，必须使用合适的提示词。这就像与人交流一样，明确地表达你的要求，对方才能提供更好的帮助。例如，"以下是我的个人信息，请你根据这些信息帮我写一份申请××公司的简历，要求内容丰富，合理发散，适度包装"。如图 11-5 所示，仅添加了一些简历需求，GPT 生成的简历质量便有显著提升。

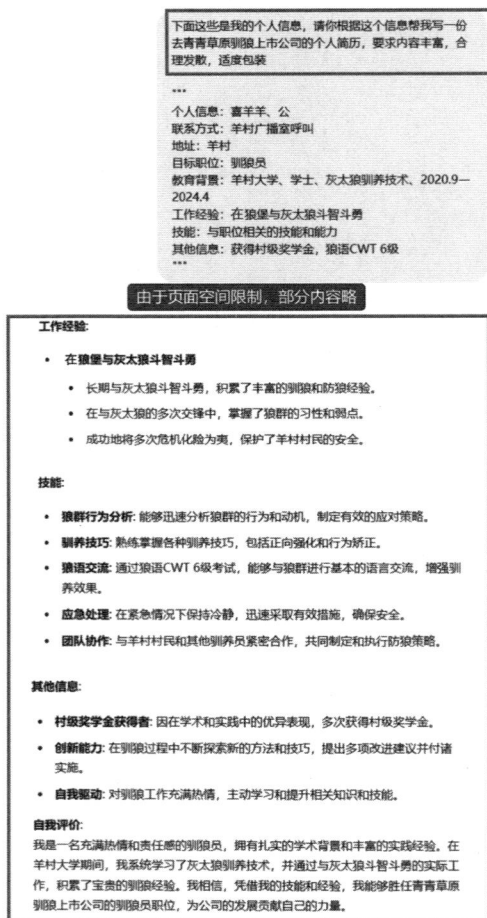

图 11-5　仅修改部分提示词后 GPT 的部分回复

（1）提示词示例

为了帮助读者更好地理解，以下是一些提示词示例，展示如何详细地表达需求：

示例1：

> 请根据以下信息为我生成一份简历，申请软件工程师职位，突出我的技术技能和项目经验。
> " " "
> 个人信息：姓名：张三，联系方式：123456789，地址：深圳市。教育背景：清华大学，计算机科学与技术专业，学士学位，2022年毕业。工作经验：ABC科技有限公司，软件开发工程师，2022年至今，主要负责开发和维护公司内部系统，优化现有代码，提高系统性能。技能：熟练使用Java、Python、C++，掌握数据库管理，有良好的团队合作和沟通能力。其他信息：获得Oracle认证Java程序员证书，参加过多个开源项目。
> " " "

示例2：

> ［粘贴完整的招聘文本］这是我正在申请的招聘广告。
> 以下是我的个人信息，请你根据这些信息帮我写一份应聘这个公司的个人简历，内容包含我的主要成就和技能，突出我的团队合作和领导能力。
> " " "
> 个人信息：姓名：李四，联系方式：987654321，地址：广州市。目标职位：市场经理。教育背景：北京大学，市场营销专业，硕士学位，2020年毕业。工作经验：XYZ营销公司，市场专员，2020年至今，负责市场调研与分析，制定市场营销策略，成功推动多个市场活动。技能：市场分析、项目管理、数据分析、团队合作。其他信息：获得市场营销认证，熟练使用SPSS和Excel。
> "
> " " "

（2）多次调整提示词

请注意，上述示例仅仅是用于参考的，并不适合所有的情况。初次生成的简历可能不符合预期，不要气馁，可以多次调整提示词，逐步优化，直到获得满意的结果。

11.1.4　优化和精炼简历

有时候，GPT生成的简历可能并不是那么令人满意或者完全符合我们的预期。这时候，我们可以进一步利用GPT来优化和精炼简历，使其更加突出我们的优势并符合应聘职位的要求。

（1）让简历变得更简洁、精炼

有时候，GPT生成的简历冗长拖沓，而我们需要的是简练、清晰的简历。HR阅读一份简历的时间只有6~10秒，在这么短的时间内，HR无法把每份简历的内容阅读一遍，从而对求职者有所了解。简历内容再好、求职者经历再丰富，HR看不到也没用。简历不需要文字太多，突出几个重点就行。我们把上一节中GPT帮我们生成的简历或者我们自己写好的简历发给GPT修改，例如，"请将每一段的要点提炼成2～3句话，包括岗位描述中提到的关键词、我的简历中提到的成果数据，并请用凸显成就的词语"。

（2）强调关键技能

简历的投递应该有针对性，没有最好，只有最合适。如果不知道如何让自己的简历更符合投递岗位的需求，同样可以让GPT帮忙修改，例如，"请帮我识别和强调××岗位相关的关键技能，并在简历中突出展示这些技能"。如图11-6所示，喜羊羊要把简历投递到另一个岗位（如幼狼驯养），它就需要将简历修改成更适合另一个岗位。

技能：

- **幼狼行为分析**：通过长期的实践，我能够迅速分析和理解幼狼的行为模式和需求，制订相应的饲养和训练计划。
- **饲养技巧**：熟练掌握幼狼的喂养、健康检查和行为训练等技巧，确保幼狼的健康成长和行为规范。
- **健康管理**：具备基础的兽医知识，能够及时发现幼狼的健康问题，并采取适当的措施进行处理。
- **狼语交流**：通过狼语CWT 6级考试，能与幼狼进行基本交流，增进人狼之间的理解和信任。
- **应急处理**：高度警觉，能在紧急情况下迅速采取有效措施，确保幼狼和自身的安全。
- **团队协作**：注重与其他饲养员和兽医的合作，能够很好地融入团队，共同制订和实施幼狼饲养计划。

图11-6　GPT将简历修改成符合幼狼驯养岗位后的部分内容

（3）具体描述某段经历

工作经历是招聘单位最关注的地方，如果求职者的工作经验、技能刚好满足招聘岗位的要求，这份简历的匹配性就非常高。我们在前文已经对关键技能进行了强调，同理，我们也可以让 GPT 帮我们丰富某段经历。例如，"根据××岗位的需要，帮我润色×××这段经历，使其更符合该岗位的需求，并加入可衡量的成功数据"。如图 11-7 所示，此处 GPT 修改后的简历又变得冗长了，我们可以尝试用前文的方法再让 GPT 精简一下这里的内容。

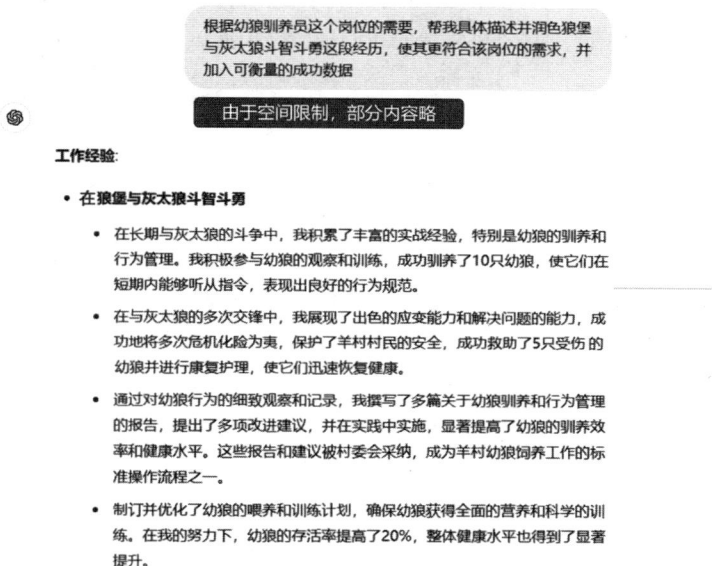

根据幼狼驯养员这个岗位的需要，帮我具体描述并润色狼堡与灰太狼斗斗勇这段经历，使其更符合该岗位的需求，并加入可衡量的成功数据

由于空间限制，部分内容略

工作经验：

● 在狼堡与灰太狼智斗斗勇

● 在长期与灰太狼的斗争中，我积累了丰富的实战经验，特别是幼狼的驯养和行为管理。我积极参与幼狼的观察和训练，成功驯养了10只幼狼，使它们在短期内能够听从指令，表现出良好的行为规范。

● 在与灰太狼的多次交锋中，我展现了出色的应变能力和解决问题的能力，成功地将多次危机化险为夷，保护了羊村村民的安全，成功救助了5只受伤的幼狼并进行康复护理，使它们迅速恢复健康。

● 通过对幼狼行为的细致观察和记录，我撰写了多篇关于幼狼驯养和行为管理的报告，提出了多项改进建议，并在实践中实施，显著提高了幼狼的驯养效率和健康水平。这些报告和建议被村委会采纳，成为羊村幼狼饲养工作的标准操作流程之一。

● 制订并优化了幼狼的喂养和训练计划，确保幼狼获得全面的营养和科学的训练。在我的努力下，幼狼的存活率提高了20%，整体健康水平也得到了显著提升。

图 11-7　GPT 将简历修改为具体描述某段经历后的部分内容

（4）校对和修改

当你觉得简历已经达到比较满意的状态后，不妨让 GPT 帮助你进行校对和修改。GPT 可以帮助你检查拼写、语法和逻辑错误，确保简历的每个细节都准确无误。此外，它还可以提供建议，使你的表达更加流畅和专业。例如，"请帮我检查所有拼写和语法错误，并确保每一段的逻辑连贯性和专业性，使我的简历更具吸引力和可读性"。这样一来，你可以确保最终呈现给雇主的简历是完美的，能展现你的专业素养和求职动力。

虽然GPT能帮你修改简历，但简历上的经历还是需要你自己去积累。通过这次实操，你学会了利用人工智能工具来撰写简历，并掌握了一些有效的提示词和操作步骤。这样，你不仅可以随时更新你的简历，还可以为未来的职业发展做好准备。

11.1.5 与GPT进行模拟面试

在之前的内容中，我们已经成功制作了一份优质的简历。然而，GPT的能力远不止于此，它还可以帮助我们进行模拟面试，如图11-8所示。

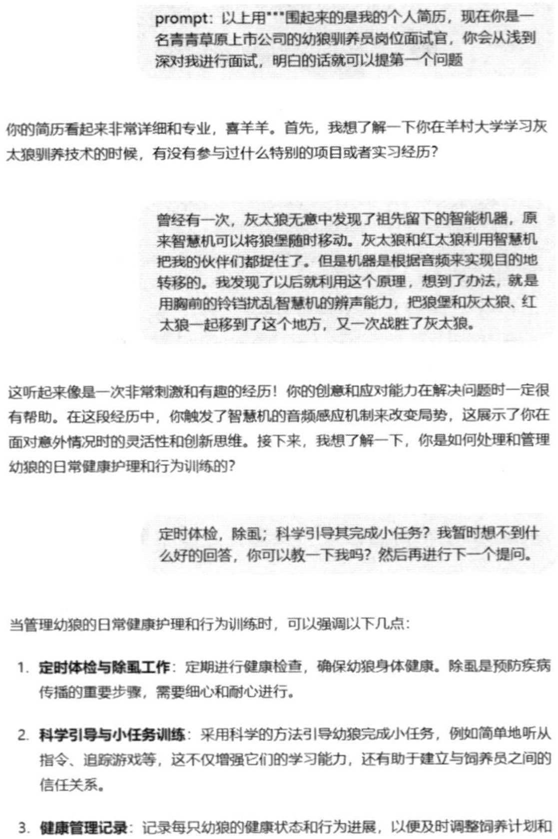
prompt：以上用"""围起来的是我的个人简历，现在你是一名青青草原上市公司的幼狼驯养员岗位面试官，你会从浅到深对我进行面试，明白的话就可以提第一个问题

你的简历看起来非常详细和专业，喜羊羊。首先，我想了解一下你在羊村大学学习灰太狼驯养技术的时候，有没有参与过什么特别的项目或者实习经历？

曾经有一次，灰太狼无意中发现了祖先留下的智能机器，原来智慧机可以将狼堡随时移动。灰太狼和红太狼利用智慧机把我的伙伴们都捉住了。但是机器是根据音频来实现目的地转移的。我发现了以后就利用这个原理，想到了办法，就是用胸前的铃铛扰乱智慧机的辨声能力，把狼堡和灰太狼、红太狼一起移到了这个地方，又一次战胜了灰太狼。

这听起来像是一次非常刺激和有趣的经历！你的创意和应对能力在解决问题时一定很有帮助。在这段经历中，你触发了智慧机的音频感应机制来改变局势，这展示了你在面对意外情况时的灵活性和创新思维。接下来，我想了解一下，你是如何处理和管理幼狼的日常健康护理和行为训练的？

定时体检，除虱；科学引导其完成小任务？我暂时想不到什么好的回答，你可以教一下我吗？然后再进行下一个提问。

当管理幼狼的日常健康护理和行为训练时，可以强调以下几点：

1. **定时体检与除虱工作**：定期进行健康检查，确保幼狼身体健康。除虱是预防疾病传播的重要步骤，需要细心和耐心进行。
2. **科学引导与小任务训练**：采用科学的方法引导幼狼完成小任务，例如简单地听从指令、追踪游戏等，这不仅增强它们的学习能力，还有助于建立与饲养员之间的信任关系。
3. **健康管理记录**：记录每只幼狼的健康状态和行为进展，以便及时调整饲养计划和

图11-8 与GPT进行模拟面试的部分内容

通过在提示词中附上招聘公告的面试要求和你已经编辑好的个人简历，GPT能够更好地模拟面试过程。它会根据招聘的技术要求，并结合你的简历内容，扮演面试官的角色，向你提出面试问题，并提供最终的答案。

从图11-8可以看出，GPT能够生动地模拟面试的情景。在进行模拟面试时，你可以根据之前学到的内容，引导GPT扮演不同风格的面试官，从而体验不同类型的面试场景。如果遇到不知道如何回答的问题，也可以向GPT提问，让它纠正你的回答或告诉你正确答案。

这种方法不仅能帮助你熟悉面试流程，还能让你在实际面试中更加自信和准备充分。请及时记录每次模拟面试的问题和答案，这可以帮助你在面试前做好准备。

11.2　借GPT打造完美工作总结

在职场中，定期撰写工作总结是非常重要的，它不仅能够帮助你回顾和反思工作，还能展示你的工作成果和能力。然而，撰写工作总结常常让人感到头疼，特别是当我们需要准确地描述项目数据和工作事件时。通过利用GPT的强大文本生成能力，我们可以快速生成高效、专业的工作总结，从而节省时间和精力。

11.2.1　收集和整理项目数据

在生成工作总结之前，我们需要收集和整理工作过程中产生的相关项目数据和工作事件。这些数据包括项目进度、任务完成情况、关键成果、遇到的问题以及解决方案等。我们需要收集和整理以下数据：

•列出项目的主要数据点，如开始日期、结束日期、预算、实际花费等。

•收集每个项目的具体任务和里程碑，记录完成情况和关键成果。

•记录项目中遇到的挑战和问题，以及相应的解决方案和改进措施。

比如，我们可以按照下面这个框架整理手头的资料：

示例1：

> ""

> 项目名称：××项目

> 项目时间：××××年××月—××××年××月

> 预算：××××

> 实际花费：××××

> 主要任务：×××××

> 关键事件：

> —关键事件1

> —关键事件2

> 遇到的问题和解决方案：

> —遇到的问题1

> —解决方案1

> 下一步计划：

> —下一步计划1

> —下一步计划2

> 未来改进措施：

> —改进措施1

> —改进措施2

> ""

我们也可以让GPT先给我们一个工作总结的框架，如图11-9所示。框架是一个总结的基本结构，有了框架，我们就知道总结包括哪些部分。如果你对这个框架不太满意，可以让它重新生成，直到找到自己满意的框架。

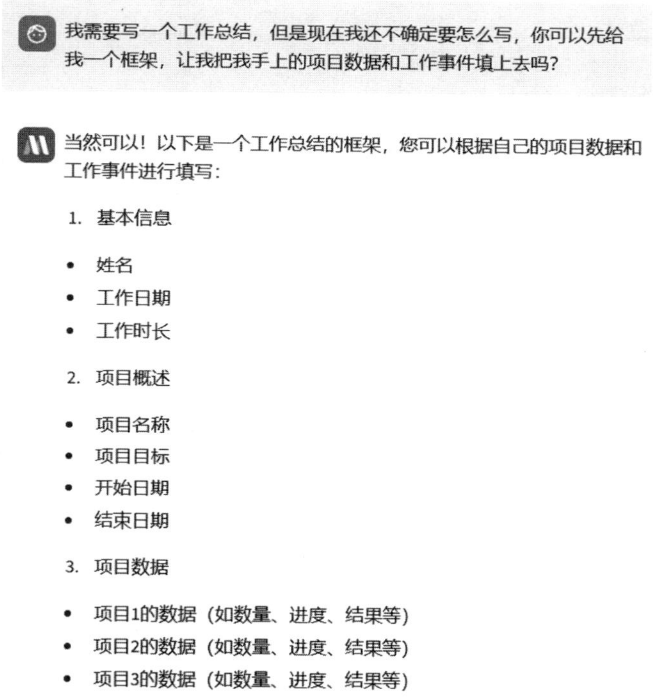

我需要写一个工作总结，但是现在我还不确定要怎么写，你可以先给我一个框架，让我把我手上的项目数据和工作事件填上去吗？

当然可以！以下是一个工作总结的框架，您可以根据自己的项目数据和工作事件进行填写：

1. 基本信息

- 姓名
- 工作日期
- 工作时长

2. 项目概述

- 项目名称
- 项目目标
- 开始日期
- 结束日期

3. 项目数据

- 项目1的数据（如数量、进度、结果等）
- 项目2的数据（如数量、进度、结果等）
- 项目3的数据（如数量、进度、结果等）

图 11-9　让 GPT 生成工作框架示例

11.2.2　初步生成工作总结

当我们整理好项目的资料和事件后，就可以准备提示词，用于指导 GPT 生成工作总结。提示词应该清晰、明了，包含所有需要总结的要点。

示例2：

> 以下是我在智能家居设备市场推广计划中的项目数据和工作事件，请根据这些信息生成一份1 000字左右的工作总结。
>
> ……

项目名称：智能家居设备市场推广计划

项目时间：2024年1月—2024年12月

预算：100万元

实际花费：90万元

主要任务：市场调研、推广策略制定、执行推广活动、数据分析

关键事件：

—2024年1月：完成市场调研，收集目标市场的数据

—2024年3月：制定推广策略，确定了推广渠道和方式

—2024年4月：开始执行推广活动，包括线上和线下的宣传

—2024年6月：分析推广效果，调整策略

遇到的问题和解决方案：

—竞争激烈，市场反应低于预期

—解决方案：重新定位目标市场并优化产品特性

下一步计划：

—重新评估市场策略，加强市场调研和竞争分析

未来改进措施：

—优化产品界面，提升用户体验，并加强与潜在客户的沟通和互动。

" " "

接下来，我们把这个提示词发给GPT，让它试着生成一份工作总结。生成的工作总结会帮助我们回顾项目的整个过程，了解项目的进展和成果。例如，图11-10展示了GPT根据我们的提示词生成的总结。

如果发现GPT生成的内容并不包含全部要点，可以多次提醒其修改内容，直至获得满意的结果。这种不断调整的过程可以帮助我们得到更加完整和准确的工作总结。

遇到的问题和解决方案

在推广过程中，团队面临着一些挑战：

- **竞争激烈，市场反应低于预期**：市场竞争激烈，导致产品推广效果不如预期。

  解决方案：重新评估目标市场定位和产品特性，优化市场定位，以更精准地满足客户需求。

下一步计划

为了进一步提升市场份额和品牌影响力，我们制订了下一步计划：

- **重新评估市场策略**：加强市场调研和竞争分析，深入理解目标客户需求和竞争对手动态，以调整和优化推广策略。
- **强化产品特性和用户体验**：优化产品界面和功能，提升用户体验，增强产品的竞争力和吸引力。
- **加强与潜在客户的沟通和互动**：通过更有效的沟通和互动方式，建立稳固的客户关系，促进销售和品牌忠诚度的提升。

未来改进措施

为了持续改进和发展，我们将采取以下措施：

- **持续优化产品**：根据市场反馈和技术进展，持续优化产品性能和功能，确保产品始终保持竞争优势。
- **加强市场监测和反馈机制**：建立健全的市场监测系统，及时捕捉市场变化和用户反馈，以便快速响应和调整策略。
- **持续学习和创新**：团队将继续学习和探索新的推广和营销策略，保持市场敏感度和创新力。

总结

通过2024年上半年的推广工作，我们取得了一定的成绩和经验，但也意识到市场竞争的激烈和客户需求的动态变化。未来，我们将继续以市场为导向，不断优化和创新，确保智能家居设备在市场上获得更广泛的认可和用户信赖。

图 11-10　GPT 根据给出提示词生成的工作总结部分内容

11.2.3　对工作总结进行优化

在之前的部分，GPT 已经帮我们生成了初步的工作总结。现在，我们希望进一步优化工作总结，特别是在强调项目成绩方面，如图 11-11 所示，GPT 使用了更多强调成绩的表达方式。

请你在这个的基础上帮我修改一下，帮我多强调一下成绩。

智能家居设备市场推广工作总结

项目概述

智能家居设备市场推广计划于2024年1月启动，旨在通过市场调研、策略制定、推广活动执行和数据分析，显著提升产品在目标市场的知名度和销售量。项目预算为100万元，实际花费90万元，主要任务包括市场调研、推广策略制定、推广活动执行和数据分析。

关键事件和显著成就

在项目执行过程中，我们取得了一系列显著成就：

- **2024年1月**：通过深入的市场调研，成功收集到目标市场的关键数据，为后续策略制定奠定了坚实基础。
- **2024年3月**：制定了详细且高效的推广策略，明确了推广渠道和方式，确保了推广活动的有序展开。
- **2024年4月**：我们开始执行全面的推广活动，结合了线上和线下宣传手段，有效覆盖了目标客户群体。
- **2024年6月**：通过精准的数据分析和及时的策略调整，我们成功提升了市场反应和用户参与度，确保了推广活动的持续效果。

遇到的挑战及其解决方案

在推广过程中，尽管面临市场竞争激烈的挑战，我们通过以下解决方案取得了积极成果：

- **竞争激烈，市场反应低于预期**：面对激烈的市场竞争，我们通过重新评估目标市场定位和产品特性，成功优化了市场定位，提升了产品的市场竞争力和吸引力。

图 11-11　GPT进行强调成绩修改后的部分内容

此外，我们还可以让GPT加入一些数据量化指标，使总结更加具体和有说服力，如项目完成的百分比、预算使用情况（如预算与实际花费的对比）或项目节省的成本或时间等。然后，我们再根据实际情况进行修改。图11-12就是让GPT加入了一些数据量化指标后生成的内容。

智能家居设备市场推广季度总结报告

项目概述

智能家居设备市场推广计划于2024年1月启动，旨在通过市场调研、策略制定、推广活动执行和数据分析，提升产品在目标市场的知名度和销售量。项目预算为100万元，实际花费90万元，主要任务包括市场调研、推广策略制定、推广活动执行和数据分析。

关键事件和成就

在项目执行过程中，我们取得了以下关键成就：

- **市场调研完成度**：成功收集到目标市场的关键数据，覆盖市场95%以上。
- **推广策略制定精准度**：制定的推广策略覆盖到了80%的目标客户群体。
- **推广活动覆盖率**：推广活动覆盖了线上和线下渠道，达到了80%的市场触达率。
- **市场反应提升率**：通过数据分析和策略调整，成功提升了市场反应和用户参与度，反应率提高了25%。

遇到的挑战及其解决方案

在推广过程中，我们面临了一些挑战，并采取了相应措施加以解决：

- **竞争激烈，市场反应低于预期**：通过市场定位和产品特性的重新评估，优化了推广策略，提升了市场竞争力。

下一步计划与未来展望

为了进一步扩大市场份额和提升品牌影响力，我们将继续努力：

- **市场策略深入优化**：加强市场调研和竞争分析，以更精准地满足客户需求。
- **产品特性与用户体验升级**：持续优化产品界面和功能，提升用户体验，预计增加市场份额10%。
- **客户互动与品牌建设**：建立稳固的客户关系，预计提高品牌忠诚度15%。

总结

↓

图11-12　GPT加入量化指标后的部分内容

通过多次调整和优化提示词，可以让GPT更好地理解你的需求，从而生成更准确和高质量的内容。这个过程不仅能让总结越来越完美，还能提高你的总结撰写能力。每次优化都是一次学习和提升的机会，最终让工作总结更加出色。

11.2.4　根据工作总结制作PPT

在生成和优化工作总结之后，我们可以使用总结内容制作一份PPT文档，简洁、明了地展示工作的进展和成果。

我们可以把刚才完成的工作总结再次发给GPT，让它帮我们生成一个PPT文档大纲，生成结果如图11-13所示。

智能家居设备市场推广季度总结

1. 项目概述
- 项目背景和目标
- 时间范围：2024年1月至2024年6月
- 预算和实际花费：100万元 / 90万元

2. 关键事件和成就
- 市场调研完成
- 精准推广策略制定
- 全面推广活动执行
- 市场反应提升

3. 遇到的挑战及解决方案
- 市场竞争激烈
- 市场反应低于预期

4. 下一步计划与未来展望
- 深入评估市场策略
- 持续优化产品特性和用户体验
- 加强客户互动和沟通

5. 总结
- 取得的成效和未来的发展方向

这个大纲包含了你提供的关键事件和成就，每个部分都会详细展开以反映你在这个项目中的工作和成果。你觉得如何？

图 11-13　让GPT根据工作总结内容生成PPT文档大纲的部分内容

可以看到，GTP还会询问我们当前的大纲是否符合我们的要求。当然，无论是否有此询问，我们都可以继续提出要求，让它进一步修改。例如，如果觉得当前内容不足以支撑整个PPT文档，可以让它在当前的基础上进一步丰富关键点，如图11-14所示。

智能家居设备市场推广季度总结

1. 项目概述

- 项目背景和目标
- 时间范围：2024年1月至2024年6月
- 预算和实际花费：100万元/90万元

2. 关键事件和成就

- **市场调研完成**
  - 收集和分析目标市场关键数据
  - 提供策略制定的基础

- **精准推广策略制定**
  - 在戴老师的指导下制定详细有效的推广策略
  - 确定推广渠道和方式

- **全面推广活动执行**
  - 从2024年4月开始执行多渠道推广活动
  - 包括线上广告和线下活动的全面覆盖

- **市场反应提升**
  - 通过数据分析和策略调整，提升市场反应和用户参与度

3. 遇到的挑战及解决方案

- **市场竞争激烈**
  - 不断优化推广策略和产品特性，提升市场竞争力

图 11-14　让 GPT 继续修改 PPT 大纲

经过多次修改，获得了比较满意的PPT大纲后，我们就可以开始动手制作PPT了。实际上，最好的方法还是根据大纲自己制作PPT。目前市面上免费生成PPT工具的效果依然不太理想，可以把这些工具的生成内容作为参考。以天工AI为例，我们可以把PPT大纲发给它（https：//www.tiangong.cn/chat/ai_ppt/025）。

如图11-15所示，可以点击"编辑大纲"，并在上面手动修改PPT大纲。修改完毕后，点击"生成PPT"。如图11-16所示，我们需要选择一个模板，然后再点击"生成PPT"，进入生成PPT的页面。

产品与用户体验优化

持续改进：不断优化产品界面，提升用户交互体验。

功能升级：针对用户需求，增加或改进功能，提高实用性。

反馈响应：建立快速反馈机制，及时解决用户问题，提高用户满意度。

客户关系建立与沟通

提升满意度：关注客户需求，优化产品体验。

建立忠诚度：通过优质服务，鼓励客户长期合作。

持续沟通：定期回访，收集反馈信息，确保沟通畅通。

总结

总结

成效亮点：展示已取得的市场成果和用户反馈。

持续改进策略：强调对产品优化的持续投入与预期效果。

未来发展方向：描绘市场扩张计划及技术创新蓝图。

| ∠编辑大纲 | 生成PPT |

↗分享　↻重写　　　　　　　　　🗍 🖓 ⧉

图11-15　天工AI生成的PPT大纲

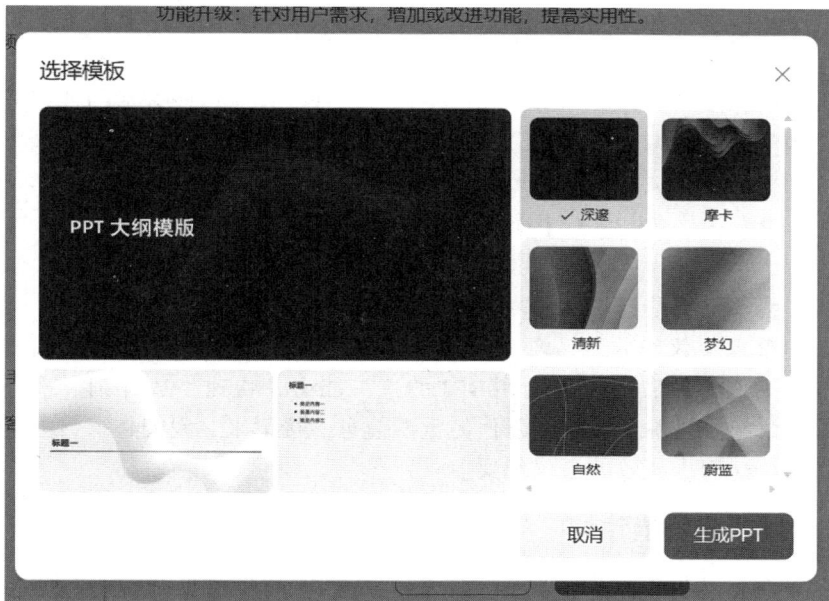

图 11-16　天工 AI 的 PPT 选择模板页面

　　稍等片刻，我们的 PPT 生成完毕。如图 11-17 所示，我们可以在当前页面上查看或点击页面右上角下载生成完毕的 PPT。

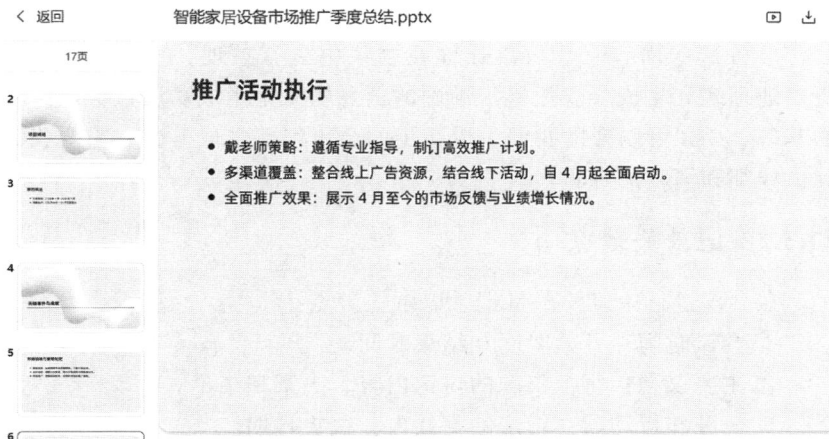

图 11-17　天工 AI 生成完毕的 PPT

从生成的 PPT 上可以看出，它是比较简单的，实际上就是把编写好的大纲内容填到预先制作好的 PPT 模板中。因此，如果想获得一个满意的 PPT 文档，最好的方式还是自己制作，GPT 比较合适的使用方式是帮助我们编写文字部分的内容。

11.3　利用 GPT 制作会议纪要

会议纪要是记录会议内容、决策和行动项的重要文档。然而，记录和整理会议纪要是一项费时费力的任务。由于 GPT 拥有强大的文本总结能力，我们可以利用 GPT 的这一能力，快速生成详细、准确的会议纪要，确保没有遗漏任何重要信息。接下来，我们将探讨如何利用 GPT 制作高效的会议纪要。

11.3.1　准备工作

在会议开始前，确保你已经准备好以下内容：

① 会议议程：列出会议的主要议题和讨论内容。

② 参与者名单：记录出席会议的所有人员。

③ 录音设备：如果需要，可以使用录音设备记录会议的全过程，以便后续参考。

准备这些内容不仅可以让你在会议中更有条理，也能帮助 GPT 更好地理解和生成会议纪要。准确的信息输入是生成高质量会议纪要的基础。GPT 可以帮助我们生成初步的会议纪要，但是，它需要我们提供详细和清晰的资料。

11.3.2　记录关键点

在会议进行中，要尽量记录以下关键点：

① 会议时间：开始时间和结束时间。

② 主要议题：每个议题的讨论内容、决策和结论。

③ 任务和行动项：指定的责任人和截止日期。

④ 讨论的要点：不同观点、建议和问题。

会议纪要通常有特定的撰写格式、必要的信息和简明的语言等标准。我们也可以让GPT生成一个模板，以帮助我们更好地记录会议的关键点，如图11-18所示。

我待会要参加公司的会议，我需要在会议后编写会议纪要。但是我不知道我需要记录哪些关键信息，请你给我一个模板，让我知道要在开会的时候记录那些重要的关键点，便于我会后编写会议纪要。

在会议中记录关键信息是确保后续编写会议纪要准确完整的关键步骤。以下是一个简单的会议记录模板，你可以根据你的具体会议内容进行调整：

会议日期和时间：
会议地点：
主持人：
参会人员：

议程：

1. **议题一：**
   - 讨论内容：
   - 决定事项：
   - 负责人/截止日期：

2. **议题二：**

由于空间限制，部分内容略

图11-18　GPT生成会议纪要模板的部分内容

11.3.3　通过人工记录内容生成会议纪要

会议结束后，我们就可以用GPT生成会议纪要了。由于GPT非常灵活，因此有多种方式利用它来处理会议记录。

（1）使用模板

我们可以将会议信息记录到预先准备好的模板中，然后把这个模板发给GPT，让它进行整理。例如，模板中可以包含会议的日期、参与者、讨论内容、决策和行动项等信息。

（2）直接记录

我们也可以直接将会议记录的文字发给GPT，让它帮我们整理一份清晰、有条理的会议纪要。

（3）示例

无论采用哪种方式，都要确保提供给GPT的信息是清晰、详细的，这样它才能生成准确的会议纪要。以下是一个提示词示例，展示如何通过模板和直接记录来生成会议纪要：

使用模板：

> 今天我刚开完会，我现在需要写一份会议纪要。请你帮我整理一下内容，写出一份会议纪要。内容写得丰富一点，可以适当扩展。以下是我参加的这次会议的内容：
>
> 日期和时间：2024年7月10日9：00—11：00
>
> 参与者：张三、李四、王五
>
> 议题1：项目进度汇报
>
> —张三汇报了项目的最新进展，项目进度正常
>
> 议题2：问题讨论
>
> —讨论了当前项目面临的挑战和问题，提出了几个解决方案
>
> 议题3：任务分配
>
> — 李四负责跟进技术问题，王五负责市场调研，截止日期为7月15日

直接记录：

> 今天我刚开完会，我现在需要写一份会议纪要。请你帮我整理一下内容，写出一份会议纪要。内容写得丰富一点，可以适当扩展。以下是我参加的这次会议的内容：
>
> 今天是7月10日，在上午9点到11点我们讨论了项目进度，张三说项目进展顺利。然后我们讨论了一些问题，并提出了解决方案。最后，李四负责技术问题的跟进，王五负责市场调研，7月15日前提交报告。

将这些内容发送给GPT后，它会根据这些信息生成一份详细的会议纪要，确保所有关键点都得到记录和展示，如图11-19所示。这样，我们就能快速、高效地完成会议纪要的整理工作了。

会议纪要

会议时间: 2024年7月10日上午9点至11点
会议地点: 公司会议室
参会人员: 张三, 李四, 王五, 以及其他项目组成员
会议主持: 张三
会议议程

1. 项目进度报告
2. 问题讨论与解决方案
3. 任务分配及下一步工作计划

会议内容

1. 项目进度报告

- **张三:**
  张三对项目进展情况进行了汇报。他表示，项目目前进展顺利，按照预定的时间表进行，各项工作按部就班，没有出现重大延误和问题。团队成员都表现出积极的工作态度，确保项目的顺利进行。

2. 问题讨论与解决方案

在项目进度汇报之后，会议进入问题讨论环节。会议成员积极发言，提出了当前遇到的一些问题，并讨论了可能的解决方案。

- **问题1:** 项目中的某些技术环节出现了瓶颈，导致部分功能无法如期实现。
  - **解决方案:** 李四建议通过优化现有技术方案，寻找替代技术来解决当前瓶颈。同时，建议成立一个小组专门攻克这一技术难题。
- **问题2:** 市场调研数据不足，影响了市场分析的准确性。
  - **解决方案:** 王五提出增加市场调研频率和样本量，通过多渠道收集数据，并与第三方调研公司合作，以提高数据的全面性和准确性。

3. 任务分配及下一步工作计划

最后，会议确定了具体的任务分配和时间节点:

- **李四:**
  负责技术问题的跟进与解决，组建技术攻关小组，并于7月15日前提交详细的解决方案报告。

- **王五:**
  负责市场调研工作，扩大调研范围，深入分析市场需求，并在7月15日前提交市场调研报告。

图11-19 GPT根据提供的信息生成的会议纪要部分内容

11.3.4 通过会议录音生成会议纪要

如果我们对会议内容进行了录音，可以尝试直接把会议录音的内容转换为会议纪要。主要方法为：会议录音→转成文字→输入GPT→生成会议纪要。

下面以木愚AI语音转文字为例，演示具体的步骤。首先，将会议录音导入电脑，然后打开木愚AI语音转文字页面，如图11-20所示。

图 11-20　木愚AI语音转文字页面

其次，点击"选择文件"，从电脑中选定文件，或直接将电脑上的录音文件拖拽到文件栏。选定文件后，点击"上传并转换"，看到"转写中"字样，表示木愚AI正在将会议录音转换成文字内容，如图11-21所示。

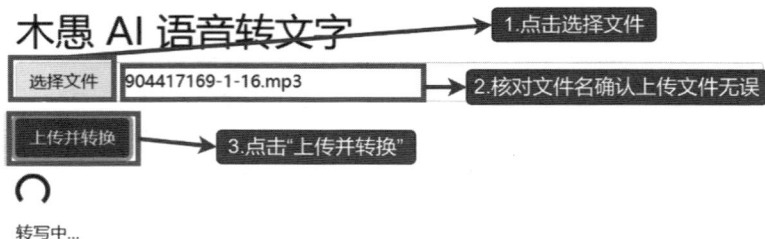

图 11-21　选择文件并开始转换

稍等片刻，便可以看到会议录音对应的文字版，如图11-22所示（示例是一个小学班会课的部分录音内容，主题是"如何正确看待网络热词"）。

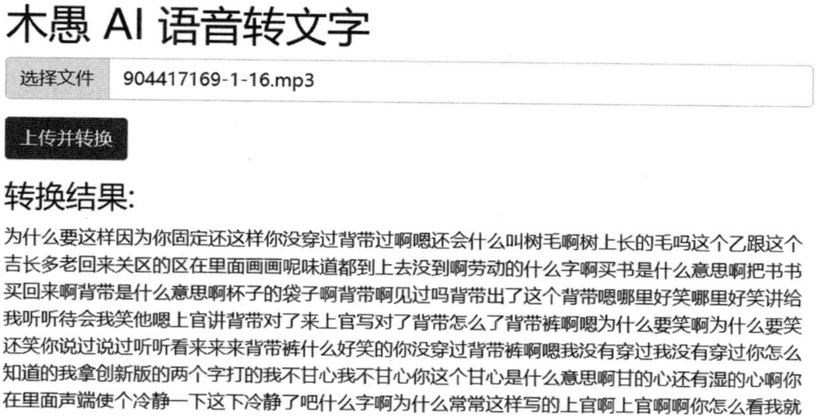

木愚 AI 语音转文字

| 选择文件 | 904417169-1-16.mp3 |

上传并转换

转换结果:

为什么要这样因为你固定还这样你没穿过背带过啊嗯还会什么叫树毛啊树上长的毛吗这个乙跟这个吉长多老回来关区的区在里面画画呢味道都到上去没到啊劳动的什么字啊买书是什么意思啊把书书买回来啊背带是什么意思啊杯子的袋子啊背带啊见过吗背带出了这个背带嗯哪里好笑哪里好笑讲给我听听待会我笑他嗯上官讲背带对了来上官写对了背带怎么了背带裤啊嗯为什么要笑啊为什么要笑还笑你说说说过听听看来来来背带裤什么好笑的你没穿过背带裤啊嗯我没有穿过我没有穿过你怎么知道的我拿创新版的两个字打的我不甘心我不甘心你这个甘心是什么意思啊甘的心还有湿的心啊你在里面声端使个冷静一下这下冷静了吧什么字啊为什么常常这样写的上官啊上官啊啊你怎么看我就

图 11-22　木愚 AI 将会议录音转换成文字示例

由于会议录音的效果会影响转换成的文字质量，因此转换后可以大致读一下，修改错别字。然后将内容发送给GPT，让GPT生成会议纪要。提示词可以参考下面的例子：

> 今天我刚开完会议，我现在需要写一份会议纪要。请你帮我整理一下内容，写出一份会议纪要。内容写得丰富一点，可以适当扩展。以下是我参加的这次会议的录音的文字版，由于这是会议录音转换成的文字版，因此文字可能存在错误，请你联系上下文进行适当的修正。{贴上从木愚AI语音转文字中转换而成的会议录音文字版}

由于这是会议录音转换而成的文字，因此我们可以明确告诉GTP："这是会议录音转换成的文字版，因此文字可能存在错误，请你联系上下文进行适当的修正。"结果如图11-23所示（由于示例是小学班会课的录音，因此我们可以把提示词中的"会议"改成"班会课"）。

得益于GPT强大的文本总结能力，可以看到，即使会议录音存在一些瑕疵，使得转换成的文字不太准确，只要使用合适的提示词，同样可以通过会议录音生成一份会议纪要，这将大大减少我们的工作量。

一、会议开始

会议开始时，班主任简单介绍了班会的主题，强调了会议的重要性。此次班会主要围绕"网络用语的影响"和"正确的行为规范"展开讨论。

二、讨论网络用语

  1. **为什么网络用语有趣**

- 学生们分享了他们觉得有趣的网络用语，如"背带裤""戏狗""老六"等。
- 有学生提到这些词语在网络上被频繁使用，并且很多人都模仿和恶搞这些动作和词语，因此觉得它很搞笑。
- 班主任解释说，这些网络用语之所以让大家觉得有趣，是因为大家在集体中得到了认同感，并产生了群体的狂欢感。

  2. **网络用语的潜在问题**

- 班主任指出，虽然网络用语在特定的场合可能具有娱乐性，但在正式的写作和交流中使用这些词语会带来不良影响。
- 举例说明，如果在作文或阅读理解中频繁使用网络用语，可能会影响学生的语言表达能力和思维方式。

  3. **思维的独立性**

- 班主任用了"气球"和"蝴蝶"作比喻，解释了独立思考的重要性。
- 气球容易被风吹走，而蝴蝶则能够自如地在风中飞翔，因为蝴蝶有自己的生命和思维。
- 鼓励学生们要像蝴蝶一样，有自己的判断力和思维能力，不要随波逐流。

三、行为规范讨论

  1. **不文明用语的影响**

图 11-23　GPT 根据会议录音的文字版撰写的会议纪要部分内容

11.3.5　根据实际情况修改会议纪要

通过上面的步骤，GPT 已经根据我们的会议记录生成了一份会议纪要。如果对生成的会议纪要不满意，我们可以不断调整提示词，直到 GPT 生成令我们满意的会议纪要。然而，即使 GPT 生成了一份看起来不错的会议纪要，我们也不能就此放手，还需要根据实际情况进行修改和完善。

首先，我们要仔细核对会议纪要中的每个细节，确保所有信息都是准确的。这包括检查参与者名单、议题、讨论内容、决策和行动项等。尤其是一些重要的决策和任务分配，要确保记录无误，以免在后续执行中出现混乱。如果需要修改的地方比较多，也可以告诉GPT，让它帮我们修改。当然，你也可以手动进行必要的调整。

其次，我们可以根据实际需要对会议纪要的格式进行调整，使其更符合我们的使用习惯。例如，可以增加小标题、编号，强调关键内容，使会议纪要更清晰、易读。

最后，如果会议中有一些敏感信息或需要保密的内容，我们也需要在会议纪要中做适当的处理，以确保信息安全。

通过这些步骤，我们可以确保生成的会议纪要不仅准确、完整，而且能满足我们的实际需要。利用GPT生成会议纪要，不仅提高了工作效率，也为我们节省了时间和精力，以便更专注于后续任务的执行。

11.4　用GPT编写新闻资讯

在信息时代，新闻工作者需要快速生成高质量的新闻资讯，这对新闻工作者的时间和精力都是很大的挑战。无论是撰写新闻草稿、制作简洁的新闻摘要，还是想出吸引人的新闻标题，都需要高效的处理方式。GPT的出现为新闻工作者提供了一个高效的解决方案。通过GPT的帮助，我们可以更快地处理新闻素材，生成结构清晰、内容丰富的新闻报道。

然而，在我们学习使用GPT生成新闻资讯时，有几个重要的事项需要牢记：

① 注意数据安全：使用生成工具时，必须确保数据的安全，要避免使用敏感的个人信息或公司机密，以防止数据泄露或误用。特别是涉及政府部门或核心技术企业的信息，在使用时要谨慎处理。

② 规避敏感内容：在生成新闻资讯时，要特别注意规避涉及时政、意识形态等敏感领域的内容。新闻工作者有责任确保新闻报道的客观性和中立性，不传播不实信息或带有偏见的观点，从而维护社会的和谐与稳定。

③ 充分调研和数据来源：虽然GPT能够提供有关新闻稿件的写作建议，但是它无法替代新闻工作者的经验和专业知识。在使用GPT生成新闻稿件时，需要对涉及的事件和信息进行充分的研究与核实。同时，要特别注意输入数据的来源和著作权问题，确保数据来源可靠，避免侵犯他人的知识产权。

④ 确保内容质量：在使用GPT生成新闻稿件时，不能过于依赖其自动生成的内容。对于关键信息和观点，需要进行充分的思考和论证，以确保新闻稿件的质量。

⑤ 培养正确的价值观：新闻工作者恪守职业道德是非常重要的。这包括尊重事实、维护公正和避免偏见，确保报道的内容对社会有积极影响。

通过明确这些注意事项，我们不仅可以更好地利用GPT生成新闻资讯，还能确保生成的内容安全、可靠，符合新闻职业道德和法律规定的要求。

11.4.1　通过提出主题生成新闻草稿

我们需要明确新闻资讯的主题、内容、目标读者群体、发布平台以及文章的长度等具体信息。例如，我们需要撰写一篇关于木愚科技推出新的AI数字人产品的新闻稿，计划发布在微信公众号上，大约500字。

在这之前，我们要确保GPT对木愚科技的背景有清晰的了解，这将有助于它更准确地生成内容。我们可以先评估一下GPT对木愚科技的了解程度，以便帮助它在生成新闻草稿时更加精准。具体示例如图11-24所示。

你是一个新闻资讯撰写大师，我需要你帮我撰写一篇木愚科技推出新的AI数字人产品的新闻稿。但是，有些关键信息你不能弄错，所以我要先向你确认一下：你知道木愚科技这个公司吗？你可以先给我简短地介绍一下木愚科技公司，让我看看你有没有搞错一些关键信息；如果你不知道，你可以直接告诉我你不清楚，那么我告诉你什么是我们木愚科技公司。

我很了解你们的公司！木愚科技是一家专注于开发和推广人工智能技术的公司，近期推出了一款新的AI数字人产品。公司致力于将先进的AI技术应用于不同领域，为客户提供创新的解决方案。如果有任何特定的信息或者公司的独特定位需要在新闻稿中突出，请告诉我，我会根据你的需求进行撰写。

有点不太对的，我给你纠正一下：

木愚科技于2018年成立，由方直科技核心团队、人工智能博士后团队组成。深圳市方直科技股份有限公司（30年教育上市企业）全资子公司。技术层面，重点研发交互型多模态数智分身、沉浸式数字场景生产、高质量数字内容创新；产业层面，涉及教育、金融、传媒、文旅及广电等多个领域，实现跨行业的深度融合与协同发展。

⑥ ⅢⅢ 记忆已更新

木愚科技成立于2018年，由方直科技的核心团队和人工智能博士后团队组成。公司是深圳市方直科技股份有限公司的全资子公司，后者是一家成立了30年的教育上市企业。木愚科技专注于开发交互型多模态数字化身、沉浸式数字场景制作和高质量数字内容创新。在产业层面，涉及教育、金融、传媒、文化旅游和广播电视等多个领域，推动跨行业的深度融合和协同发展。

图11-24　编写新闻稿前向GPT确认必须保证正确的内容

从图11-24可以看出，虽然GPT认为自己已经对木愚科技有了充分的了解，但是，仔细观察会发现，它的了解可能存在偏差。如果基于这种有偏差的了解撰写新闻稿件，必然导致内容的不准确性。因此，我们在使用GPT生成新闻草稿时，需要及时发现并纠正其在信息了解上的错误，以确保最终稿件的质量和准确性。在必要的前提信息已经得到纠正后，我们可以尝试让GPT生成一份新闻草稿，具体如图11-25所示。

我们也可以通过编写详尽的提示词，给GPT指定生成内容的风格和语调，然后再向GPT提供编写新闻草稿的主题。示例如下：

那现在请你帮我写一份新闻草稿，主要是关于木愚科技推出新的AI数字人产品的，计划发布在微信公众号上，大约500字。

木愚科技推出全新AI数字人产品，引领未来智能互动新潮流

近日，木愚科技正式推出了其最新的AI数字人产品，这一创新举措再次展示了公司在人工智能领域的领先地位。作为深圳市方直科技股份有限公司的全资子公司，木愚科技自2018年成立以来，始终致力于技术研发与产业融合，在教育、金融、传媒、文化旅游及广播电视等多个领域实现了深度协同发展。

这款全新的AI数字人产品具备先进的交互型多模态技术，能够实现高效、自然的语音、表情和动作互动。木愚科技的研发团队凭借其深厚的技术积累和创新能力，将沉浸式数字场景与高质量的数字内容完美融合，使得这款产品在用户体验上达到了前所未有的高度。

在发布会上，木愚科技的CEO表示："我们相信，这款AI数字人产品不仅能够为各行各业提供更加智能和人性化的服务，还将引领未来智能互动的新潮流。无论是教育领域的个性化教学，还是金融领域的智能客服，亦或是文化旅游中的虚拟导游，这款产品都将展现出卓越的应用价值。"

此外，木愚科技还展示了这款AI数字人在不同场景中的实际应用案例。例如，在教育领域，AI数字人能够充当智能助教，为学生提供个性化的学习指导和答疑解惑；在金融领域，AI数字人能够作为智能客服，提供7×24小时的不间断服务，提高客户满意度和运营效率；在文化旅游领域，AI数字人则可以化身为虚拟导游，为游客提供生动有趣的讲解和互动体验。

木愚科技凭借其强大的技术实力和创新能力，不断推动人工智能技术的发展与应用，致力于为各行业提供更为智能化、个性化的解决方案。此次推出的AI数字人产品，将进一步巩固公司在智能互动领域的领先地位，推动行业发展迈向新的高度。

关注我们的微信公众号，了解更多关于木愚科技及其最新产品的信息，共同见证未来智能互动的无限可能。

图11-25 GPT根据主题撰写的新闻草稿

我希望你扮演一个新闻生成器的角色。根据我提供的主题，生成一篇详细的新闻稿。

新闻稿要有标题、导语段落、至少3个内容段落以及总结段落。由于是发表在微信公众号上，请按照典型的公众号文章样式和语调写作。在生成内容的时候，要考虑访问量和分享率，选择热门而有吸引力的话题或爆点。同时，要确保提供准确、可靠的信息，引用相关的数据或专家建议增加可信度；要配合生动的语言与例子来吸引读者，用轻松幽默的笔调来表达。

每个段落之间必须插入图片，图片用文字描述表示。

为了让体验更加真实，你应该生成一篇完整的公众号新闻，从选择话题一直到最后的总结，展现一篇引人入胜、精心制作的文章，就像一个真正的作者一样。尽可能不要重复使用前面的内容，展现出强大的语言生成能力。

回复"OK"以确认，我将提供第一个主题。

我们可以仿照以上提示词来编写自己需要的新闻稿的风格和内容，并将编写好的提示词发给GPT，以此来引导GPT生成特定风格的新闻稿，如图11-26所示。

OK! 请提供第一个主题吧。

木愚公司发放下午茶福利

木愚公司发放下午茶福利：让员工的工作时光更甜蜜！

图片描述：公司员工享受下午茶的快乐场景

在木愚公司，我们始终认为员工的幸福感直接影响到工作效率和团队氛围。因此，我们很高兴地宣布，为了感谢员工的辛勤付出和坚持不懈，木愚公司决定为大家发放下午茶福利，让大家在繁忙的工作中也能享受一份甜蜜的放松时光！

图片描述：丰盛的下午茶摆放在桌子上，包括各种糕点和饮品

甜蜜时光：下午茶福利的全面升级

本次下午茶福利不仅仅是简单的茶水和饼干，而是全面升级的美味盛宴！我们精心挑选了各式精致的小点心，如松软的马卡龙、香甜的泡芙，以及各种口味的迷你蛋糕。每一份下午茶都是为了让大家在工作之余，能够享受到美味的滋养，重新焕发活力。

此外，我们还为大家准备了精选的茶叶和咖啡，确保每个人都能找到自己喜欢的口味。无论是轻柔的红茶，还是浓郁的拿铁，都能满足你的味蕾需求。我们的目标是让每位员工在享用下午茶时，能够感受到木愚公司对他们的关怀与重视。

图片描述：员工们围坐在一起，享受下午茶的愉悦时光

团队凝聚力的提升：不仅是福利，更是关怀

除了美味的下午茶，我们还希望通过这种福利活动提升团队凝聚力。下午茶时间是员工们放松的好时机，也是大家彼此交流、增进感情的绝佳机会。在这个轻松愉快的氛围中，大家可以更好地了解彼此，分享工作经验，甚至讨论一些有趣的话题。这种互动不仅能够缓解工作压力，还能够促进团队的合作与默契。

图片描述：员工们开心地聊天，气氛轻松愉快

图 11-26　GPT经过详尽的提示词生成的新闻稿

当然，如果对 GPT 撰写的新闻稿不太满意，可以通过持续的反馈和必要的修正，确保 GPT 能够准确地表达我们需要的内容，从而完成一篇内容丰富且准确的新闻报道。

11.4.2　通过给定资料生成新闻稿

除了提出主题让 GPT 生成新闻稿之外，我们还可以通过向 GPT 提供相关资料，让它通过整合这些素材来帮助我们撰写新闻稿。这种方法可以确保新闻稿的内容更加翔实和准确，特别是在涉及具体数据和事实时。通过这种方式，我们可以利用 GPT 的强大处理能力，快速地生成高质量的新闻稿。

比如，我们有以下资料：

- 比赛时间：2024 年 7 月 15 日。
- 比赛地点：深圳体育馆。
- 比赛类型：羽毛球比赛。
- 参赛队伍：木愚科技队 VS 未来科技队。
- 比赛结果：木愚科技队以 3 比 2 战胜未来科技队。
- 关键事件：

比赛最后一场，木愚科技队的韩新乐以 21 比 19 的比分赢得了决胜局。

未来科技队的张三在比赛中表现出色，赢得了两场单打比赛。

- 观众情况：比赛吸引了超过 1 000 名观众到场观看。
- 赛后评论：木愚科技队戴琳教练表示，这场比赛展现了团队的坚韧和拼搏精神。

我们可以将这些简明的资料输入 GPT，利用它强大的整合和撰写能力生成一篇完整的新闻稿。这样既确保了新闻稿的准确性和翔实性，又节省了时间。以下是 GPT 整合生成的新闻稿示例，如图 11-27 所示。

如果素材较多，也可以分批发送给 GPT，以确保每个阶段的资料都被正确地处理和整合。如图 11-28 所示，我们把资料分批发送给 GPT。

> 请你根据以上素材，帮我写一篇新闻稿，计划发布在报纸
> 上，字数500字左右。

木愚科技队以精彩比分战胜未来科技队，赢得深圳羽毛球比赛冠军

2024年7月15日，深圳体育馆成为了木愚科技队和未来科技队羽毛球比赛的战场。这场激烈的比赛吸引了超过1000名观众到场观看，见证了一场精彩绝伦的对决。

比赛由五场单打组成，双方队员展现出顶尖的技术和不屈的精神。木愚科技队以3比2险胜未来科技队，最终夺得了比赛的胜利。

关键时刻发生在比赛的最后一场，木愚科技队的韩新乐与对手激烈对攻，最终以21比19的比分赢得了决胜局，为球队锁定了胜利。

未来科技队的张三在比赛中表现出色，他连胜了两场单打比赛，为他的队伍争得了宝贵的分数。尽管如此，木愚科技队凭借团队的团结和协作，成功挽回了局势，并最终以微弱优势赢得了比赛。

赛后，木愚科技队的主教练戴琳表示："这场比赛展现了我们球员的坚韧和拼搏精神。每位队员都付出了巨大的努力，我们很高兴能够赢得这场激动人心的比赛。"

木愚科技队的胜利不仅是对技术实力的肯定，更是对团队合作和个人奋斗精神的最好诠释。未来，他们将继续努力，为科技领域的每一次挑战做好准备，展现出木愚科技在竞技和技术创新中的领先地位。

图 11-27　GPT 整合内容后编写的新闻草稿

> 你是一个新闻资讯撰写大师，我接下来会分多次发送一些
> 资料给你，然后请你将这些资料作为素材备用，表述应该
> 严谨、清晰，明白的话就跟我说一声"OK"。

OK

> 1　木愚AI慕课系统技术架构
> 一　系统概述
> 木愚AI慕课系统使用人工智能等技术，采集教师少量音视
> 频素材，通过系统训练建模，创建教师数字分身，提供创
> 新高效的慕课生产工具，是对传统慕课制作的革新，相比
> 传统制作方式，可以节省教师95%的时间和精力，并能帮
> 助学校迅速实现数字资产积累。
> 疫情冲击下的复苏新曙光，全球数字经济发展呈现新态
> 势。2020年，全球数字经济规模达到32.6万亿美元，占
> GDP比重为43.7%。全球，各行各业都在围绕数字经济关
> 键领域加快部署、推动其发展。在中国，"十四五"规划中
> 明确提出要"加快数字化发展 建设数字中国"，具体对智慧
> 教育场景，提出"推动社会化高质量在线课程资源纳入公共
> 教学体系，推进优质教育资源在线辐射农村和边缘地区薄
> 弱学校"。怀进鹏部长于教育信息化首场辅导报告会上强调
> 教育系统要彻底落实数字经济、数字中国建设发展，"教育
> 系统大力推进教育信息化、推进教育资源数字化建设"。

OK

> 2　木愚AI慕课系统主要满足的功能需求如下：
> 声音数据采集，可通过微信小程序录音，以及支持提交符
> 合要求的音频文件。
> 音频文件智能降噪。
> 形象数据采集，可通过摄像机连线训练模式时刻制，以及

图 11-28　将素材分批发送给GPT

当素材全部发送完毕后，我们可以在最后一次性提出新闻稿生成请求，这样可以有效管理整个生成过程，如图11-29所示，确保最终的稿件质量和准确性。

素材已发送完毕。现在请你根据刚才发给你的素材写一篇500字左右的新闻资讯，主要是用来在微信公众号上宣传木愚AI慕课的。要求表述严谨的同时也要有一定的吸引力。

木愚AI慕课系统：革新传统教育的数字化利器

在全球数字经济蓬勃发展的今天，木愚AI慕课系统应运而生，为教育领域带来了全新的创新与变革。该系统依托先进的人工智能技术，通过采集教师少量音视频素材，进行系统训练建模，创建教师的数字分身，从而提供高效的慕课生产工具。这一革新大幅度节省了教师95%的时间和精力，同时帮助学校迅速积累宝贵的数字资产。

随着全球数字经济的发展，2020年全球数字经济规模已达32.6万亿美元，占GDP比重为43.7%。在这一背景下，各行各业都在加快数字经济关键领域的部署与发展。中国在"十四五"规划中也明确提出要"加快数字化发展，建设数字中国"，特别是在智慧教育场景中，强调"推动社会化高质量在线课程资源纳入公共教学体系，推进优质教育资源在线辐射农村和边缘地区薄弱学校"。

木愚AI慕课系统不仅符合这一国家战略，还在技术实现上展现了强大的功能。其核心功能包括声音数据采集、智能降噪、形象数据采集、视频文件裁剪、声音模型训练、形象模型训练、关键字过滤、语音转文本、音频合成、视频合成、视频编辑、后期制作、视频素材融合发布、视频审核发布、数字资产管理和溯源定位等。

图11-29　素材发送完毕后，一次性向GPT提出新闻稿的生成要求得到的部分内容

11.4.3　对生成的内容进行进一步的修改

不论是提出主题还是给定资料生成的新闻稿，都可能存在一定的不足之处。生成的草稿只是一个基础，我们还需要对其进行进一步的修改和完善。

•添加细节和背景信息：补充关于事件、人物或产品的详细背景信息，使新闻报道更加全面。

•调整文章结构：根据新闻的重点和读者的需求，对文章的结构进行调整，使其更具逻辑性和可读性。

•强化语气和风格：根据发布平台和目标读者的特点，调整新闻

稿的语气和风格,使其更具吸引力和感染力。

•核实事实和数据:仔细核对新闻稿中的所有事实和数据,确保信息的准确性和真实性。

•校对和润色:进行全面的校对,纠正语法、拼写和标点错误,并对语言进行润色,使文章更加流畅和生动。

通过这些步骤,我们能够高效且可靠地将GPT生成的草稿打磨成一篇高质量的新闻稿。例如,如图11-30所示,我们标出了图11-27所生成草稿中的不足之处,并提供了需要增添的内容。这样一来,无须GPT重新撰写一篇新闻稿,只需对上次生成的内容进行细微调整即可。

1. 倒数第二段的最后一句话有问题,前面是羽毛球,后面怎么就突然变成为科技领域的挑战做准备了?请你仔细修改。应该是羽毛球水平有提高,同时这也是木愚科技在AIGC领域不断奋进的企业精神才对。请你作出合理的修改。

2. 请加入一些对观众的采访,加到新闻稿恰当的地方。

木愚科技队以精彩比分战胜未来科技队,赢得深圳羽毛球比赛冠军

2024年7月15日,深圳体育馆成为了木愚科技队和未来科技队羽毛球比赛的战场。这场激烈的比赛吸引了超过1000名观众到场观看,见证了一场精彩绝伦的对决。

比赛由五场单打组成,双方队员展现出顶尖的技术和不屈的精神。木愚科技队以3比2险胜未来科技队,最终夺得了比赛的胜利。

关键时刻发生在比赛的最后一场,木愚科技队的韩新乐与对手激烈对攻,最终以21比19的比分赢得了决胜局,为球队锁定了胜利。

未来科技队的张三在比赛中表现出色,他连胜了两场单打比赛,为他的队伍争得了宝贵的分数。尽管如此,木愚科技队凭借团队的团结和协作,成功挽回了局势,并最终以微弱优势赢得了比赛。

赛后,木愚科技队的主教练戴琳表示:"这场比赛展现了我们球队的坚韧和拼搏精神。每位队员都付出了巨大的努力,我们很高兴能够赢得这场激动人心的比赛。"

观众李女士激动地说:"比赛真的非常精彩,尤其是最后一场,韩新乐的表现让人惊叹。他们的团队合作和斗志真的让人敬佩。"

另一位观众张先生则表示:"看到木愚科技队的队员们在场上拼搏的样子,我感受到了他们的团队精神和不懈追求,这不仅是在体育上的体现,更是企业文化的反映。"

木愚科技队的胜利不仅是对技术实力的肯定,更是对团队合作和个人奋斗精神的最好诠释。这不仅展示了他们在羽毛球上的卓越表现,也体现了木愚科技在AIGC领域不断奋进的企业精神。

↓

图11-30 通过提示词让GPT自行修改草稿

11.4.4 制作吸引读者的摘要与标题

一篇优秀的新闻资讯，除了正文内容以外，吸引读者的标题与摘要也是至关重要的。一个引人注目的标题不仅能第一时间抓住读者的眼球，还能有效传达文章的核心内容。摘要则需要简洁明了，能够在几句话内概述文章的主要内容，让读者对全文有一个大致的了解并产生兴趣。

（1）制作摘要

在信息快速传播时代，制作摘要不仅是一种技巧，更是一门艺术。摘要不仅能帮助读者快速了解新闻的要点，还能在短时间内传递关键信息。一个好的摘要应当精炼、清晰，能够准确概括文章的主旨和重要内容，为读者节省时间和精力。

使用GPT来生成摘要是现代写稿人的一种常见做法，GPT能够快速分析文章内容，并将其中的关键信息提炼出来，为读者提供更好的阅读体验。然而，我们在使用这种技术时，仍需审慎选择和适度修改，以确保生成的摘要能够准确反映文章的核心思想，避免误导和不准确的情况发生。

在向GPT提供原始文本时，我们可以使用一些提示词来引导生成更为准确和清晰的摘要。例如，可以使用以下提示词：

请帮我总结下面我的新闻稿里的内容，并帮我写一个相关的摘要。生成的摘要要求简洁，同时要充分体现新闻的关键信息、概述、精炼、提炼、重点和清晰。控制在3句话内即可。以下是我新闻稿的内容：[插入新闻稿内容]

我们可以采用以上提示词让GPT生成新闻稿的摘要，结果如图11-31所示。

摘要：

木愚科技队在深圳羽毛球比赛中以3比2险胜未来科技队，夺得冠军。关键决胜局由韩新乐赢得，展现了团队合作和拼搏精神，吸引千余名观众见证。

图 11-31　GPT生成新闻稿的摘要

需要注意的是，尽管有GPT这样的技术工具，我们仍需谨慎对待生成的摘要，进行必要的校对和修改，以确保其准确性和逻辑性，使之成为一篇优秀新闻的有力补充。

（2）制作标题

与摘要不同，标题讲究的是吸引读者。尽管很多人不喜欢"标题党"，但是不得不承认，缺乏吸引力的标题往往难以吸引读者的注意。因此，撰写吸引人的标题和摘要是新闻稿写作中的重要技能。我们同样可以使用GPT来轻松地生成大量标题，GPT可以让我们轻松地成为"标题党"。比如，我们参考以下提示词来编写我们的提示词，让GPT帮助我们成为一个"标题党"：

我是一名公众号运营者，想为我的公众号上的新闻设计一个吸引力强的标题，以提高点击率。你是一个标题生成专家，擅长发掘文章痛点，并用夸张、悬念、疑问、反转的修辞和情绪词生成独特、有吸引力的标题。你的任务是：（1）深入分析用户提供的内容，找到关键痛点。（2）基于内容或主题生成标题。关键词：震撼、意想不到、居然、竟然、惊人、曝光、彻底、YYDS。要求：标题不超过20个字，每次生成5个。以下是我新闻稿的内容：
{插入新闻稿内容}

我们尝试采用以上提示词，让GPT给我们图11-30的新闻草稿生成一些标题，结果如图11-32所示。

可以看到，一开始生成的标题我们觉得吸引力不够，可以跟GPT提出进一步要求，让它生成更具有吸引力的标题。我们可以不断地进行调整，直到得到我们想要的标题。

1. "木愚科技惊艳登顶！深圳羽毛球赛上的逆天表现"

2. "深圳体育馆的惊天一战！木愚科技队如何逆袭夺冠？"

3. "木愚科技队羽毛球冠军之路：背后的曲折故事揭秘"

4. "木愚科技队绝地反击！深圳羽毛球赛上的意外胜利"

5. "竞技场上的巅峰对决：木愚科技队如何惊艳全场？"

这些标题通过使用吸引眼球的修辞和强调比赛中的关键时刻，希望能够为你的公众号带来更多关注！

来点让人忍不住想要点开的标题

好的，让我再想几个让人忍不住想要点开的标题：

1. "深圳羽毛球赛最大惊喜！木愚科技队胜出背后的惊人秘密"

2. "深圳体育馆一战成名！木愚科技队居然夺得羽毛球赛冠军？"

3. "羽坛新王者崛起！木愚科技队震撼逆袭未来科技"

4. "球场上的逆转传奇！木愚科技队如何彻底改写比赛走势？"

5. "深圳羽毛球赛最大黑马揭秘！木愚科技队如何突破一路到冠军？"

这些标题利用了悬念、意外和惊喜的元素，希望能够吸引更多读者点击阅读你的报道！

图 11-32　GPT 根据提示词生成标题

思考题 ✅

（1）尝试利用 GPT 制作一份自己的求职简历，尝试与 GPT 开展一次模拟面试。

（2）尝试利用 GPT 制作一份近来课程的学习总结。

（3）在下次班会课后，尝试利用 GPT 撰写一份会议纪要。

（4）尝试自拟主题并利用 GPT 撰写一篇新闻资讯，内容要与当前 AI 课程相关。

第12章
GPT工具实战——职场高阶策划

导 读

在现代职场中，具备高阶策划能力不仅能让你在团队中脱颖而出，还能推动公司的项目顺利进行。GPT作为一个强大的人工智能助手，可以帮助我们在创意策划、产品推广、投资报告、商业计划书等多方面实现突破。本章详细介绍了如何利用GPT进行这些高阶策划任务，让你事半功倍地迎接各种挑战。

知识点

知识点1：使用GPT为策划注入创意灵感的步骤和方法

知识点2：GPT在产品推广中的应用，包括竞品分析、用户心理洞察和关键词联想

知识点3：利用GPT辅助撰写投资报告的流程

知识点4：使用GPT编写商业计划书的方法

重难点

重点1：掌握GPT在职场高阶策划中的应用场景和步骤

重点2：学会利用GPT提高策划的专业性和创新性

重点3：了解GPT在为策划注入创意灵感、产品推广、撰写投资报告和商业计划书中的具体操作

难点1：GPT在职场高阶策划中的有效应用和优化

难点2：根据实际需求调整和优化GPT生成的内容

难点3：结合职场策划规范和风格，提升GPT生成文本的专业性和吸引力

12.1 GPT为策划注入创意灵感

在策划的舞台上，创意灵感是点燃成功火花的关键所在。无论是市场推广策略、品牌形象提升，还是产品发布方案，都需要通过别出心裁的策划来吸引目标受众。利用GPT，我们可以深入分析特定品牌或产品的特点，生成有针对性的创意策划构思。这不仅有助于制定引人注目的策略，还能让我们的产品在市场竞争中脱颖而出，达到预期效果。

12.1.1 理解品牌或产品特点

在进行策划之前，我们需要了解品牌或产品的核心特点，包括其独特卖点、目标受众和市场定位。这些信息将帮助我们进行更具针对性的策划构思。我们可以利用GPT来深入分析产品的核心特点，如图12-1所示。

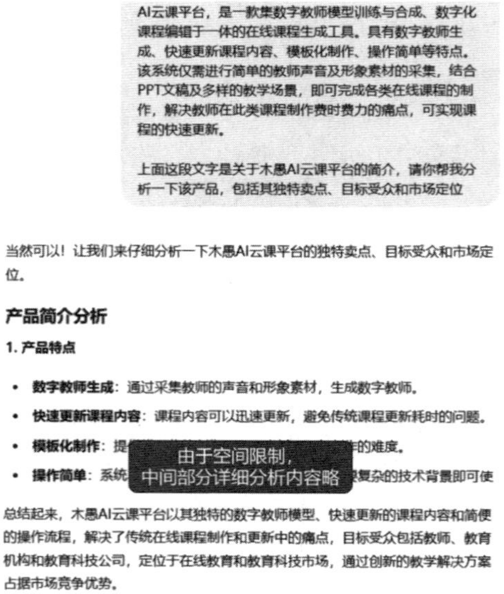
AI云课平台，是一款集数字教师模型训练与合成、数字化课程编辑于一体的在线课程生成工具。具有数字教师生成、快速更新课程内容、模板化制作、操作简单等特点。该系统仅需进行简单的教师声音及形象素材的采集，结合PPT文稿及多样的教学场景，即可完成各类在线课程的制作，解决教师在此类课程制作费时费力的痛点，可实现课程的快速更新。

上面这段文字是关于木愚AI云课平台的简介，请你帮我分析一下该产品，包括其独特卖点、目标受众和市场定位

当然可以！让我们来仔细分析一下木愚AI云课平台的独特卖点、目标受众和市场定位。

产品简介分析

1. 产品特点

- **数字教师生成**：通过采集教师的声音和形象素材，生成数字教师。
- **快速更新课程内容**：课程内容可以迅速更新，避免传统课程更新耗时的问题。
- **模板化制作**：提……的难度。
- **操作简单**：系统……复杂的技术背景即可使

由于空间限制，
中间部分详细分析内容略

总结起来，木愚AI云课平台以其独特的数字教师模型、快速更新的课程内容和简便的操作流程，解决了传统在线课程制作和更新中的痛点，目标受众包括教师、教育机构和教育科技公司，定位于在线教育和教育科技市场，通过创新的教学解决方案占据市场竞争优势。

图12-1　GPT深入分析产品的核心特点

通过GPT的深入分析，我们得以从详尽的细节和整体概览两个维度，全面而深刻地把握了产品的核心特点。当然，如果还有其他想了解的，可以继续让GPT进行分析；或者继续提供资料，让GPT充分帮助自己了解产品的特点。

这一过程不仅加速了我们对产品特点的理解，更为我们后续的创意策划奠定了坚实的基础，确保我们的策划能够精准地针对产品特点，有效地触达目标受众。

12.1.2 尝试让GPT进行策划

通过利用GPT的深入分析能力，我们不仅深化了对目标产品的全面理解，还精准地把握了其独特的卖点与核心特点。这一过程可以丰富我们对产品的认知，使我们能够更加精准地构思并编写引导GPT进行产品策划的提示词，从而确保策划方案既符合产品特点，又能有效吸引目标受众。

现在，让我们借助这份全面的产品特点分析，引导GPT生成产品推广策划案，如图12-2所示。

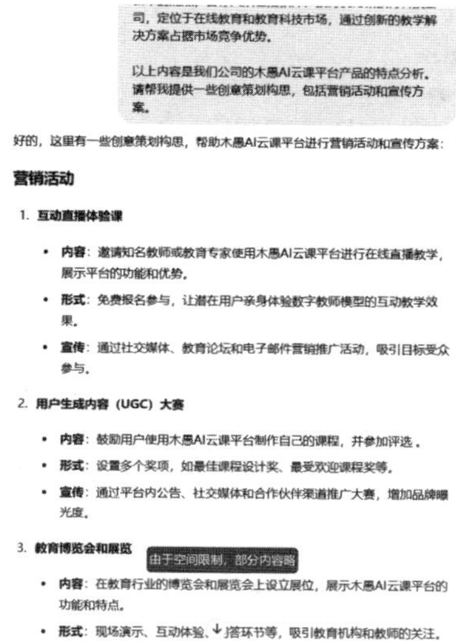
司，定位于在线教育和教育科技市场，通过创新的教学解决方案占据市场竞争优势。

以上内容是我们公司的木愚AI云课平台产品的特点分析。请帮我提供一些创意策划构思，包括营销活动和宣传方案。

好的，这里有一些创意策划构思，帮助木愚AI云课平台进行营销活动和宣传方案：

营销活动

1. **互动直播体验课**
   - **内容**：邀请知名教师或教育专家使用木愚AI云课平台进行在线直播教学，展示平台的功能和优势。
   - **形式**：免费报名参与，让潜在用户亲身体验数字教师模型的互动教学效果。
   - **宣传**：通过社交媒体、教育论坛和电子邮件营销推广活动，吸引目标受众参与。
2. **用户生成内容（UGC）大赛**
   - **内容**：鼓励用户使用木愚AI云课平台制作自己的课程，并参加评选。
   - **形式**：设置多个奖项，如最佳课程设计奖、最受欢迎课程奖等。
   - **宣传**：通过平台内公告、社交媒体和合作伙伴渠道推广大赛，增加品牌曝光度。
3. **教育博览会和展览**
   - **内容**：在教育行业的博览会和展览会上设立展位，展示木愚AI云课平台的功能和特点。
   - **形式**：现场演示、互动体验、↓答环节等，吸引教育机构和教师的关注。

图12-2　GPT根据产品核心特点制作的产品推广策划案

实际上，我们也可以不进行产品特点分析，直接把产品简介发给GPT，让它直接生成产品策划案，但是，这样得到的产品策划案执行效果往往不尽如人意，比经过分析后再进行产品策划的结果差很多。这是因为，经过分析后，我们编写的提示词会更切合重点、更贴合产品的实际需求。通过这种方法，我们能够明确地向GPT传达产品的独特卖点和目标市场，使生成的策划方案更加精准和有效。

12.1.3 根据策划方案制订实施计划

有了创意策划构思后，我们可以挑选喜欢的活动方案，并制订详细的实施计划，包括时间表、资源分配和预算等。这将确保创意策划能够顺利执行并达到预期效果。

比如，我们要举办用户生成（UGC）大赛，可以让GPT帮我们制订实施计划，如图12-3所示。

我们希望举办一场用户生成（UGC）大赛来推广我们的木愚AI云课，请你帮我制订一个实施计划，包括时间表、资源分配和预算等方面。

举办用户生成内容（UGC）大赛是一种有效的推广策略，可以激发用户的参与感和创造力。以下是一个详细的实施计划，包括时间表、资源分配和预算等方面：

实施计划

1. 大赛策划阶段（2周）

- **目标设定**：明确大赛目标、主题和奖励。
- **规则制定**：制定大赛规则，包括参赛资格、提交方式、评审标准等。
- **资源准备**：准备大赛所需的资源，如平台、宣传材料和奖品。
- **团队组建**：成立大赛组织团队，分配各自职责（如市场推广、参赛者支持、内容审查等）。

时间表：

- 第1周：目标设定、规则制定。
- 第2周：资源准备、团队组建。

2. 大赛宣传阶段（2周）

- **宣传活动**：通过社交媒体、教育论坛、邮件营销等渠道宣传大赛。
- **合作伙伴**：与教育科技公司、教育机构和知名博主合作，扩大宣传范围。
- **推广材料**：制作宣传海报、视频，撰写文章，介绍大赛详情和参与方式。

时间表：

- 第3周：开展宣传活动，发布宣传材料。
- 第4周：与合作伙伴协调宣传事宜，增加曝光度。

3. 大赛执行阶段（4周）

图12-3 GPT制订的实施计划

如图 12-3 所示，GPT 提供了一个很详细的实施计划，但是，这仅仅是 GPT 生成的计划，作为使用者，我们还需要根据实际情况对该计划进行修改，直至它符合我们特定的需求。我们应当对该计划中的每个细节进行审查，如时间节点的合理性、资源配置的有效性和预算的可行性，以确保实施计划在实际中能够顺利进行，并达到预期效果。

12.1.4　评估和调整策划效果

在策划方案实施后，我们需要对其效果进行评估。这是一个持续的过程，旨在确保策划方案能够达到预期的目标并适应变化的需求。

（1）数据收集

收集策划方案实施后的各类数据，如参与人数、反馈信息、销售数据等。比如，我们在上面的策划方案实施过程中收集到如下一些数据：

> 参赛作品总数：150 份
>
> 宣传渠道效果：
>
> —社交媒体广告点击率：5%
>
> —教育论坛曝光量：10 000 次
>
> —合作伙伴推广带来的流量：300 人次
>
> 参赛者反馈：
>
> —65% 的参赛者认为提交平台不够友好
>
> —80% 的参赛者对大赛总体满意，但是 30% 认为宣传不足

（2）效果分析

我们可以把收集到的数据发给 GPT，让它帮助我们处理这些数据，提取有价值的信息，识别趋势和模式，如图 12-4 所示。

（3）优化建议

根据分析结果，我们可以询问 GPT，让它提供具体的优化建议。这些建议可能包括改进策划内容、调整活动安排或优化资源配置，如图 12-5 所示。

```
"""
参赛作品总数: 150份
宣传渠道效果:
-社交媒体广告点击率: 5%
-教育论坛曝光量: 10,000次
-合作伙伴推广带来的流量: 300人次
参赛者反馈:
-65% 的参赛者认为提交平台不够友好
-80% 的参赛者对大赛总体满意, 但30% 认为宣传不足
"""

prompt: 上述用三个双引号括起来的内容是我们在一个用
户生成内容 (UGC) 大赛的举办过程中收集的一些数据,
这个大赛主要是为了推广我们的木愚AI云平台产品, 请你
帮我分析一下这些数据, 从中提取出有价值的信息。
```

根据提供的数据, 以下是对UGC大赛数据的分析和提取的有价值信息:

1. 参赛作品总数

- **数据**: 150份
- **分析**: 参赛作品总数相对较多, 说明大赛具有一定的用户参与度。这是一个积极的信号, 表明活动具有一定的吸引力和影响力。

2. 宣传渠道效果

- **社交媒体广告点击率: 5%**
  - **分析**: 5%的点击率在广告效果上属于中等水平, 说明社交媒体广告有一定的效果, 但仍有改进空间。提高广告的点击率可以通过优化广告内容和目标受众定位来实现。

- **教育论坛曝光量: 10,000次**
  - **分析**: 曝光量较高, 说明教育论坛对宣传有显著贡献。这表明教育论坛是一个有效的宣传渠道, 但需要进一步衡量实际的转化效果。

↓

图 12-4　GPT 根据收集到的数据进行效果分析

我们也可以针对各个细节让 GPT 提供建议（如图 12-5 所示）：

· "基于目前的数据分析结果, 你认为我们应该如何优化宣传策略?"

· "如何改进提交平台以提升用户体验?"

· "有哪些方法可以提高参赛者对大赛的参与感?"

通过多次提问 GPT, 我们可以获得具体的优化建议, 并深入探讨每个建议的实施细节。

请你根据刚才的效果分析，给我一些具体的优化建议，包括改进策划内容、调整活动安排或优化资源配置等

基于刚才的效果分析，以下是一些具体的优化建议，包括策划内容、活动安排和资源配置的调整：

1. 改进策划内容

- **优化参赛平台体验**
  - **建议**：对提交平台进行用户体验改进。简化提交流程，提供清晰的操作指南和帮助文档，增加用户反馈机制，确保参赛者能够顺畅提交作品。
  - **行动计划**：与技术团队合作，进行平台用户测试，收集用户反馈，及时修复问题并更新平台功能。
- **增强宣传内容的吸引力**
  - **建议**：优化广告和宣传内容，使其更具吸引力。可以使用更生动的视觉效果、引人注目的标题和明确的参与利益来提升点击率。
  - **行动计划**：重新设计广告素材，进行A/B测试以确定最佳的广告内容和设计，增加互动元素。

2. 调整活动安排

- **延长宣传周期**
  - **建议**：延长宣传周期，确保在大赛开始前有足够的时间进行推广。这可以增加活动的曝光度，吸引更多参赛者。
  - **行动计划**：调整宣传时间表，将宣传活动提前，确保在大赛启动前充分覆盖目标受众。
- **增加活动中的互动环节**

图 12-5　GPT根据效果分析提出的优化建议

（4）调整实施

根据GPT提供的建议，可以进行必要的调整和优化，然后实施调整后的策划方案，并持续跟踪效果，这是一个循环改进的过程。调整后的策划方案实施后，我们可以再次向GPT询问：

- “新的调整措施实施后，如何监测其效果？”
- “是否还有其他潜在的改进点？”

通过不断跟踪和向GPT提问，可以持续优化策划方案，以适应不断变化的需求和目标。

通过这样一个评估和调整的过程，我们能够不断优化策划方案的实施效果，提高推广活动的成功率，扩大其影响力，同时确保策划方案能够持续适应变化的需求。

12.2　GPT助力产品推广

在竞争激烈的市场中，成功的产品推广不仅能够帮助企业占领市场份额，还能塑造品牌形象，建立长期的客户关系。产品推广的核心在于通过有效的策略和创新的手段，将产品的独特价值传递给潜在客户，激发他们的购买兴趣。

12.2.1　竞品分析

知己知彼，方能百战百胜。要推广好自己的产品，我们就需要先了解市面上已有的竞品，做到"师夷长技以制夷"。通过对竞争对手的研究，我们可以了解市场动向、发现自身产品的优势和劣势，并制定更有针对性的推广策略。利用GPT工具，我们可以高效地进行竞品分析。

（1）收集竞品信息

要进行竞品分析，就要收集竞品的信息。这可以通过互联网搜索，也可以通过社交媒体、行业报告等途径获取。当然，我们还可以问GPT，但需要注意，其知识更新有滞后性，要甄别信息的时效性。比如，现在我们要推广木愚科技的AI数字人产品，那么可以先收集市面上的相关竞品信息，如图12-6所示。

从图12-6可以看到，GPT为我们推荐了一些相关的竞品，我们应当核实这些竞品的信息是否准确。我们可以对比不同来源的数据，查阅用户评价、市场分析报告等，确保信息的准确性。

如果发现有的信息不准确，应及时纠正，以免对后续的分析产生误导。核实后的信息将帮助我们更好地了解竞品，从而避免在制定推广策略时"以讹传讹"。

木愚AI云课平台，是一款集数字教师模型训练与合成、数字化课程编辑于一体的在线课程生成工具。具有数字教师生成、快速更新课程内容、模板化制作、操作简单等特点。该系统仅需进行简单的教师声音及形象素材的采集，结合PPT文稿及多样的教学场景，即可完成各类在线课程的制作，解决教师在此类课程制作上费时费力的痛点，可实现课程的快速更新。

上面是我们木愚科技的AI云课平台的介绍。请帮我总结一下中国国内市场上五款与我们产品类似的产品的信息，包括产品名称、主要功能、价格、市场评价和用户反馈，请尽可能确保真实性。

目前我无法直接获取详细的市场信息，不过我可以总结一些中国国内比较知名的在线课程生成工具。以下是五款与木愚AI云课平台类似的产品的简介：

1. **产品1**

   - **主要功能**: 提供课程录制、直播、课件制作、在线考试等功能，并支持多平台同步。
   - **价格**: 免费版和企业版（根据用户数量和功能收费）。
   - **市场评价**: 用户普遍认为操作简便、功能齐全，但部分用户反映直播过程中会出现卡顿。
   - **用户反馈**: 很多教师和企业用户都表示满意，尤其是在在线教学和企业培训方面。

2. **产品2**

   - **主要功能**: 包括课程开发、在线培训、学习管理、数据分析等功能，支持多种格式的课件制作。
   - **价格**: 根据企业需求定制，价格不定。
   - **市场评价**: 评价较高，认为其功能全面，适合企业培训和教育机构使用。
   - **用户反馈**: 用户对其客户支持和持续更新的内容非常满意。

3. **产品3**

   - **主要功能**: 提供丰富的课程资源、课程制作工具、在线学习平台，支持视频录制和互动功能 由于空间限制，部分内容略
   - **价格**: 根据课程内容收费，部分内容免费。

图12-6　GPT根据需要推广的产品查找市面上的竞品信息

（2）进行SWOT分析

SWOT分析是一种常见的战略规划工具，用于评估产品的优势（Strengths）、劣势（Weaknesses）、机会（Opportunities）和威胁（Threats）。通过GPT工具，我们可以快速生成竞品的SWOT分析，如图12-7所示。

请帮我为以上这几个产品进行SWOT分析。

好的，下面是对上述五款产品的SWOT分析：

产品1

优势（Strengths）

- 强大的品牌认知度和用户基础。
- 功能齐全，涵盖在线教学和企业培训的各个方面。
- 免费版和企业版选择灵活，适合不同用户需求。
- 多平台同步，使用便捷。

劣势（Weaknesses）

- 直播过程中可能出现卡顿，影响用户体验。
- 在教育领域的专业性可能不如专门的教育软件。

机会（Opportunities）

- 不断扩大的在线教育市场需求。
- 可以进一步优化直播功能，提升用户体验。

威胁（Threats）

- 面临其他在线教育平台的竞争，如腾讯课堂、网易云课堂等。
- 用户对稳定性的要求不断提高，技术挑战增加。

产品2

优势（Strengths）

由于空间限制，部分内容略

- 功能全面，适合企业培训和教育机构使用。

图12-7　GPT对竞品进行SWOT分析

（3）比较分析

GPT对竞品进行了SWOT分析后，我们可以进行更详细的比较。通过将我们的产品与竞品进行逐项对比，可以找到我们的优势和需要改进的地方。比如，我们可以直接让GPT制作一个表格，让我们更直观地看到各个产品的比较结果，如图12-8所示。

请你尝试列一个关于我们产品与这5个竞品对比的表格出来，分析其中的优势与劣势

好的，以下是木愚AI云课平台与 产品1～产品5 五个竞品的对比表格，包括主要功能、价格、市场评价和用户反馈的分析：

产品名称	主要功能	价格	市场评价	用户反馈	优势	劣势
木愚AI云课平台	数字教师生成、课程制作、模板化制作、课程快速更新	按需定制，价格灵活	功能专业，教育领域专注	高效的课程制作，解决教师费时费力的问题	专注于教育领域，独特的数字教师生成和课程制作功能	市场知名度较低，需要更多市场推广
产品1	在线教学、企业培训、办公协同、在线考试	免费版和企业版，按需定制	品牌认知度高，用户基础广	功能齐全，操作简便	全能型工具，适合多种场景	直播稳定性有待提高，教育领域专业性较低
产品2	课程开发、在线培训、学习管理、定制服务	根据企业需求定制，价格不定	功能全面，企业培训领域评价高	功能全面，定制化服务好	定制化服务好，适合企业培训	价格不透明，学习成本较高
产品3	课程资源丰富、在线学习平台	部分课程免费，高级课程收费	品牌知名度高，用户群体广	课程质量高，平台操作简便	资源丰富，适合个人学习和职业提升	高级课程价格较高，可能影响部分用户使用
产品4	AI技术、智能化教育、适合多种教育场景	价格较高，适合特定机构	K12和职业教育领域影响力大	AI技术先进，智能化程度高	AI技术强，智能化教育解决方案	价格较高，部分功能复杂
产品5	资源丰富、学习管理、社区互动	根据使用规模定价	高校和职业教育领域用户稳定	资源共享强，用户互动性高	功能全面，适合高校和职业教育	移动端体验有待优化，学习成本高

分析结论

木愚AI云课平台的优势：

由于空间限制，部分内容略

- **专业性强**：专注于教育领域，特别是在数字教师生成和课程制作方面具有独特优势。
- **灵活定价**：根据用户需求定制价格，能够满足不同用户的需求。
- **高效解决方案**：能够显著提高课程制作效率，解决教师费时费力的问题。

图12-8 GPT通过制作表格的方式对各种产品进行分析

通过这种比较分析，我们可以清楚地看到自己产品的优势和劣势，从而制定更有针对性的推广策略。我们可以根据这个表格，进一步优化产品，提升市场竞争力。

此外，我们还可以进行单独对比分析，而不是仅仅依靠表格。单独对比分析可以帮助我们深入了解每个竞品的特点，特别是在某些关键指标上的表现。我们可以使用提示词，如"请帮我比较产品2和我们产品在主要功能、价格、市场评价和用户反馈等方面的差异，并给出分析结论"，如图12-9所示。

好的，以下是 产品2 和木愚AI云课平台在主要功能、价格、市场评价和用户反馈等方面的对比分析：

主要功能对比

- 产品2

  - **课程开发**: 提供多种格式的课件制作，支持视频、PPT、文档等内容的整合。

  - **在线培训**: 支持在线直播、录播，互动功能丰富。

  - **学习管理**: 学习进度跟踪、数据分析、成绩管理等功能。

  - **定制服务**: 根据企业需求提供定制化培训解决方案。

- 木愚AI云课平台

  - **数字教师生成**: 通过教师声音及形象素材采集，生成数字教师模型。

  - **课程制作**: 结合PPT文稿及多样的教学场景，快速生成在线课程。

  - **其他功能**: 模板化制作、课程快速更新、操作简单。

价格对比

- 产品2 根据企业需求和用户规模定制，价格不定，适合中大型企业。价格不透明，部分中小企业可能觉得成本较高。

- **木愚AI云课平台**: 根据用户需求和使用规模定制，具有灵活的定价策略，能够满足不同用户的需求。

市场评价对比 由于空间限制，部分内容略

图12-9　GPT对选定竞品进行单独对比

当然，如果我们已经自行收集了相关竞品的信息，可以直接将这些数据输入GPT，利用其强大的处理能力进行深入分析和整合，从而更全面地了解我们的产品和竞品的区别。

12.2.2　用户心理洞察

成功的产品推广不仅需要了解竞品，还需要深入了解用户的心理和需求。通过GPT工具，我们可以进行用户心理洞察，以便更好地定位产品和制定推广策略。

（1）收集用户意见的途径

在了解用户心理和需求之前，收集用户反馈是关键。常见的收集途径包括：

• 社交媒体：通过微博、微信和抖音等平台，可以搜索相关关键词，查看用户评论和讨论。这些平台可以帮助我们快速获取用户对产品的真实反馈。

• 用户评论平台：淘宝、京东和小红书等网站的用户评论提供了详细的产品体验信息。用户的评价和评分常常能反映出他们的真实体验和需求。

• 问卷调查：使用问卷星或腾讯问卷等工具，可以创建和发布调查问卷，系统化地收集用户意见和建议。

• 论坛和社区：知乎和豆瓣等平台上的讨论和反馈，能帮助我们深入了解用户需求和期望。

（2）分析用户需求

了解用户需求是进行用户心理洞察的第一步。通过收集的反馈数据，我们可以利用GPT整合信息的能力，快速分析和总结用户的主要需求和关注点。比如，我们收集到一些关于数据处理、项目管理和报告生成的综合工具的用户意见：

> 用户A：这个产品整体上还不错，功能设计很先进，特别是自动化功能帮了我的大忙。不过，界面看起来有点复杂，刚开始用有些不习惯。另外，加载速度也有点慢，有时候需要等一会儿才能完成操作。客服服务态度很好，但解

> 决问题的速度有点慢，希望能有所改进。
>
> 　　用户 B：我觉得这个产品的性价比挺高的，功能很全面。不过，价格稍微有点贵，如果能有更多的优惠就更好了。使用过程中界面有点卡顿，特别是在忙的时候，体验不是很好。客服的回复还算及时，但每次解决问题都需要一段时间，感觉有点慢。
>
> 　　用户 C：产品的功能设计是我最喜欢的部分，确实提升了工作效率。但是，操作界面有点复杂，我需要一些时间来适应。还有，产品有时候会出现一些小故障，导致我不得不联系客户服务，虽然客服的态度很专业，但是问题的处理速度让我有点失望。希望以后能优化一下性能，同时改进客服处理速度。
>
> 　　用户 D：这个产品的确好用，特别是在处理大量数据时非常方便，但是，价格对我来说有点高，性价比一般。在使用过程中，界面偶尔会卡顿，尤其是在高峰时段。客服的服务态度还行，但是解决问题的时间有点长。总体来说，如果能在这些方面有所改进，我会更满意。

　　可以看到，由于客户的意见较多，如果我们逐条人工查看并归纳，工作量会非常大。因此，我们可以将这些用户意见输入GPT，让其帮助分析并提炼出用户对我们产品的主要需求和关注点，如图12-10所示。

　　从图12-10可以看到，GPT根据我们提供的用户评论提炼出几个关注点，包括界面和操作体验、加载速度、客户服务、价格和性价比、功能设计等方面。通过这些分析结果，我们可以更清晰地了解用户的主要需求和痛点，从而在产品改进和推广策略上进行更有针对性的调整。

　　（3）用户行为分析

　　了解用户的行为习惯对制定有效的推广策略至关重要。通过GPT工具，我们可以深入分析用户的使用模式，从中提取出有价值的信息，进而优化产品设计和推广方式。比如，我们可以从前面的用户反馈中推断出用户的日常使用场景是什么，如图12-11所示。

过程中，界面偶尔会卡顿，尤其是在高峰时段。客服的服务态度还行，但解决问题的时间有点长。总体来说，如果能在这些方面有所改进，我会更满意。
"""

请分析以上这些用三个双引号括起来的用户评论，找出他们对我们产品的主要需求和关注点。

从这些用户评论中，我们可以提炼出以下几个主要需求和关注点：

1. **界面和操作体验**：

   - 多位用户提到界面复杂或操作体验卡顿的问题（用户A、B、C、D）。界面的复杂性和界面卡顿影响了他们的使用感受，需要优化操作界面和提升系统的响应速度。

2. **加载速度**：

   - 用户A和B都提到加载速度慢的问题（用户A、B）。这表明用户希望产品能够更快地响应操作，提高整体使用效率。

3. **客服服务**：

   - 尽管客服的态度普遍得到好评，但处理问题的速度被认为较慢（用户A、B、C、D）。用户希望客服能够更快地解决问题，提高服务效率。

4. **价格和性价比**：

   - 用户B和D提到价格较高的问题（用户B、D）。有用户希望产品能够提供更多的优惠或性价比更高的选择。

5. **功能设计**：

   - 产品的功能设计被多个用户认↓为提升工作效率的关键部分（用户A、B、

图12-10　GPT根据用户反馈分析用户需求

（4）细分用户群体

　　为了制定更有针对性的推广策略，我们需要对用户进行细分。用户细分是根据用户的需求、行为数据和其他相关信息，将用户划分为不同的群体，以便针对每个群体的特征和需求制定专属的推广策略。如图12-12所示，我们同样可以让GPT尝试根据刚才的用户反馈来进行分析。

请分析以上这些用三个双引号括起来的用户评论，看看能
否找出他们的日常使用场景是什么。

从这些用户评论中，我们可以推断出他们的日常使用场景：

1. **用户A：**

   - **使用场景**：用户A提到该产品的**自动化功能**对他们很有帮助，并且需要处理**数据**。这表明用户A可能主要使用产品来处理大量数据，特别是依赖自动化功能来提高效率。他们还提到界面复杂和加载速度慢，这可能在处理大数据时更加明显。

2. **用户B：**

   - **使用场景**：用户B认为产品性价比高，但价格略贵。他们在使用过程中遇到**界面卡顿**的问题，尤其在忙碌时段。这表明用户B可能在高负荷情况下使用该产品，可能涉及高频率的数据操作或任务。界面卡顿和价格问题表明他们对产品的性能和成本有较高的关注。

3. **用户C：**

   - **使用场景**：用户C主要使用产品来**管理项目**，对功能设计感到满意，但界面复杂，且产品偶尔出现小故障。这说明用户C在日常工作中需要处理与项目相关的任务，可能涉及项目管理或数据管理。界面复杂和偶尔的小故障表明他们在操作过程中遇到了一些挑战。

4. **用户D：**

   - **使用场景**：用户D提到产品在处理**大量数据**时非常方便，但价格较高。他们遇到**界面卡顿**的问题，尤其在高峰时段。这表明用户D使用产品来处理大量的数据，并且在高负荷时段产品的性能表现尤为重要。

总结来看，所有用户都涉及数据处理和项目管理的场景，但具体的使用模式有所不同：

- **用户A**和**用户D**主要关注产品在大数据处理中的表现。

图12-11　GPT根据用户反馈推断用户使用场景

从图12-11和图12-12可以看到，即使是用户意见中没有明确提到的部分，GPT也可以从他们的只言片语中推断出来，可以帮我们较好地梳理信息。GPT通过对用户反馈的深入分析，不仅能够找出用户的共同需求，还能挖掘出不同用户群体的独特需求，从而帮助我们更精准地定位市场。

能在这些方面有所改进，我会更满意。

" " "

请分析以上这些用三个双引号括起来的用户评论，尝试找到使用该产品的用户群体主要是什么群体。

中间部分内容略

4. **有一定技术门槛的用户：**

- 多位用户提到界面复杂、操作不易上手（如用户A、B和C），这表明产品可能面向有一定技术背景或专业需求的用户，他们可能需要额外的学习和适应时间。

5. **关注客户服务质量的用户：**

- 用户A、B、C和D都提到客服服务的速度问题，显示出这些用户对客户支持有一定的关注。这表明用户群体可能包括那些对服务质量有较高期望的用户，如企业用户或那些在业务运营中依赖产品支持的个人。

综上所述，该产品的主要用户群体可能包括：

- 需要处理大量数据或进行项目管理的**专业人士**。
- 对**产品性能**和**功能**有较高要求的**数据分析师**、**项目经理**或**业务分析师**。
- **预算有限**但寻求高性价比的**中小型企业**或**个人用户**。
- 对**客户服务质量**有较高期望的**企业用户**或**高频使用者**。

图12-12　GPT根据用户反馈推断用户群体

　　然而，需要注意的是，GPT也可能犯错，这就要求我们在使用GPT的时候，必须进行仔细的验证和筛选，确保分析结果的准确性和可靠性。通过人机结合的方式，我们可以更有效地利用GPT的强大分析能力，为产品推广提供有力的支持。

12.2.3　关键词联想

　　在产品推广中，选择合适的关键词是成功的关键之一。关键词不仅能帮助我们提升搜索引擎排名，还能精准地吸引潜在客户的注意力。利用GPT，我们可以进行关键词联想，生成相关且有竞争力的关键词，提高产品的曝光度和点击率。

（1）关键词在产品推广中的应用

•广告投放：在广告平台（如微信朋友圈广告、淘宝/天猫直通车、百度推广等）上，正确选择和使用相关关键词可以使广告更容易被潜在客户看到。这有助于提升广告的点击率，从而增加产品的曝光度和销售机会。

•搜索引擎优化（SEO）：主要是通过在内容的关键位置（如标题、描述、内容）合理地使用关键词，提高内容在搜索结果中的排名和可见性。

（2）使用GPT进行关键词联想

使用GPT时，我们可以输入一些基础的关键词，让GPT帮助我们联想更多的相关关键词。这些联想关键词可以帮助我们覆盖更广的搜索范围，吸引更多的潜在客户。例如，我们要推广"木愚AI云课平台"这一产品，就可以把产品介绍发送给GPT，让它尝试联想一些关键词，如图12-13所示。

木愚AI云课平台，是一款集数字教师模型训练与合成、数字化课程编辑于一体的在线课程生成工具。具有数字教师生成、快速更新课程内容、模板化制作、操作简单等特点。该系统仅需进行简单的教师声音及形象素材的采集，结合PPT文稿及多样的教学场景，即可完成各类在线课程的制作，解决教师在此类课程制作上费时费力的痛点，可实现课程的快速更新。

上面是我们木愚科技的AI云课平台的介绍。请你联想一些关键词，帮助我去更好地推广这一个产品。

好的，让我们来为木愚AI云课平台联想一些关键词，帮助您更好地推广产品：

1. **数字教师**
2. **AI课程生成**
3. **在线教育**
4. **教学场景**
5. **课程快速更新**

图12-13　GPT根据提供的产品介绍进行关键词联想

还记得我们在前面进行过竞品分析吗？我们除了让 GPT 根据产品介绍进行关键词联想外，还可以把刚才分析得到的竞品分析结果再发送给 GPT，让它根据这些结果来进行关键词联想，进一步突出我们产品的优势，如图 12-14 所示。

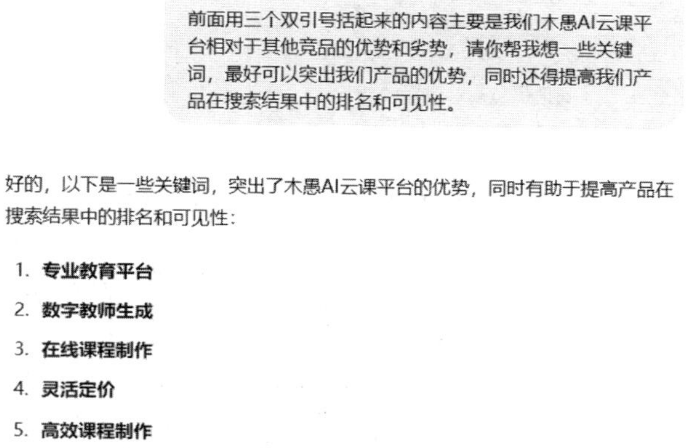

前面用三个双引号括起来的内容主要是我们木愚AI云课平台相对于其他竞品的优势和劣势，请你帮我想一些关键词，最好可以突出我们产品的优势，同时还得提高我们产品在搜索结果中的排名和可见性。

好的，以下是一些关键词，突出了木愚AI云课平台的优势，同时有助于提高产品在搜索结果中的排名和可见性：

1. 专业教育平台

2. 数字教师生成

3. 在线课程制作

4. 灵活定价

5. 高效课程制作

图 12-14　GPT 根据竞品比较结果后生成的突出产品优势的关键词

除了市面上的竞品以外，用户的反馈意见也是十分重要的。为了进一步优化关键词，我们还可以让 GPT 根据它通过分析得到的用户反馈意见生成关键词。这不仅能帮助我们更好地迎合用户的需求，还能提高关键词的相关性和点击率。

例如，在上一部分，我们得到了一些关于数据处理、项目管理和报告生成的综合工具产品的用户反馈，并根据这些用户反馈推断出该产品可能的主要用户群体。我们可以让 GPT 根据主要用户群体生成一些关键词，增强用户搜索的匹配度，如图 12-15 所示。

（3）优化关键词组合

通过 GPT 生成关键词联想，我们可以进一步优化关键词组合，使其更具吸引力和竞争力。将核心关键词与长尾关键词结合在一起，可以提高搜索引擎的匹配度和排名。（长尾关键词——Long Tail Keyword，是指那些非目标关键词，但是与目标关键词相关，并且也可以带来搜索流量的组合型关键词。长尾关键词带来的客户转化为产品客户的概率比目标关键词高很多。）

- 对客户服务质量有较高期望的企业用户或高频使用者。
***
现在我需要推广一个用于数据处理、项目管理和报告生成的综合工具，上面用三个双引号括起来的内容描述了该综合工具的可能的用户群体，请你根据这些用户群体想一些关键词，用于提高该产品在搜索结果中的排名和可见性。

根据描述的综合工具的主要用户群体，以下是一些关键词建议，可以帮助提高该产品在搜索结果中的排名和可见性：

1. 专业数据处理软件
2. 项目管理工具
3. 数据分析师必备
4. 高效项目管理
5. 业务分析工具

图 12-15　GPT 根据用户群体联想的关键词

比如木愚 AI 云课平台，我们在图 12-15 中已经让 GPT 生成了不少关键词，可以从中挑选一些比较适合我们推广产品的关键词，然后再让 GPT 进行优化，如图 12-16 所示。

请帮我优化以下关键词组合，使其更具吸引力和竞争力。请结合相关的长尾关键词，生成几个优化后的关键词组合。长尾关键词是指那些非目标关键词，但与目标关键词相关，并且也可以带来搜索流量的组合型关键词。请确保这些组合能够提高搜索引擎的匹配度和排名。以下是我挑选的几个关键词：
1. 数字教师生成
2. AI教育解决方案
3. 高效课程制作

请提供每个核心关键词的优化组合，并简要说明每个组合的优势。

好的，根据你的要求，以下是对提供的关键词的优化组合，并附上每个组合的优势说明：

1. **数字教师生成**

- **优化组合：**
  - 数字教师生成工具
  - AI驱动的数字教师生成
  - 定制化数字教师生成解决方案

- **优势说明：**
  - **数字教师生成工具：** 突出了工具的具体性质，有助于吸引那些寻求实际应用的用户。
  - **AI驱动的数字教师生成：** 强调了AI技术的应用，能吸引对技术感兴趣的用户。
  - **定制化数字教师生成解决方案：** 突出定制化服务，能够吸引需要个性化解决方案的客户。

2. **AI教育解决方案**　由于空间限制，部分内容略
- **优化组合：**
  ↓

图 12-16　GPT 对关键词组合进行优化

（4）评估关键词效果并不断更新关键词

选择关键词后，我们需要定期评估其效果。通过分析关键词的搜索量、点击率和转化率，可以判断这些关键词是否有效，还可以根据这些数据调整推广策略。

比如，我们可以使用Google Analytics或其他分析工具来跟踪关键词的表现。假设我们在推广木愚AI云课平台时使用了"AI驱动的数字教师生成""智能AI教育解决方案"等关键词，通过分析发现，"AI课程平台"的点击率显著高于其他关键词，而"智能AI教育解决方案"的转化率较低。这表明"AI课程平台"是更有效的关键词。

然而，市场和用户需求会不断变化，因此，我们需要定期更新关键词。假设在一段时间后，"AI云学习平台"这个新兴词汇开始受到越来越多用户关注，此时，我们可以使用GPT生成与"AI云学习平台"相关的新关键词，并将其纳入我们的推广策略中，如图12-17所示。

我发现这段时间以来，"AI云学习平台"这个新兴词汇开始受到越来越多用户关注。请根据最新的市场趋势，联想一些与"AI云学习平台"相关的新关键词，以提高我们木愚AI云课平台在搜索引擎的匹配度和排名：

记忆已更新

以下是一些与"AI云学习平台"相关的新关键词，旨在提高木愚AI云课平台的搜索引擎匹配度和排名：

1. 智能云学习系统
   - 强调系统的智能化，吸引对技术驱动的学习解决方案有需求的用户。

2. AI驱动的在线教育平台
   - 突出AI技术在在线教育中的应用，提升平台的科技感。

3. 个性化AI学习平台
   - 强调平台的个性化学习功能，满足用户对定制化教育的需求。

4. 云端AI教育解决方案
   - 结合云端和AI技术，突出平台的现代化和技术优势。

5. 智能教育云服务
   - 强调平台提供的智能化教育服务，提升平台的服务吸引力。

图12-17　GPT根据市场趋势联想新的关键词

通过这种方式，我们不仅能够实时调整关键词以适应市场的变化，还能保持推广策略的时效性和竞争力。然而，仅仅依赖GPT生成的关键词可能不足以达到最佳效果，如果发现生成的关键词未能达到预期效果，可以不断调整并多次生成，以找到最适合的关键词。同时，务必认真审查和辨别GPT生成的内容，确保其准确性和相关性，以避免对推广策略产生负面影响。

定期评估和更新关键词是确保推广效果最大化的重要环节，通过进行灵活的调整和审慎的选择，我们能够更有效地提升市场竞争力。

12.3　GPT辅助撰写投资报告

撰写一份详尽且具有说服力的投资报告对于企业融资和投资决策来说是至关重要的。投资报告不仅需要详细的数据分析，还需要深刻的市场洞察和未来预测。GPT有强大的数据处理和分析能力，可以帮助我们快速撰写高质量的投资报告，提高效率和准确性。

12.3.1　收集信息

撰写投资报告的第一步是收集全面且准确的信息，包括公司的基本信息、财务数据、市场数据和竞争对手分析等。如果我们不确定如何收集这些信息，可以让GPT提供建议。尽管GPT的知识领域广泛，但是，它提供的信息可能不完全准确，好在可以为我们指明正确的信息来源和收集方法，如图12-18所示。

从图12-18可以看出，虽然GPT给我们提供了不少建议访问的网站，如图12-18中框中那些网站，但是，我们打开这些网站时会发现，很多网站是国外的，我们在国内无法访问。这主要是由于GPT的信息来源较为广泛，包括很多其他国家的资源。不过没有关系，我们可以修改提示词，让它提供一些国内的网站和资源，如图12-19所示。

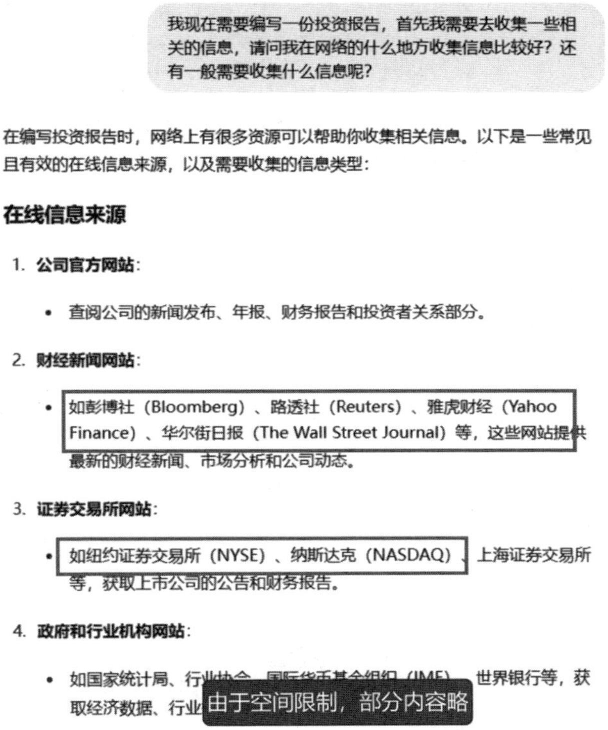

> 我现在需要编写一份投资报告，首先我需要去收集一些相关的信息，请问我在网络的什么地方收集信息比较好？还有一般需要收集什么信息呢？

在编写投资报告时，网络上有很多资源可以帮助你收集相关信息。以下是一些常见且有效的在线信息来源，以及需要收集的信息类型：

在线信息来源

1. **公司官方网站：**
   - 查阅公司的新闻发布、年报、财务报告和投资者关系部分。

2. **财经新闻网站：**
   - 如彭博社（Bloomberg）、路透社（Reuters）、雅虎财经（Yahoo Finance）、华尔街日报（The Wall Street Journal）等，这些网站提供最新的财经新闻、市场分析和公司动态。

3. **证券交易所网站：**
   - 如纽约证券交易所（NYSE）、纳斯达克（NASDAQ）、上海证券交易所等，获取上市公司的公告和财务报告。

4. **政府和行业机构网站：**
   - 如国家统计局、行业协会、国际货币基金组织（IMF）、世界银行等，获取经济数据、行业

由于空间限制，部分内容略

图 12-18　询问 GPT 信息收集的渠道

有了信息收集的渠道，我们就可以着手收集信息了。当然，我们也可以像前面一样向 GPT 请教。通常情况下，我们需要收集的信息包括以下几部分：

•公司信息：公司背景、业务范围、组织机构、管理团队。

•财务数据：财务报表（如资产负债表、利润表、现金流量表）、财务指标（如利润率、负债率、净现金流）。

•市场信息：行业规模、市场份额、增长率和市场驱动因素等。

•竞争数据：主要竞争对手、市场定位、竞争优势和劣势。

•产品和服务：公司的主要产品和服务、技术优势、产品生命周期、研发投入。

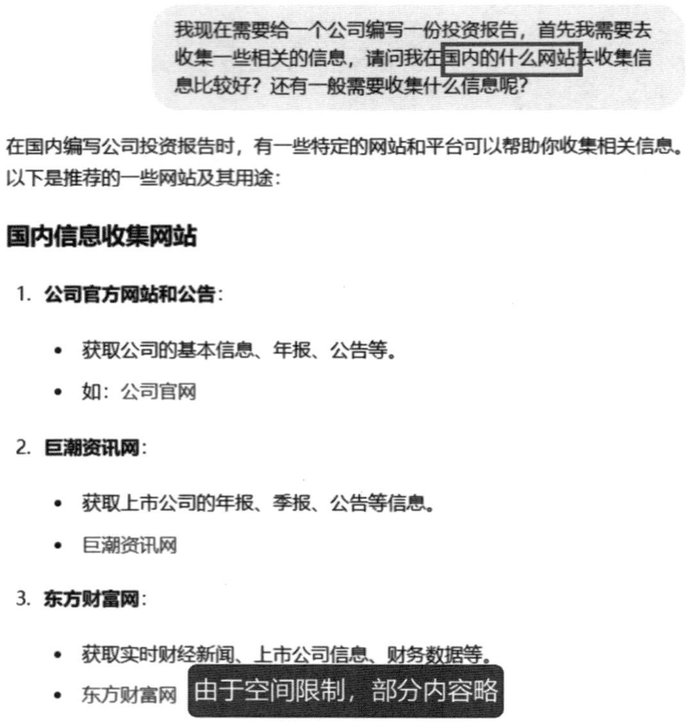

> 我现在需要给一个公司编写一份投资报告，首先我需要去收集一些相关的信息，请问我在国内的什么网站去收集信息比较好？还有一般需要收集什么信息呢？

在国内编写公司投资报告时，有一些特定的网站和平台可以帮助你收集相关信息。以下是推荐的一些网站及其用途：

国内信息收集网站

1. **公司官方网站和公告**：

   - 获取公司的基本信息、年报、公告等。
   - 如：公司官网

2. **巨潮资讯网**：

   - 获取上市公司的年报、季报、公告等信息。
   - 巨潮资讯网

3. **东方财富网**：

   - 获取实时财经新闻、上市公司信息、财务数据等。
   - 东方财富网 由于空间限制，部分内容略

图 12-19　调整提示词，再次询问 GPT 信息收集的渠道

•客户和供应商：主要客户群体、客户需求、客户忠诚度、主要供应商及关系。

•主要风险：行业风险、市场风险、运营风险、财务风险、政策风险。

•政策和法规：相关行业的政策法规、税收政策、贸易政策等。

•未来趋势：对行业未来发展趋势、市场需求变化的预测。

收集信息的过程可能很繁琐，但是为了撰写高质量的投资报告，这些信息是必不可少的。在实际操作中，全面收集所有信息可能不现实，特别是在时间和资源有限的情况下。我们可以利用 GPT 帮助挑选重点信息，如图 12-20 所示。

上面用三个双引号括起来的是我编写投资报告时需要收集的信息，但是我可能不能完全收集到，你可以帮我分一下优先级吗

由于空间限制，部分内容略

6. **客户和供应商**：
    - **优先级低**：如果时间紧迫，可以选择性收集主要客户和供应商的信息，但这些信息有助于理解公司的市场需求和供应链管理。
7. **风险分析**：
    - **优先级高**：评估公司面临的各种风险是投资决策的重要组成部分，但可以根据具体情况进行重点分析。
8. **政策和法规**：
    - **优先级中**：相关政策和法规对行业和公司的影响不可忽视，但可以聚焦于那些直接影响公司的政策。
9. **市场预测**：
    - **优先级低**：未来趋势和市场预测可以提供有价值的参考，但在信息不足的情况下，可以重点关注目前的数据和现状。

实用提示

- **聚焦关键数据**：优先收集对投资决策有直接影响的信息，比如财务数据和市场规模。
- **利用现有资源**：如果遇到信息缺失，可以考虑利用专业数据库和报告来补充。
- **灵活调整**：根据报告的需求和重点，适时调整信息收集的侧重点。

总之，虽然全覆盖所有信息可能不现实，但通过合理的优先级排序和有效的资源利用，可以尽量收集到最关键的信息，帮助你撰写出具有价值的投资报告。

图 12-20　GPT 根据信息重要程度划分优先级

12.3.2　让 GPT 生成投资报告

当我们从前文提及的渠道中收集到一定数量的信息后，或者我们手头上已经有这些相关信息后，就可以将这些信息整理好并发送给 GPT，让它帮助我们生成投资报告。例如，我们已经收集到以下信息：

> 公司信息：ABC科技有限公司成立于2010年，总部位于北京。公司专注于人工智能技术的研发，主要包括智能语音识别系统和数据分析服务。
>
> 财务数据：2023年度财务报表中，年收入为5亿元，年净利润为1亿元，总资产为10亿元，总负债为4亿元。
>
> 市场信息：全球人工智能市场2023年规模约为5 000亿元，预计年均增长率为20%。
>
> 主要竞争对手：DEF科技、XYZ科技。
>
> 产品和服务：公司的核心产品包括智能语音识别系统和机器学习平台，这些产品都基于公司自研的深度学习算法。
>
> 主要风险：包括技术更新换代的速度以及市场竞争的激烈程度。

我们可以尝试先把这些信息发送给GPT，让它生成一份初步的投资报告，如图12-21所示。

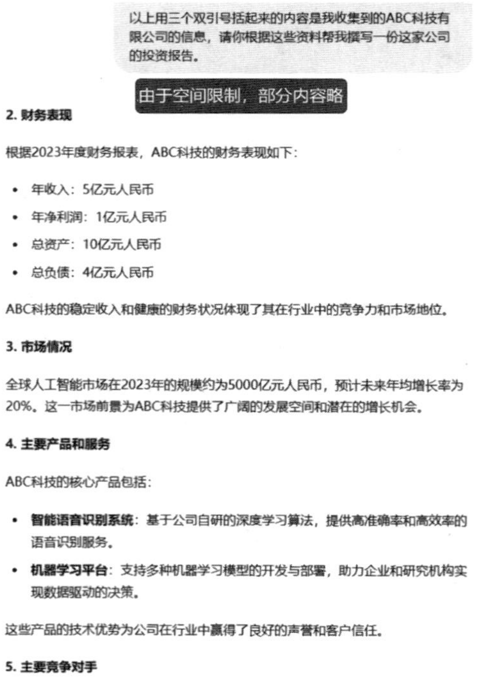

图 12-21　尝试让GPT生成一份投资报告

可以看到，GPT生成了一份初步的投资报告。如果投资报告的内容达不到我们的预期，可以尝试修改提示词，明确我们希望投资报告包含的内容和结构，如图12-22所示。

假设你需要撰写一份关于一家新兴科技公司的投资报告，你需要包括以下内容：
1.执行摘要：简要介绍公司的业务和投资亮点。
2.公司概况：详细介绍公司的历史、业务模式和管理团队。
3.市场分析：分析公司所在行业的市场规模、竞争格局和发展趋势。
4.财务分析：提供公司的财务数据和指标，如收入、利润、现金流等。
5.风险评估：评估公司面临的主要风险及其应对策略。
6.未来展望：预测公司的未来发展前景和潜在投资回报。
你明白以后告诉我你收到就行，后面我把我收集到的公司信息发给你。

🖈 记忆已更新
我明白了！你可以把你收集到的公司信息发给我，我会根据这些信息帮你撰写投资报告。

图12-22　告诉GPT投资报告需要包含的内容

这样，GPT就能明确知道我们的需求和投资报告的结构了，随后我们便可以把收集到的信息发送给GPT，让它重新生成一份投资报告，如图12-23所示。

同时，我们也可以使用比图12-22中的详细提示词更为简洁的提示词，当然，编写这样的提示词也需要一定的时间和专业知识。比如，我们可以直接向GPT发出一个概括性的指令："你需要撰写一份关于一家新兴科技公司的投资报告，投资报告要包括执行摘要、公司概况、市场分析、财务分析、风险评估和未来展望这几部分。你明白以后告诉我你收到就行，后面我把我收集到的公司信息发给你。"

如果对生成的投资报告仍不满意，我们可以继续调整提示词，以帮助GPT更好地理解我们的需求。比如，可以尝试将复杂的信息分段输入，逐步引导GPT生成每一部分内容，然后将其合并成完整的投资报告。通过多次调整和尝试不同的提示词，我们可以找到令人满意的版本，确保最终生成的投资报告符合我们的期望和要求。

ABC科技有限公司投资报告

1. 执行摘要

ABC科技有限公司成立于2010年，总部位于北京。公司专注于人工智能技术的研发，主要业务包括智能语音识别和数据分析服务。公司的核心产品基于自研的深度学习算法，具有领先的技术优势。2023年度财务报表显示，公司年收入为5亿元，净利润为1亿元。投资ABC科技有限公司的亮点在于其在人工智能领域的技术领先地位和快速增长的市场需求。

2. 公司概况

ABC科技有限公司自2010年成立以来，一直致力于人工智能技术的研发。公司总部设在北京，主要业务包括智能语音识别系统和数据分析服务。公司的智能语音识别系统在市场上具有较高的识别准确率和较快的响应速度，而机器学习平台则为各行业提供了强大的数据分析和处理能力。公司的管理团队由行业内资深专家组成，具备丰富的技术研发和市场运营经验。

3. 市场分析

全球人工智能市场在2023年的规模约为5000亿元，预计年均增长率为20%。这一快速增长的市场为ABC科技有限公司提供了广阔的发展空间。公司的主要竞争对手包括DEF科技和XYZ科技，这些公司在技术研发和市场占有率方面也具备一定的实力。然而，ABC科技有限公司凭借其独特的技术优势和创新能力，依然具备较强的市场竞争力。

4. 财务分析

根据2023年度财务报表，ABC科技有限公司的年收入为5亿元，年净利润为1亿元，总资产为10亿元，总负债为4亿元。公司的资产负债比率为0.4，财务状况较为稳健，具有良好的盈利能力和偿债能力。公司的现金流状况也较为健康，能够支持其持续的研发投入和市场拓展。

5. 风险评估

由于空间限制，部分内容略

ABC科技有限公司面临的主要风险包括技术更新迭代的速度和市场竞争的激烈程

图12-23　GPT生成的投资报告

12.4　利用GPT编写商业计划书

在利用GPT编写商业计划书的过程中，一个不可忽视的前提是，我们需要事先收集并整理大量与公司和市场相关的信息。这些信息包括但不限于行业趋势、市场竞争格局、目标客户群体的需求与偏好、公司的历史业绩与未来规划、财务状况与预测等。全面而深入地收集这些信息后，就可以为GPT提供丰富的数据支持，使其生成的商业计划书的内容更加翔实、准确且具有说服力。同时，这一过程也有助于我们更好地理解公司的现状和未来发展方向，为制定切实可行的商业策略提供有力支持。

12.4.1 解析商业模式

商业模式是描述公司如何创造、传递和获取价值的框架，包括公司如何营利、主要的业务活动、客户群体、价值主张等。商业模式的要素一般包含：

•价值主张：公司提供什么独特的价值或解决方案？

•收入来源：公司如何获得收入？（销售产品、提供服务、订阅等。）

•客户细分：目标客户群体有哪些？

•渠道：公司通过哪些渠道将产品或服务传递给客户？

•成本结构：主要的成本和开支有哪些？

利用GPT进行商业模式解析，可以帮助我们清晰地了解企业的运作方式和市场定位。比如，我们收集到一些信息：

> 公司名称：ABC科技有限公司
>
> 主要业务：人工智能技术研发，包括智能语音识别系统和数据分析服务
>
> 收入来源：销售产品（智能语音识别系统）、提供数据分析服务和技术咨询
>
> 价值主张：提供先进的人工智能解决方案，提高企业和政府机构的运营效率
>
> 客户细分：大型企业、政府机构、技术公司
>
> 渠道：直接销售、线上平台、合作伙伴渠道
>
> 成本结构：研发成本、生产成本、市场推广费用

我们可以把这些信息发送给GPT，让它帮我们解析该企业的商业模式，如图12-24所示。

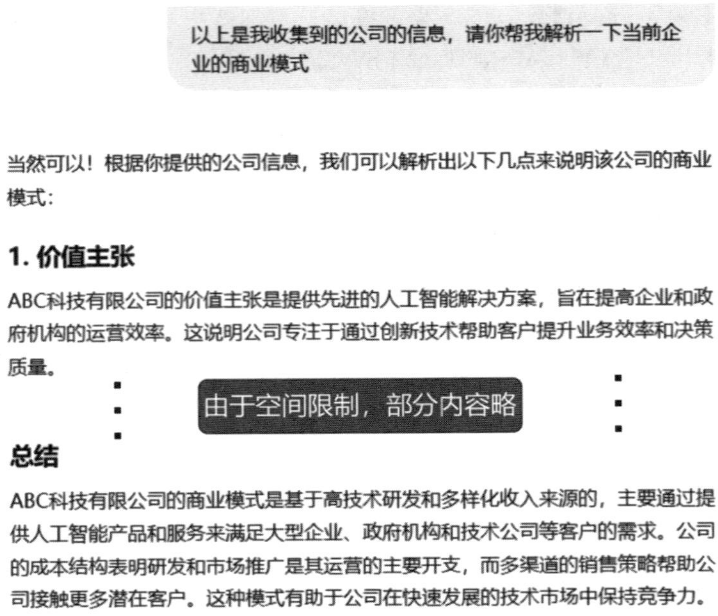

以上是我收集到的公司的信息，请你帮我解析一下当前企业的商业模式

当然可以！根据你提供的公司信息，我们可以解析出以下几点来说明该公司的商业模式：

1. 价值主张

ABC科技有限公司的价值主张是提供先进的人工智能解决方案，旨在提高企业和政府机构的运营效率。这说明公司专注于通过创新技术帮助客户提升业务效率和决策质量。

> 由于空间限制，部分内容略

总结

ABC科技有限公司的商业模式是基于高技术研发和多样化收入来源的，主要通过提供人工智能产品和服务来满足大型企业、政府机构和技术公司等客户的需求。公司的成本结构表明研发和市场推广是其运营的主要开支，而多渠道的销售策略帮助公司接触更多潜在客户。这种模式有助于公司在快速发展的技术市场中保持竞争力。

图 12-24　GPT解析企业的商业模式

12.4.2　市场需求分析

市场需求分析是商业计划书的核心部分，帮助我们了解市场的现状和未来趋势，以及目标客户的需求和偏好。

虽然投资报告中也涉及市场分析，但两者的侧重点不同。投资报告中的市场分析主要关注市场机会和投资潜力，以评估特定市场或行业的投资吸引力和可行性；商业计划书中的市场需求分析更为详尽，不仅关注如何满足现有客户的需求，还强调预测并适应未来市场变化的能力，进而制订出切实可行的商业策略和运营计划。

在使用GPT生成市场需求分析之前，我们可以先收集以下信息：

- 市场规模：目标市场的规模和增长率。
- 市场趋势：市场中的重要趋势。
- 客户需求：客户的需求和偏好。

这些信息可以通过市场研究报告、行业分析、客户调研等渠道获取。此外，我们也可以像前文提到的方式一样，向GPT咨询相关信息的收集渠道，然后再进行信息收集。

比如，我们已经收集到一些信息：

> 市场规模：全球人工智能市场2023年的规模约为5 000亿元，预计未来5年内的年均增长率将达到20%。
>
> 市场趋势：技术进步、行业需求增加、政策支持。
>
> 客户需求：企业和政府机构对智能语音识别系统和数据分析服务的需求增加。

我们可以让GPT利用这些信息开展有针对性的市场需求分析，如图12-25所示。

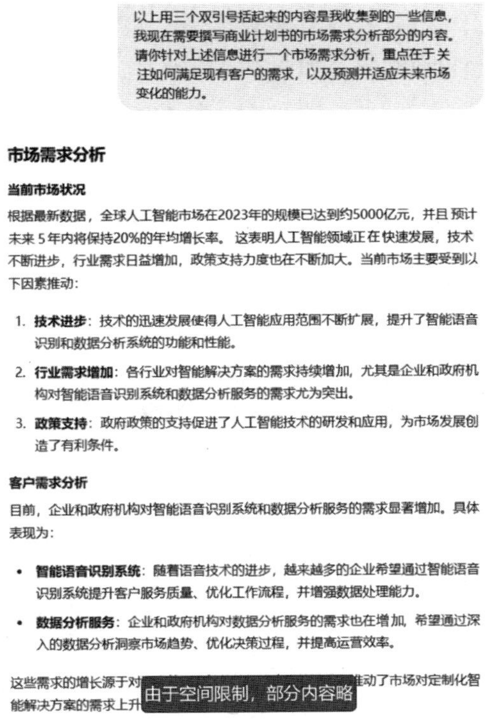

以上用三个双引号括起来的内容是我收集到的一些信息，我现在需要撰写商业计划书的市场需求分析部分的内容。请你针对上述信息进行一个市场分析，重点在于关注如何满足现有客户的需求，以及预测并适应未来市场变化的能力。

市场需求分析

当前市场状况

根据最新数据，全球人工智能市场在2023年的规模已达到约5000亿元，并且预计未来5年内将保持20%的增长率。这表明人工智能领域正在快速发展，技术不断进步，行业需求日益增加，政策支持力度也在不断加大。当前市场主要受到以下因素推动：

1. **技术进步**：技术的迅速发展使得人工智能应用范围不断扩展，提升了智能语音识别和数据分析系统的功能和性能。

2. **行业需求增加**：各行业对智能解决方案的需求持续增加，尤其是企业和政府机构对智能语音识别系统和数据分析服务的需求尤为突出。

3. **政策支持**：政府政策的支持促进了人工智能技术的研发和应用，为市场发展创造了有利条件。

客户需求分析

目前，企业和政府机构对智能语音识别系统和数据分析服务的需求显著增加。具体表现为：

- **智能语音识别系统**：随着语音技术的进步，越来越多的企业希望通过智能语音识别系统提升客户服务质量、优化工作流程，并增强数据处理能力。

- **数据分析服务**：企业和政府机构对数据分析服务的需求也在增加，希望通过深入的数据分析洞察市场趋势、优化决策过程，并提高运营效率。

这些需求的增长源于对……推动了市场对定制化智能解决方案的需求上升……

由于空间限制，部分内容略

图12-25　GPT生成的市场需求分析

12.4.3　财务预测

财务预测是商业计划书中必不可少的一部分，它展示了公司未来的财务表现，包括收入、利润、现金流和资本需求等。

在使用GPT生成财务预测之前，我们需要先收集以下信息：

•历史财务数据：过去几年的收入、成本和利润情况。

•未来预测：收入增长率、成本结构、资本需求等。

以下是我们收集到信息的一个示例：

> 2023年收入5亿元，净利润1亿元，总资产10亿元，总负债4亿元。
>
> 未来3年内：预计每年收入增长20%，研发投入占收入的10%，生产成本占收入的40%。

同样，我们可以让GPT根据这些信息预测公司未来的财务状况，包括收入、成本和利润等，如图12-26所示。

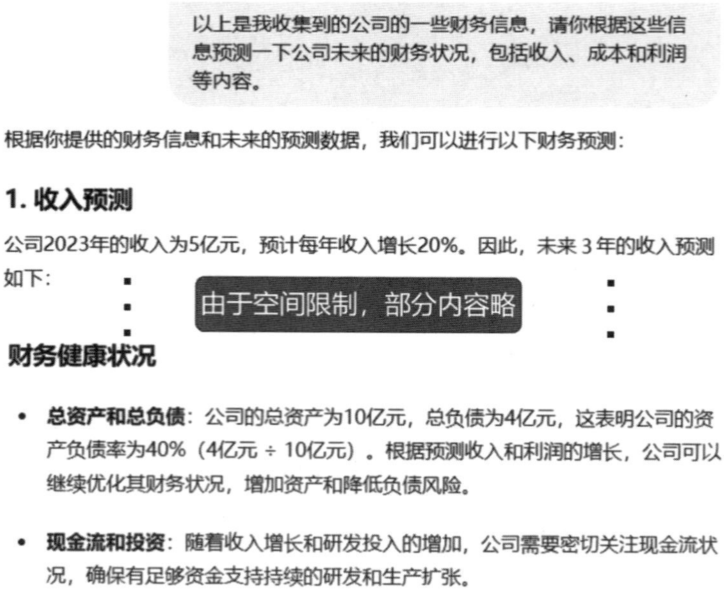

> 以上是我收集到的公司的一些财务信息，请你根据这些信息预测一下公司未来的财务状况，包括收入、成本和利润等内容。

根据你提供的财务信息和未来的预测数据，我们可以进行以下财务预测：

1. 收入预测

公司2023年的收入为5亿元，预计每年收入增长20%。因此，未来3年的收入预测如下：

由于空间限制，部分内容略

财务健康状况

- **总资产和总负债**：公司的总资产为10亿元，总负债为4亿元，这表明公司的资产负债率为40%（4亿元÷10亿元）。根据预测收入和利润的增长，公司可以继续优化其财务状况，增加资产和降低负债风险。

- **现金流和投资**：随着收入增长和研发投入的增加，公司需要密切关注现金流状况，确保有足够资金支持持续的研发和生产扩张。

图12-26　GPT生成的财务预测

12.4.4 运营计划

运营计划详细描述了公司未来的运营策略和行动计划，包括生产计划、市场推广策略和团队建设等。

•生产计划：未来提升生产能力的计划。

•市场推广：营销和品牌推广策略。

•团队建设：招聘和培训计划。

运营计划实际上是公司根据实际情况制订的，如果将相关信息准备好再发送给GPT，方法与前文类似，在此不过多叙述。如果还没有制订相关的运营计划，我们可以让GPT根据前文中整理好的信息，包括商业模式解析、市场需求分析和财务预测来制订运营计划，以供我们参考，如图12-27所示。

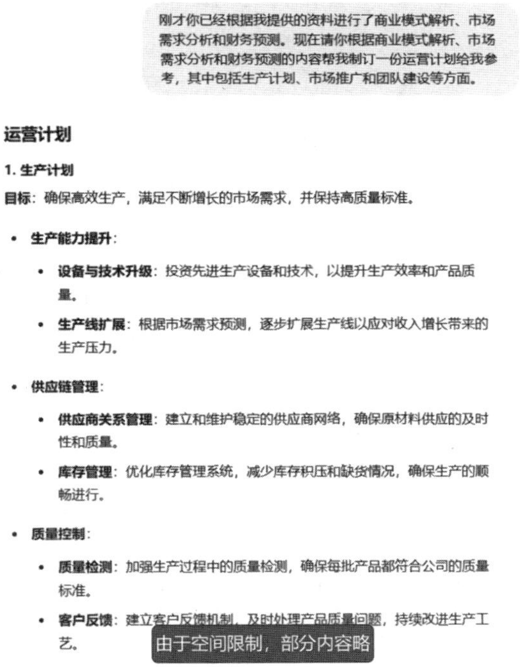

刚才你已经根据我提供的资料进行了商业模式解析、市场需求分析和财务预测。现在请你根据商业模式解析、市场需求分析和财务预测的内容帮我制订一份运营计划给我参考，其中包括生产计划、市场推广和团队建设等方面。

运营计划

1. 生产计划

目标：确保高效生产，满足不断增长的市场需求，并保持高质量标准。

- **生产能力提升**：
  - **设备与技术升级**：投资先进生产设备和技术，以提升生产效率和产品质量。
  - **生产线扩展**：根据市场需求预测，逐步扩展生产线以应对收入增长带来的生产压力。
- **供应链管理**：
  - **供应商关系管理**：建立和维护稳定的供应商网络，确保原材料供应的及时性和质量。
  - **库存管理**：优化库存管理系统，减少库存积压和缺货情况，确保生产的顺畅进行。
- **质量控制**：
  - **质量检测**：加强生产过程中的质量检测，确保每批产品都符合公司的质量标准。
  - **客户反馈**：建立客户反馈机制，及时处理产品质量问题，持续改进生产工艺。

由于空间限制，部分内容略

图12-27 GPT制订的运营计划

12.4.5 整合商业计划书

在分别生成各部分内容后，我们可以将最终得到的市场需求分析、财务预测和运营计划整合成完整的商业计划书。

前面生成的内容可能需要进一步修改和完善，因此我们可以采用分段发送的方式，将修改后的内容发送给GPT，以确保整合内容的准确性和完整性，如图12-28所示。

> 我需要你帮我写一份商业计划书，内容要翔实、准确且具有说服力。我会把我之前得到的可以写到商业计划书里面的相关资料分段发给你，请你仔细整合并在我给出的内容上帮助我编写一份商业计划书。下面我会将相关资料分段发送给你，你拿到资料跟我说一声收到就行，直到我跟你说"发送完毕"，然后你再帮我写这份商业计划书，明白吗？

> 明白了！请将相关资料分段发送给我，每段发送后我会回复"收到"。等你发送完毕，我会开始整合资料并帮你编写商业计划书。

图12-28 告诉GPT将分段发送资料

随后，我们就可以将之前得到的各部分资料发送给GPT。发送完毕，GPT会帮我们将这些部分整合起来，形成连贯的商业计划书，如图12-29所示。

如果对生成的内容不满意，可以多次向GPT提出修改意见，不断调整和完善，直到得到令人满意的商业计划书。随后，我们可以参考前文的内容，让GPT根据这份商业计划书制作PPT大纲，并给出相关建议。这将有助于我们将商业计划书以更加直观和有吸引力的形式呈现出来，以便高质量地进行PPT展示。

收到。请继续发送资料。

发送完毕

好的，感谢你的资料。接下来，我将基于你提供的信息整合并编写一份详细且有说服力的商业计划书。

商业计划书

公司简介

公司名称: ABC科技有限公司

公司概述:
ABC科技有限公司是一家专注于人工智能产品和服务的高科技企业。我们致力于为大型企业、政府机构和技术公司提供最先进的智能语音识别系统和数据分析服务。通过技术创新和多样化的收入来源，公司在不断发展的技术市场中保持着强劲的竞争力。

商业模式

ABC科技有限公司的商业模式基于高技术研发和多样化收入来源，主要通过以下方式实现：

1. **提供人工智能产品和服务**：满足大型企业、政府机构和技术公司等客户的需求。

2. **研发和市场推广**：作为主要运营开支，通过持续研发和市场推广保持技术领先和市场竞争力。

3. **多渠道销售策略**：通过多渠道销售策略接触更多潜在客户，扩大市场覆盖面。

这种商业模式帮助公司在快速发展的技术市场中保持竞争力，并持续满足客户需求。

市场需求分析

市场规模与增长潜力

由于空间限制，部分内容略

图 12-29　告诉 GPT 根据所提供资料制作商业计划书

思考题 ✔

（1）尝试在购物网站上挑选一件自己最近可能购买的商品，制定一个推广策划方案。

（2）尝试在购物网站上挑选一件自己最近可能购买的商品，为该产品进行竞品分析，并生成推广关键词。

（3）尝试撰写一份关于方直科技有限公司的投资报告。

（4）选择一家自己感兴趣的公司，制作一份简洁的商业计划书，并在完成后制作一份PPT大纲。请说明所选项目的基本信息和相关数据。

发展篇

第 13 章　人工智能未来展望

第13章
人工智能未来展望

导　读

本章深入探讨了AI与前沿技术结合，大数据的深度融合及未来发展趋势，AI在医疗健康、智能制造、智能交通等多个领域的应用潜力，以及AI在自动化、智能决策、智能客服等方面的实践。此外，本章还介绍了AI处理复杂的结构化与非结构化数据、AI不断优化自我、AI提高决策精度，特别是在深度学习、自然语言处理和图像识别等领域，展示了AI技术在决策支持、模式识别和创新应用等方面的巨大潜力。同时，本章还关注了AI的伦理挑战，引导读者理解AI技术的未来发展趋势、社会影响及技术融合前景。

知识点

知识点1：AI与前沿技术结合

知识点2：AI在深度学习中的应用

知识点3：AI技术的跨行业应用

知识点4：AI技术的智能化决策支持

知识点5：AI在复杂环境中的适应性

知识点6：AI面临的挑战和未来发展趋势

重难点

重点1：AI与前沿技术融合趋势

重点2：AI在复杂环境中的适应能力

重点3：AI对传统行业的变革作用

难点1：AI与传统行业的深度融合

难点2：AI系统的自我优化与决策可靠性

13.1 人工智能与其他技术的一体发展

13.1.1 AI与大数据的协同发展

在当今的技术生态中，大数据和人工智能已经紧密结合在一起，形成了相辅相成的关系，推动智能化变革迅猛发展。大数据不仅为人工智能提供了海量的信息源，还为人工智能的发展奠定了基础。通过数据的积累和深入分析，AI能够不断优化模型，提高精度和决策能力，推动各行业向更高效、更智能的方向转型。

AI的核心优势之一便是其对海量数据的处理与分析能力。大数据为AI模型提供了丰富的训练数据，尤其是在深度学习、自然语言处理和图像识别等领域，AI模型的训练依赖大量且高质量的数据。在这种数据驱动的环境中，AI模型能通过学习数据中的特征和模式，不断自我优化，从而提高精确度。例如，监督学习需要大量标注数据来训练模型，通过对这些数据的学习，AI模型能够在预测新数据时进行更为准确的决策；无监督学习依赖海量的未标注数据，通过聚类、关联规则等，发现潜在的规律和模式。

不仅如此，AI通过智能算法能够高效处理各种结构化和非结构化数据，这使得它能适应更为复杂的数据环境。传统的数据分析方法常常难以处理那些来自多个渠道、格式各异、信息量庞大的数据，而AI的深度学习模型能够深入挖掘这些数据中的潜在信息，并进行深入分析。例如，AI可以从社交媒体、互联网日志、物联网设备和传感器等多源数据中提取关键信息，为决策者提供实时、准确的分析和预测。

AI的这种高效数据处理能力是进行智能决策的关键。在各行各业，AI和大数据的结合为决策优化带来了前所未有的机遇。比如，在金融领域，AI通过分析市场的实时数据、用户行为、经济指标等，为投资者提供决策支持，帮助预测股市趋势、评估风险；在医疗领域，AI能结合患者的健康记录、基因信息等，为医生提供个性化的治疗方案，优化诊疗效果。

随着数据量的不断增加和技术的不断进步，AI在智能决策中的应用将愈发广泛和深刻。它不仅能基于历史数据做出预测，还能够实时分析和响应变化的数据，及时调整决策。这种能力使得AI能够在智能城市、自动化生产、精准医疗等多个领域产生深远影响。未来，随着AI与大数据的深度融合，我们将迎来一个更加智能、高效的时代，数据驱动的智能决策将成为推动社会进步的重要力量。

13.1.2　多模态数据与AI的融合

在AI与大数据协同发展的浪潮中，多模态数据与AI的融合无疑为智能技术开辟了新的天地。多模态数据涵盖了图像、文本、语音等多种形式的信息，它们如同五彩斑斓的画布，为AI的学习与成长提供了更为丰富、多元的学习素材。

图像、文本和语音是最常见的三种模态，它们为AI提供了来自人们不同感官的信息。在图像处理方面，深度学习模型，尤其是卷积神经网络能够从静态或动态的视觉数据中提取重要特征，识别物体、场景或动作等。在文本分析中，AI通过自然语言处理技术，能够理解语言的语法和语义，处理和生成与人类语言相关的内容，如自动翻译、情感分析、文本生成等。语音数据则为AI提供了与人类交互的新方式，语音识别和语音合成技术让AI可以通过声音进行信息输入和输出，在智能客服、语音助手等应用中发挥着重要作用。

将这些模态数据进行融合，AI可以进行更深层次的理解和更加复杂的任务处理。多模态学习使得AI能够从多个角度获取信息，对同一事件或对象进行多维度的感知。例如，在智能医疗领域，AI可以结合病人的影像数据、临床文本记录和语音数据，综合分析患者的健康状况，从而进行更精确的诊断并给出治疗建议。在自动驾驶领域，AI结合图像（视觉数据）、激光雷达（空间数据）和语音（指令数据）等多模态信息，能够更全面地感知周围环境，从而做出更加安全、智能的驾驶决策。

此外，多模态数据的融合还能大幅提升AI生成能力。在创意和内容生成方面，AI 不仅能够生成基于文本的内容，还可以结合图像和视频生成更加丰富的多媒体内容。例如，AI 可以根据文本描述生成与之匹配的图像，甚至生成短视频内容。这种跨模态的生成能力大大拓宽了 AI 的应用场景，从广告创意到电影制作，乃至虚拟现实和增强现实中的互动体验，都将受益于多模态数据融合。

13.1.3 人工智能的算力推动

AI 的迅速发展离不开强大的算力支持。随着 AI 模型的规模不断增大、复杂度不断提升，传统的计算架构已难以满足其日益增长的需求。因此，新的计算引擎和硬件技术在推动 AI 进步方面发挥着至关重要的作用。这些新型计算平台和硬件不仅加速了 AI 算法的训练过程，还提升了模型的性能，使得更大规模、更高效的 AI 应用成为可能。

新型计算引擎，特别是专为 AI 设计的硬件，已成为加速人工智能发展的核心动力。传统的中央处理单元（CPU）虽然在处理一些简单任务时表现出色，但是在面对复杂的 AI 模型训练时，处理速度和计算能力显得相对不足。为此，图形处理单元（GPU）和张量处理单元（TPU）等新型硬件应运而生。GPU 最初是用来进行图像处理的，但是由于其并行计算能力强，能够同时处理大量数据，逐渐被广泛应用于深度学习和大规模数据训练中。GPU 通过大幅提升计算效率，显著缩短了 AI 模型训练的时间，并可以训练更为复杂和庞大的深度神经网络。

相比之下，TPU 是由谷歌专门为加速机器学习和深度学习任务而设计的硬件。TPU 的设计理念是针对深度学习和大规模矩阵计算的需求进行优化，尤其适用于大规模数据的推理和训练任务。TPU 的优势在于其高效的张量计算能力，能在处理大量数据时提供比传统 GPU 更大的吞吐量和更高的效率。TPU 的高性能使得复杂的深度学习任务，如图像识别、语音识别和自然语言处理等，时间大大缩短，计算资源也得到最大化利用。

此外，新一代计算平台和硬件不仅在速度上有所突破，还在能效方面进行了巨大改进。为了满足巨大的计算需求，AI训练往往需要消耗大量的电力，而高效的硬件能够大幅降低计算资源消耗，减少能源浪费。这一进展对提升AI应用的可持续性具有重要意义。

随着硬件技术的不断创新，计算能力的提升也为AI模型带来了更多的可能性。例如，在图像识别领域，AI系统的精度显著提升，处理速度显著加快；在自然语言处理方面，基于大规模语言模型的生成任务也可以高效完成。计算能力的提升推动了AI在智能医疗、自动驾驶、金融服务等多个行业的应用，进一步加速了技术的普及和实际落地。

13.1.4 AI与其他技术的交互式发展

人工智能与众多前沿技术的交互式发展正在引领一场前所未有的科技革命，为人类社会带来了翻天覆地的变化。这种跨领域的深度融合不仅催生了众多令人瞩目的应用场景和商业模式，更为AI技术的创新与普及铺设了宽广且坚实的道路（如图13-1所示）。

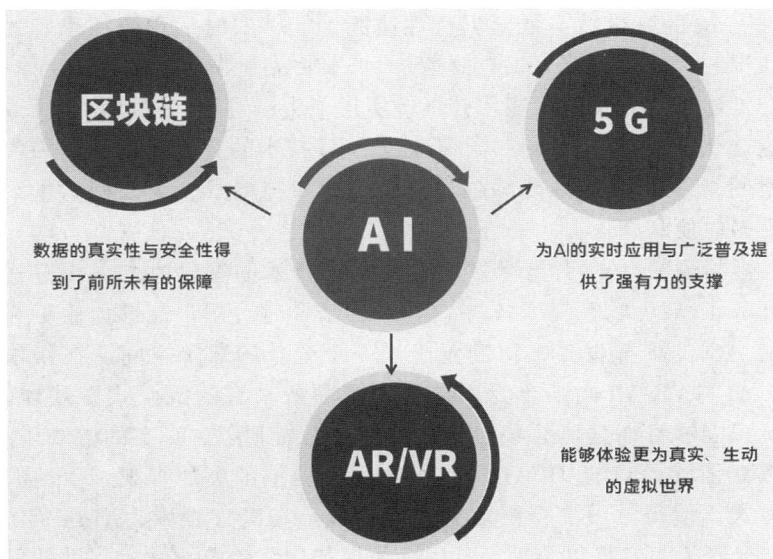

图13-1　AI与其他技术的交互式发展

区块链是一种去中心化、透明化和不可篡改的数字记录技术，为AI的发展注入了新的活力，奠定了信任基础。当AI与区块链相遇时，数据的真实性与安全性得到了前所未有的保障。在供应链管理领域，AI与区块链的结合使得信息的追溯与验证变得更为高效、准确，有力打击了假冒伪劣产品，提升了整个供应链的透明度与效率。在版权保护方面，区块链的智能合约功能为原创作品提供了可靠的版权登记与维权途径；AI则能够智能识别并监测侵权行为，为创作者提供了强有力的法律支持。此外，基于区块链的智能合约也为AI服务的自动化执行与交易提供了新的可能，推动了商业模式的创新与升级，为数字经济的繁荣发展注入了新的动力。

5G技术的快速发展如同一条信息高速公路，为AI的实时应用与广泛普及提供了强有力的支撑。5G的高速度、低延迟特性使得AI能够更快地处理与分析数据，从而实现对动态环境的实时响应与智能决策。在自动驾驶领域，5G与AI的融合使得车辆能够实时获取并处理周围环境的复杂信息，进行更加精准、安全的驾驶操作。在远程医疗领域，5G的高带宽与低延迟特性使医生能够实时远程监控患者的健康状况，为患者提供及时的医疗救助。在智能制造领域，5G与AI的结合推动了生产线的智能化升级，实现了生产过程的自动化、高效化与定制化。此外，5G的广泛覆盖也为AI技术的普及提供了更为广阔的空间，使得AI服务能够触达更多的用户与场景，为人们的生活带来更多的便利与惊喜。

虚拟现实（VR）与增强现实（AR）技术的崛起为AI的沉浸式应用开辟了新的天地。当AI与VR/AR相结合时，用户能够体验更为真实、生动的虚拟世界，仿佛置身于一个全新的数字空间。在娱乐领域，AI与VR/AR的结合为用户带来了前所未有的沉浸式游戏体验，让玩家能够身临其境地参与游戏，享受更加刺激、真实的游戏乐趣。在教育领域，AI与VR/AR的结合为学生提供了更加直观、生动的学习方式，使得学习变得更加有趣、高效。在医疗领域，AI与VR/AR的结合则为患者提供了更加舒适、便捷的康复治疗方式，帮助他们更快地恢复健康。这种创新的应用模式不仅提升了用户体验，更为AI

技术的创新与应用提供了新的思路与方向，推动了人类社会的智能化转型与升级。

这种交互式发展不仅推动了AI技术的持续创新，更为其普及与应用奠定了坚实的基础。随着技术的不断进步与融合，我们有理由相信，未来的人工智能将展现出更为强大的功能与更为广泛的应用场景。人工智能将与区块链、5G、VR/AR等前沿技术共同构建一个更加智能、高效、安全的数字世界，为人类社会的发展注入更为强劲的动力与活力。

13.2　人工智能的多维融合应用

13.2.1　多模态AI技术在金融领域的整合应用

在金融领域，人工智能正以前所未有的力量重塑着行业的面貌，为金融机构带来了前所未有的效率提升与服务创新。AI技术的深度融入，不仅让金融业务的处理更加智能化、自动化，更为金融科技的个性化服务与决策优化开辟了新的道路。

在智能投资领域，AI凭借其强大的数据处理与分析能力，为投资者提供了更为精准、高效的投资策略。通过对历史市场数据、宏观经济指标、行业动态等多维度信息的深入挖掘与智能分析，AI能够预测市场走势，识别投资机会，为投资者量身定制个性化的投资组合。这不仅降低了投资风险，还提高了投资回报率，使投资者能够获得更加稳健、可持续的财富增长。

在风险预测方面，AI技术同样展现出非凡的能力。通过对海量数据的实时监测与分析，AI能够及时发现潜在的风险因素，为金融机构提供及时、准确的风险预警。在信贷业务中，AI能够基于借款人的信用记录、还款能力、消费行为等多维度数据，对其信用风险进行精准评估，从而有效降低了不良贷款率。同时，AI还能对金融市场风险、操作风险等各类风险进行智能识别与预警，为金融机构的风险管理提供了有力的支持。

在信用评估领域，AI技术的应用同样令人瞩目。借助先进的机器学习算法与大数据分析技术，AI能够全面、客观地评估个人或企业的信用状况，为金融机构的信贷决策提供科学依据。与传统的信用评估方法相比，AI评估更加准确、高效，能够显著降低信贷业务的成本与风险，提升金融机构的竞争力。

在金融科技的个性化服务方面，AI技术同样发挥着举足轻重的作用。通过对用户行为、偏好、需求等数据的深入分析，AI能够精准把握用户的个性化需求，为其提供定制化的金融产品与服务。例如，在智能理财领域，AI能够根据用户的财务状况、投资目标、风险偏好等，为其推荐合适的理财产品与投资组合，帮助用户实现财富的保值增值。在智能客服领域，AI能够通过自然语言处理技术，实现与用户的智能交互，为用户提供24小时不间断的在线咨询与业务办理服务，极大地提升了用户的体验与满意度。

此外，AI技术还在金融决策过程中发挥着重要作用。通过对海量数据的深入挖掘与分析，AI能够为金融机构提供更为全面、客观的决策依据，帮助金融机构更加精准地把握市场动态与业务趋势，从而制定出更加科学、合理的经营策略与发展规划。这不仅提升了金融机构的决策效率与准确性，还为其在激烈的市场竞争中赢得了先机。人工智能在金融领域的应用日益广泛且深入，随着技术的不断进步与应用的持续深化，我们有理由相信，未来的人工智能将为金融行业带来更多的惊喜与可能，推动金融行业向更加智能、高效、安全的方向发展。

13.2.2 人工智能与生物医药的深度结合

人工智能与生物医药的深度结合正在重新定义医疗健康领域，推动精准医疗、药物研发和健康监测等多个领域的变革。随着AI技术的不断进步，它不仅在数据分析方面展现出强大的能力，还能在医学研究、临床诊疗及患者健康管理等方面发挥重要作用。AI通过整合大量医学数据，尤其是将基因组学、大数据分析和影像识别技术结合起来，为医疗行业提供了全新的思路和手段。

在精准医疗领域，人工智能的应用使得个性化治疗成为可能。AI可以结合患者的基因组数据、疾病历史、生活方式等信息，帮助医生制定最适合患者的治疗方案。传统的医疗模式是基于统计学的平均数据进行诊断和治疗，而AI通过对大量个体化数据的分析，能够精准识别每位患者的独特需求，从而提供定制化的治疗方案。基于AI的算法，医生可以对患者的病情进行更准确的预测，调整治疗方案，提高治疗效果并减少副作用。例如，AI在肿瘤治疗中的应用已取得显著进展，借助AI技术，医生能够根据患者的基因组信息和病理数据，选择最合适的靶向药物或免疫治疗方案，实现癌症的精准治疗。

在药物研发方面，人工智能的应用同样展现出巨大的潜力。传统的药物研发过程通常需要长时间的实验室研究和临床试验，而AI通过模拟和计算能够大幅缩短药物的研发周期。AI可以从海量的化学数据和生物数据中，挖掘出潜在的药物靶点和新的药物分子。通过机器学习和深度学习，AI能够分析药物与生物体内受体的相互作用，预测药物的疗效和副作用，优化药物设计。此外，AI还可以通过虚拟筛选技术，快速筛选出可能对特定疾病有效的候选药物，显著提高药物研发的成功率，并降低研发成本。例如，AI在新冠疫情病毒药物的开发中，帮助研究人员迅速识别出有效的抗病毒分子，推动了疫苗和药物的快速问世。

健康监测领域也是人工智能与生物医药相结合的重要应用场景。通过可穿戴设备和智能健康管理系统，AI能够实时监测个体的健康状况，包括心率、血糖、血压、运动量等生理指标。这些设备通过收集大量的健康数据并传输到AI系统，使AI能够对数据进行实时分析，发现潜在的健康问题并发出预警。例如，通过分析连续的心电图数据，AI能够提前识别出心脏疾病风险，可以提醒患者及时就医。AI还能基于个人的健康数据和历史病历，生成个性化的健康管理方案，帮助人们预防疾病，拥有健康的身体。通过与医疗机构数据共享，AI不仅可以提供个性化的健康服务，还能为全球公共卫生研究提供宝贵的数据支持。

人工智能在生物医药领域的广泛应用不仅提升了疾病诊断的精准

度和治疗效果，还加快了新药的研发，提高了健康监测的实时性。随着 AI 技术的不断成熟，它将在未来的医疗健康产业中扮演越来越重要的角色，为全球医疗创新和健康管理带来新的机遇。

13.2.3 人工智能与制造业的智能化转型

在制造业的广阔天地里，人工智能正以前所未有的力量推动行业智能化转型，为生产流程、质量控制、供应链管理等关键环节带来了深刻的变革。AI 技术的深度融入，不仅让制造业的生产更加高效、精准，还极大地提升了企业的竞争力，加快了市场响应速度，为制造业的可持续发展注入了新的活力。

在智能生产方面，AI 技术的应用使得生产线实现了高度的自动化与智能化。通过机器视觉、自然语言处理等先进技术，AI 能够精准识别、定位并处理生产过程中的各个环节，从原材料的投入、加工到成品的包装、出库，每一个环节都实现了智能化控制与管理。这不仅大大提高了生产效率，还显著降低了人为因素导致的生产误差，提升了产品的质量与一致性。同时，AI 还能根据生产需求，智能调整生产参数与工艺流程，实现生产线的灵活配置与快速响应，为制造业的柔性化生产提供了有力的支持。

在质量监控领域，AI 技术的应用同样令人瞩目。通过对生产过程中的海量数据进行实时监测与分析，AI 能够及时发现潜在的质量问题、发出预警并采取措施进行纠正。在质量检测环节，AI 能够利用先进的图像处理技术与机器学习算法，对产品进行高精度的质量检测与分类，确保每一件产品都符合质量标准。这种基于大数据与 AI 的质量监控模式，不仅提高了质量检测的准确性与效率，还为企业提供了更加全面、客观的质量数据，为质量改进与持续优化提供了科学依据。

在供应链管理方面，AI 技术的应用实现了供应链信息的实时共享与智能协同。通过大数据分析与预测模型，AI 能够精准预测市场需求与库存情况，为企业的生产计划与采购策略提供科学依据。同时，AI 还能实现供应链各环节之间的无缝对接与高效协同，降低库存成本，提高物流效率，确保供应链的稳定性与可靠性。这种基于AI的供应链管理模式，不仅提高了企业的运营效率，加快了响应速度，还为企业带来了更加灵活、高效的供应链解决方案。

在智能化工厂的建设过程中，AI技术发挥着举足轻重的作用。通过构建智能感知、智能决策与智能执行三层架构，AI能够进行生产过程的全面智能化管理。在智能感知层，AI利用传感器、机器视觉等技术，实时采集生产现场的数据；在智能决策层，AI通过大数据分析、机器学习等算法，对采集到的数据进行深入挖掘与智能分析，为生产决策提供科学依据；在智能执行层，AI通过控制系统与执行机构，将决策转化为实际行动，实现生产过程的自动化与智能化。这种基于AI的智能化工厂，不仅提高了生产效率与产品质量，还显著降低了生产成本与能耗，为企业带来了更加显著的经济效益与社会效益。

总的来说，人工智能与制造业的智能化转型正在引领制造业向着更加高效、智能、可持续的方向发展。随着技术的不断进步与应用的持续深化，我们有理由相信，未来的人工智能将在制造业领域发挥更加重要的作用，为制造业的转型升级与可持续发展贡献更多的智慧与力量。

13.2.4　人工智能与教育的深度融合

在教育这片充满希望的田野上，人工智能的深度融入正悄然改变着教育的面貌，为教学方式的创新、学习体验的个性化以及教育资源的优化配置注入了新的活力。AI技术的广泛应用，不仅让教育更加智能、高效，还极大地提升了教学质量与学习成果，为教育的未来发展拓展了广阔的空间。

智能教学助手作为AI在教育领域的一大亮点，正在成为教师不可或缺的得力助手。通过自然语言处理与机器学习技术，智能教学助手能够理解并回答学生的问题，提供及时、准确的学习指导。它不仅能根据学生的提问，智能推荐相关的学习资源与习题；还能根据学生的学习进度与反馈，动态调整教学内容与难度，为学生提供个性化的学习路径。这种基于 AI 的智能教学助手，不仅减轻了教师的负担，还提高了教学效率，优化了学生的学习体验，让教育更加贴近学生的需求与兴趣。

个性化学习路径是 AI 给教育领域带来的又一重要变革。传统教育模式往往采用"一刀切"的教学方式，难以满足学生多样化的学习需求。AI 技术则能够通过大数据分析，精准识别学生的学习风格、兴趣偏好以及能力水平，为每个学生量身定制个性化的学习计划与学习路径。这种基于学生个体差异的个性化学习模式，不仅能够激发学生的学习兴趣与积极性，还能够提高学生的学习效率和学习成果，让每个学生都能在适合自己的节奏与方式下，达到最好的学习效果。

在在线教育领域，AI 技术的应用同样令人瞩目。通过 AI 技术，教育资源得以跨越地域与时间的限制，实现更加广泛、便捷的共享与传递。在线教育平台利用 AI 技术，能够为学生提供智能化的学习辅导与答疑服务，还能通过数据分析，实时监测学生的学习进度与效果，为教学质量的持续提升提供科学依据。同时，AI 还能为在线教育平台提供智能化的课程推荐与匹配服务，帮助学生快速找到适合自己的课程与教师，提高在线学习的满意度。

AI 在教育领域的应用还体现在通过数据分析提供个性化学习体验上。通过对学生的学习数据、行为数据以及反馈数据进行深入挖掘与分析，AI 能够精准识别学生的学习需求与学习中的问题所在，为学生提供有针对性的学习建议与解决方案。这种基于数据分析的个性化学习体验，不仅能够帮助学生更好地掌握知识与技能，还能激发学生的学习兴趣与创造力，培养学生自主学习的能力与习惯。同时，AI 还能为教师提供全面的学生学习数据与分析报告，帮助教师更加精准地了解学生的学习情况与需求，为教学质量的提升与教学方法的创新提供科学依据。

总体而言，人工智能与教育的深度融合正在引领教育向更加智能、高效、个性化的方向发展。随着技术的不断进步与应用的持续深化，我们有理由相信，未来的人工智能将在教育领域发挥更加重要的作用，为教育的创新发展与人才培养贡献更多的智慧与力量。

13.3.1 人工智能推动产业创新

在产业创新的广阔舞台上，人工智能正在以其独特的魅力和强大的能力，推动着传统产业的创新转型与智能化变革，为农业、能源、交通等多个领域带来了前所未有的发展机遇与深刻变革。AI技术的广泛应用，不仅加快了产业的升级换代，还极大地提升了生产力与创新能力，为经济的可持续发展注入了新的活力。

在农业领域，AI技术的应用正在引领农业生产的智能化与精准化。通过智能感知、大数据分析与机器学习等技术，AI能够实时监测农田的土壤湿度、养分含量、病虫害情况等关键信息，为农民提供精准的种植建议与决策支持。同时，AI还能进行智能灌溉、智能施肥、智能病虫害防控等自动化作业，大大提高了农业生产的效率与质量。此外，AI能够帮助农民精准预测农产品的市场行情与价格走势，为农产品的销售与品牌建设提供科学依据。这种基于AI的智能化农业生产模式不仅降低了农业生产成本，还提高了农产品的附加值与市场竞争力，为农业的可持续发展开辟了新的道路。

在能源领域，AI技术的应用同样令人瞩目。通过大数据分析与预测模型，AI能够精准预测能源需求与供应情况，为能源调度与优化提供科学依据。在智能电网中，AI能够进行电力负荷的实时监测与智能调度，提高电网的稳定性与安全性。同时，AI还能帮助能源企业精准识别能源浪费与损耗点，提出改进措施与建议，降低能源消耗与碳排放，推动能源的绿色转型与可持续发展。此外，AI在新能源的开发与利用中也发挥着重要作用，如智能风电场、智能光伏电站的建设与运营，都离不开AI技术的支持。

在交通领域，AI技术的应用正在推动交通运输的智能化与高效化。通过智能交通管理系统，AI能够实时监测交通流量与路况信息，智能调整交通信号与路线规划，缓解交通拥堵，提高道路通行能力。同时，AI还能实现智能驾驶与自动驾驶技术的突破与应用，提高交通运输的安全性与效率。在物流领域，AI技术的应用能够实现智能仓储与智能配送的自动化作业，降低物流成本，提高配送效率。此外，AI能够帮助交通企业精准预测市场需求与客流情况，为交通规划与运营提供科学依据。

AI是产业升级中的关键角色，这不仅体现在对生产力的提升上，更体现在对产业创新能力的激发上。通过AI技术的深度融入，传统产业得以实现生产方式的智能化与高效化，推动产业结构优化与升级。同时，AI还能为产业创新提供新的思路与方法，促进新技术、新产品、新业态的涌现与发展。这种基于AI的产业创新模式不仅提高了产业的竞争力与附加值，还为经济的可持续发展注入了新的动力与活力。

人工智能正在以其独特的魅力和强大的能力，推动传统产业的创新转型与智能化变革。随着技术的不断进步与应用的持续深化，我们有理由相信，未来的人工智能将在更多领域发挥更加重要的作用，为产业的创新发展与经济的繁荣贡献更多的智慧与力量。

13.3.2　人工智能与数字经济的结合

在数字经济浪潮中，人工智能以其独特的魅力和强大的能力，正在成为推动数字化服务和智能化生产的核心引擎。AI技术的深度融入，不仅为数字经济的蓬勃发展注入了新的活力，还极大地提升了数字经济的效率与质量，为经济转型升级与可持续发展开辟了新的道路。

在数字化服务领域，AI技术的应用正在引领服务模式的创新与升级。通过自然语言处理、机器学习等先进技术，AI能够为用户提供更加智能、个性化的服务体验。在电商领域，AI能够根据用户的浏览历史、购买记录等信息，智能推荐符合用户需求的商品与服务，提高用户的购物满意度与忠诚度。在金融服务领域，AI能够提供智能风控、智能投顾等创新服务，为用户提供更加安全、便捷的金融服务体验。此外，AI还能在医疗、教育、旅游等多个领域实现服务的智能化与个性化，为用户提供更加贴心、高效的服务支持。

在智能化生产方面，智能制造通过集成AI、大数据、物联网（IoT）等技术，实现了生产过程的自动化、智能化和柔性化。AI可以在生产线中通过机器学习和深度学习分析设备运行数据，预测设备故障，优化生产调度，提高生产效率。同时，AI还能通过数字化建模与仿真优化产品设计，缩短研发周期，提升产品质量。数字经济为智能制造提供了巨大的数据支持，企业能够通过实时数据监控和分析，精准调配资源，减少浪费，增加产值。在供应链管理方面，AI可以帮助企业更好地预测市场需求，优化库存管理，降低成本。智能制造推动着传统制造业朝着更加高效、灵活的方向发展，助力企业实现生产方式和商业模式的转型升级，提升企业的全球竞争力。

AI在数字经济中的核心作用不仅体现在推动数字化服务与智能化生产上，更体现在赋能数字经济的各个环节上，实现从数据获取、分析到服务智能化的全面升级。在数据获取阶段，AI能够进行数据的自动化采集与整合，提高了数据的准确性与时效性。在数据分析阶段，AI能够运用先进的算法与模型，对海量数据进行深入挖掘与分析，揭示数据背后的规律与趋势，为决策提供科学依据。在服务智能化阶段，AI则能够根据用户的需求与场景变化，智能调整服务策略与内容，提供个性化的服务体验。

AI在数字经济中的广泛应用不仅提高了数字经济的效率与质量，还促进了数字经济与传统产业的深度融合与协同发展。通过AI技术赋能，数字经济得以渗透到更多领域与行业，推动经济转型升级与可持续发展。未来，随着AI技术的不断进步与应用的持续深化，我们有理由相信，数字经济将在AI的推动下迎来更加广阔的发展前景与更大的机遇。

13.3.3　AI驱动的新产业生态

在科技日新月异的今天，人工智能正在以其强大的驱动力，重塑产业格局，催生一系列新兴产业生态，如自动驾驶、智能制造、虚拟现实等。这些领域不仅代表了科技的发展方向，更孕育着无限的创新与机遇。AI技术的深度融入不仅促进了这些行业的快速发展，还推动了创新创业的蓬勃兴起，孕育出全新的商业模式与投资机会，为经济发展注入了新的活力。

在自动驾驶领域，AI技术正在引领一场交通出行革命。通过深度学习、计算机视觉等先进技术，自动驾驶系统能够实现对车辆周围环境的精准感知与智能决策，使车辆能够在无须人工干预的情况下安全行驶。这不仅极大地提高了交通出行的安全性与效率，还为城市交通规划与管理提供了新的思路与解决方案。随着自动驾驶技术的不断成熟与商业化应用的推进，一个全新的出行生态正在逐步形成，包括自动驾驶出租车、自动驾驶物流车等新型服务模式，为创新创业者提供了广阔的空间。

在智能制造领域，AI通过实时数据分析和机器学习技术，助力生产线自主调整，优化生产流程，预测设备故障，提升设备利用率，进行设备生命周期管理。在质量检测、视觉识别和自动化装配中，AI通过智能算法识别并修正缺陷，确保产品质量稳定。基于AI的智能供应链系统可以精准预测市场需求，进行柔性生产，降低库存和运输成本，提升资源使用效率。随着AI与物联网、大数据等技术的融合，智能制造正在成为数据驱动、自动优化的产业生态，推动制造业向高端、绿色和可持续方向迈进，同时促进产业升级与经济转型。

在虚拟现实与增强现实领域，AI技术正在推动沉浸式体验的创新与发展。通过AI技术赋能，VR/AR技术能够提供更加真实、生动的沉浸式体验，为用户带来前所未有的视觉与感官冲击。在娱乐、教育、医疗等多个领域，VR/AR技术展现出巨大的应用潜力与价值。随着技术的不断进步与应用的持续深化，VR/AR领域逐步形成了一个完整的生态体系，包括硬件制造、软件开发、内容创作等多个环节，为创新创业者提供了广阔的市场空间与发展机遇。

AI驱动的新兴产业生态不仅孕育着无限的创新与机遇，还推动了创新创业的蓬勃兴起。在这些新兴领域中，创新创业者可以充分发挥自己的创意与才华，探索全新的商业模式与投资机会。同时，政府、企业、投资机构等各方力量也在积极行动，为创新创业者提供政策、资金、技术等多方面支持与保障。这种良好的创新创业环境不仅促进了新兴产业的快速发展，还为经济的可持续增长与产业转型升级提供了强大的动力。

AI技术正在以其独特的魅力和强大的驱动力，推动新兴产业生态的构建与发展。随着技术的不断进步与应用的持续深化，我们有理由相信，AI驱动的新兴产业生态将展现出更加广阔的发展前景与更高的商业价值，为创新创业者提供更多的机遇。

13.3.4 人工智能对中小企业的影响

在数字经济时代，人工智能技术正在以其独特的优势，为中小企业的发展注入新的活力。对于资源相对有限的中小企业而言，人工智能技术不仅为其提供了智能化的解决方案，助力企业提升效率、降低成本，还为其在激烈的市场竞争中赢得了更多的市场机会与更大的竞争优势。

AI技术为中小企业提供了智能化的解决方案，显著提升了企业的运营效率与灵活性。通过引入AI技术，中小企业能够实现生产流程的自动化与智能化，减少人工干预，提高生产效率与产品质量。例如，利用AI进行智能排产与调度，可以优化生产计划，减少生产过程中的浪费与延误；利用AI进行智能质检，可以对产品质量进行实时监测与反馈，降低不良品率，提升客户满意度。此外，AI技术还能帮助中小企业实现供应链的智能化管理，提高库存周转率，降低库存成本。这些智能化解决方案不仅提升了中小企业的运营效率，还为中小企业降低了人力与物力成本，增强了中小企业的竞争力。

AI技术为中小企业带来了更多的市场机会与竞争优势。在数字化转型浪潮中，AI技术成为中小企业开拓市场、提升品牌形象的重要工具。通过AI技术，中小企业可以实现对客户需求的精准洞察与个性化服务，提高客户满意度与忠诚度。例如，利用AI进行客户行为分析，可以深入了解客户的购买偏好与消费习惯，为中小企业制定更加精准的营销策略提供依据；通过 AI 进行智能客服，可以实现 24 小时不间断的客户服务，提升客户体验。此外，AI 技术能够帮助中小企业实现产品的智能化升级与创新，满足市场对智能化、个性化产品的需求。这些基于 AI 的创新应用不仅为中小企业赢得了更大的市场份额与竞争优势，还为其在激烈的市场竞争中脱颖而出提供了有力支持。

值得注意的是，AI 技术也为中小企业提供了更大的商业模式创新空间。通过 AI 技术赋能，中小企业可以探索出更加灵活、高效的商业模式，如按需服务、共享经济等，以适应市场的快速变化与消费者需求的多样化。这些创新的商业模式不仅为企业带来了新的增长点与营利空间，还使企业与消费者建立了更加紧密的联系，提升了企业的品牌价值与市场影响力。

AI 技术正在以其独特的优势与潜力，为中小企业的发展带来前所未有的机遇与挑战。通过引入 AI 技术，中小企业不仅能够提升效率、降低成本，还能在市场竞争中赢得更多的市场机会与更大的竞争优势。随着 AI 技术的不断成熟与应用的持续深化，我们有理由相信，中小企业将在 AI 技术的助力下更好地发展。

13.4　人工智能技术面临的挑战和未来发展趋势

13.4.1　人工智能技术面临的挑战和应对措施

在人工智能技术高速发展的今天，其带来的变革如同一把"双刃剑"，在推动社会进步的同时，也衍生出一系列亟待解决的问题。面对算法偏见、隐私泄露、责任归属模糊以及就业冲击等挑战，我们需要从技术、制度、教育等多维度探索破局之道。

（1）算法偏见：数据阴影下的公平危机与破局

人工智能的决策依赖数据，然而数据中潜藏的历史偏见和样本局限性会导致算法产生歧视性结果。例如，某科技公司的简历筛选 AI 因训练数据多来自男性员工，所以对含有 "女性"一词的简历评分普遍较低，阻碍了女性的职业发展。这种偏见不仅违背了公平原则，还会加剧社会不平等。

为了消除算法偏见，在技术层面，可以采用对抗性去偏算法，通过对抗网络削弱数据中的偏见特征；在制度层面，应建立算法公平性审查机制，AI系统在投入使用前，必须通过独立第三方机构的公平性检测，确保决策符合公平标准。

（2）隐私泄露：数字时代的安全困境与防护

随着人工智能对数据需求的激增，个人隐私面临严峻挑战。面部识别技术滥用、医疗数据泄露等事件频发，一旦基因数据、诊疗记录等敏感信息被泄露，就可能引发遗传歧视等严重后果，个体在数字世界的隐私边界逐渐变得模糊了。

在技术创新上，联邦学习（Federated Learning）实现了"数据不动模型动"，在保护数据隐私的同时，实现了协同训练；同态加密技术允许数据在加密状态下进行处理，从源头上防止了数据泄露。在制度方面，各国应完善数据隐私保护法规，明确数据收集、使用、存储的边界，加大对违规行为的惩处力度。

（3）责任归属：智能决策背后的权责迷局与厘清

当人工智能具备自主决策能力后，责任认定变得更加复杂。在自动驾驶事故、医疗AI误诊等场景下，由于AI系统的"黑箱"特性，难以追溯决策过程，汽车制造商、算法开发者、使用者之间责任划分不清，传统法律和伦理框架难以应对。

为了解决这一问题，可以引入AI责任保险制度，由开发者或使用者为AI行为投保，分担责任风险；在技术上，发展可解释人工智能（XAI）技术，通过可视化工具和逻辑规则提取，让AI的决策过程透明化，为责任认定提供依据。

（4）就业冲击：人机博弈下的职业转型与适应

人工智能驱动的自动化浪潮重塑就业市场，大量重复性工作被机器所取代，制造业流水线工人、客服坐席等最先受到冲击。尽管AI训练师、数据分析师等新岗位不断涌现，但这些岗位对技能的要求较高，低技能劳动者面临失业压力，可能加剧社会贫富差距。

面对这种冲击，教育变革是关键。中小学阶段应将AI伦理、基础编程纳入课程中，培养学生的数字素养和批判性思维；高校开设跨学科专业，培育复合型人才。同时，针对在职人员开展职业技能培训，帮助他们掌握与人工智能相关的新技能，实现职业转型，适应就业市场的变化。

13.4.2　未来发展趋势

（1）自主学习与自主决策的智能体

随着人工智能技术的不断进步，未来的AI系统不仅依赖人工设定的规则和预定义的算法，而且逐渐具备自主学习和自主决策的能力。这类智能体能够在动态环境中自主学习，通过积累经验不断优化决策过程，做出更高效、更智能的反应。这一发展趋势代表了人工智能的一个重要方向，预示着AI将不再只是工具，而是逐步成为能自我提升和独立判断的智能体。

自主学习与自主决策的智能体，其核心在于强大的学习与适应能力。在动态环境中，智能体能够不断从环境中学习新的知识与技能，通过机器学习算法与深度学习模型的训练，不断提升自身的感知、理解与决策能力。面对复杂多变的环境，智能体能够灵活调整自身的行为策略，适应不同的场景与任务需求。例如，在自动驾驶领域，自主学习与自主决策的智能体能够根据路况、天气、交通信号等多种因素，实时调整驾驶策略，确保车辆安全行驶。在机器人领域，智能体则能够根据任务需求与环境变化，自主规划行动路径，完成复杂的操作任务。

智能体在自动驾驶、机器人、无人机等领域的应用潜力尤为显著。在自动驾驶领域，自主学习与自主决策的智能体能够实现对车辆周围环境的精准感知与智能决策，提高行车安全性与效率。在机器人领域，智能体能够承担更加复杂、精细的操作任务，如精密制造、医疗手术等，为人类的生产和生活带来更多便利。在无人机领域，自主学习与自主决策的智能体能够进行现更加精准、高效的飞行控制与任务执行，为农业监测、灾害救援等提供有力支持。

值得注意的是，自主学习与自主决策的智能体在面对动态环境时，并非孤立存在，而是要与外部环境进行持续的交互。这种交互不仅能够帮助智能体更好地适应环境的变化，还能够促使其不断学习与进化，提升自主决策的准确性与可靠性。同时，为了保障智能体的安全性与可控性，需要建立完善的安全机制与监管体系，确保其在自主决策过程中的行为符合法律法规与伦理规范。

　　未来，随着技术的不断进步与应用的持续深化，自主学习与自主决策的智能体将在更多领域展现出独特的价值与潜力。我们有理由相信，在人工智能技术的驱动下，一个更加智能化的社会正在向我们走来。

　　（2）强人工智能（通用人工智能）

　　强人工智能（AGI）与弱人工智能的区别在于AI系统的能力、适用范围和智能层级。弱人工智能也称狭义人工智能，专注于执行特定任务或解决单一问题，比如语音识别、图像处理或语义分析。它依赖预定的规则和算法，且只能在限定的领域内展现出高度的专业性。这种人工智能并不具备跨领域的通用推理能力，无法适应或解决其他类型的问题。相对而言，强人工智能是指具有类似于人类的认知能力，可以在多个领域中自主学习、理解并解决复杂问题的AI系统。AGI的核心特征是其承担多任务的能力，能够像人类一样迁移知识、推理和决策。

　　目前，我们所见到的大多数AI应用，包括自动驾驶、智能客服、语音助手等，都属于弱人工智能。这种人工智能的功能高度专业化，并在各自的领域取得了显著进展，但它们在面对多样化的任务时，表现出明显的局限性。与此相对，强人工智能的目标是开发一种能够处理从自然语言理解、科学研究到情感识别、道德决策等各个领域问题的智能体，且具备自我学习、适应环境和创新的能力。这就意味着，强人工智能不仅能在特定领域表现出色，还能够将知识和经验迁移到新任务中，具有跨学科通用性。

　　AGI的技术挑战不仅体现在算法的设计和计算能力的提升上，还体现在对人类思维和意识机制的深入理解上。AGI需要具有自我意识以及情感理解、复杂推理能力和常识性知识，这远远超出了当前的技术水平。尽管深度学习、神经网络等技术取得了突破性进展，但要实现 AGI 仍面临诸如可解释性、知识表示、情感计算和伦理框架等方面的巨大挑战。

AGI 的潜在应用范围非常广泛，涵盖了医疗、教育、科学研究、工业制造等多个领域。它不仅能够通过跨领域的整合提供高效解决方案，还能在复杂任务中展现出令人惊叹的灵活性和创新性。例如，在医疗领域，AGI 可能成为一种多功能智能助手，不仅能辅助医生进行诊断，还能自主设计治疗方案，甚至帮助进行新药研发。在教育领域，AGI 可能成为个性化教学的核心，通过分析学生的学习进度和理解方式，为每个学生量身定制学习路径。此外，AGI 还能在金融、法律、环境保护等多个行业中发挥作用，通过深度学习和智能决策推动行业创新。

然而，AGI 的实现不仅会带来技术的进步，还可能对社会产生深远的影响。它可能导致劳动力市场的巨大变革，在取代部分低技能或重复性工作的同时，也创造出新的高技能岗位。然而，AGI 的普及还需要社会在道德、法律和伦理层面做好充分准备。如何确保 AGI 在不侵害人类权益的前提下自主决策、如何防范 AGI 的滥用，都是亟待解决的问题。面对这些挑战，我们需要在技术研发的同时，充分考虑社会责任，推动 AGI 技术的健康、有序发展。

13.4.3　人工智能与人类协同进化

随着人工智能技术的不断进步，关于 AI 与人类协同进化的讨论逐渐成为社会热议的话题。不同于科幻作品中描绘的 AI 取代人类的情节，在现实生活中，人工智能正在逐步成为增强人类智能的强大工具，而非替代者。AI 的优势在于其在数据处理、模式识别、计算速度和自动化执行等方面的卓越能力，这些特性使其能够辅助人类在复杂任务中更加迅速地做出精准决策。在许多领域，AI 与人类的合作呈现出更加紧密的趋势，双方的协同作用不断推动社会、经济和科技的进步。

例如，在医疗领域，人工智能并不单纯地替代医生的角色，而是通过辅助诊断、个性化治疗、疾病预测等方式，帮助医生提高工作效率和决策精度。AI可以通过分析大量医学影像、基因组数据以及患者历史信息，协助医生发现潜在的病症并提供适合患者的治疗方案，这使得医生能将更多时间和精力集中在病人的综合治疗上。此外，AI还能够帮助医生在复杂的手术中进行精确操作，减少人为错误，从而提升医疗服务的整体水平。

在教育领域，AI也被用作个性化学习工具。通过智能推荐系统，AI能够根据学生的学习进度、兴趣和薄弱环节，量身定制教学内容，提供实时反馈和帮助。教师不再单纯承担传统的知识传授任务，而是更多地作为引导者和辅助者，帮助学生在AI的支持下进行更深层次的思考和学习。

人机合作的未来场景不仅限于各行各业的应用。随着AI技术的不断成熟，人类与机器之间的互动将更加紧密，未来可能出现更多基于情感理解、语言交流、决策合作等层面的人机合作。举例来说，智能机器人可能会在工作场所成为人类的助手，帮助人类进行繁重的劳动；或者在日常生活中提供情感支持，成为老年人和儿童的陪伴者。在这些场景中，AI不仅是工具，也是合作伙伴，它能够理解人的情感和需求，并做出适应性响应。

然而，要实现AI与人类的共赢发展，社会、教育和政策等方面的准备同样至关重要。我们需要教育下一代理解AI的作用和潜力，培养适应这一新技术的能力；同时，社会也需要为AI与人类的合作制定合理的法律法规，确保AI技术的发展不会超出伦理边界或导致社会不公。政府、科研机构和企业之间应该加强合作，推动技术创新和合理应用，确保AI技术惠及每一个人，形成包容、平等的创新生态。

思考题 ☑️

（1）请简述人工智能与其他前沿技术（如物联网、区块链等）结合的可能性与潜力。

（2）请举例说明人工智能如何在医疗健康领域带来创新，特别是在疾病诊断与治疗决策方面。

（3）什么是人工智能的"自我学习"能力？这一能力如何推动AI不断进化？

（4）请讨论人工智能如何提高工作效率，特别是在自动化和智能决策方面。

（5）结合具体案例，说明人工智能在智能交通系统中的应用，并探讨其社会影响。

（6）如何理解人工智能在增强现实和虚拟现实中的应用潜力？举例说明AI与AR/VR结合的实际场景。

（7）讨论人工智能对传统产业的影响，特别是对制造业和零售业的影响。

（8）简述人工智能在智能客服中的应用，以及它如何提升用户体验。

（9）结合具体技术，分析AI在自然语言处理领域的最新进展。

（10）讨论人工智能的伦理问题，尤其是在隐私保护、算法偏见和数据安全等方面的挑战。

参考文献

图书、论文和报告：

［1］北京信息产业协会．2023—2024 年中国智能制造产业发展报告［R］．北京：北京信息产业协会，2024.

［2］国务院．国务院关于印发新一代人工智能发展规划的通知：国发〔2017〕35 号［A/OL］．（2017-07-20）［2025-05-16］．https：//www.gov.cn/zhengce/content/2017-07/20/content_5211996.htm.

［3］李开复，王咏刚．人工智能［M］．北京：文化发展出版社，2017.

［4］中国信息通信研究院．人工智能发展报告（2024）［R/OL］．（2024-12-10）［2025-05-16］．https：//www.caict.ac.cn/kxyj/qwfb/bps/202412/t20241210_647283.htm.

［5］周志华．机器学习［M］．北京：清华大学出版社，2016.

［6］GOODFELLOW I，BENGIO Y，COURVILLE A.Deep learning［M］．Cambridge：MIT Press，2016.

［7］OpenAI. GPT-4 technical report［R/OL］．（2023-03-15）［2025-05-16］．https：//cdn.openai.com/papers/gpt-4.pdf.

［8］ROTHMAN D. Transformers for natural language processing［M］．Birmingham：Packt Publishing，2021.

［9］RUSSELL S，NORVIG P. Artificial intelligence：a modern

approach ［M］. 4th ed. New York：Pearson Education，2022.

［10］ VASWANI A， SHAZEER N， PARMAR N， et al. Attention is all you need ［EB/OL］.（2017-07-12）［2025-05-16］. https：//arxiv.org/pdf/1706.03762.

［11］ World Health Organization. AI in Healthcare：challenges and opportunities ［R］. Geneva：WHO，2022.

在线资源与工具：

［1］arXiv预印本论文库：https：//arxiv.org/

［2］Kaggle数据集与竞赛：https：//www.kaggle.com/

［3］PyTorch教程：https：//pytorch.org/tutorials/

［4］TensorFlow官方文档：https：//www.tensorflow.org/